高等职业教育土建专业系列教材

房屋建筑构造

（第二版）

主　编　于颖颖　肖明和
副主编　曲大林　吕知鑫　曾　猛
孙　丽　余文星
参　编　张丽丽　朱　锋　魏天津
孙　敏　苏　洁　李奕宽
张志涛

南京大学出版社

图书在版编目(CIP)数据

房屋建筑构造 / 于颖颖,肖明和主编. —2 版.—南京:南京大学出版社,2017.6(2023.7 重印)

ISBN 978-7-305-18048-4

Ⅰ.①房… Ⅱ.①于… ②肖… Ⅲ.①建筑构造—高等职业教育—教材 Ⅳ.①TU22

中国版本图书馆 CIP 数据核字(2016)第 318728 号

出版发行 南京大学出版社
社　　址 南京市汉口路 22 号　　邮　编 210093
出 版 人 金鑫荣

书　　名 房屋建筑构造(第二版)
主　　编 于颖颖　肖明和
责任编辑 姚　燕　吴　华　　编辑热线 025-83597482

照　　排 南京开卷文化传媒有限公司
印　　刷 南京京新印刷有限公司
开　　本 787×1092　1/16　印张 12.75　字数 310 千
版　　次 2023 年 7 月第 2 版第 4 次印刷
ISBN 978-7-305-18048-4
定　　价 36.00 元

网　　址:http://www.njupco.com
官方微博:http://weibo.com/njupco
官方微信号:njuyuexue
销售咨询热线:(025)83594756

前　言

本书根据高等专科学校土建类专业房屋建筑学、房屋建筑构造要求，在第一版的基础上修订而成，是普通高职高专土木建筑专业的教学用书。

为适应高等专科学校培养实用型人才的需要，在编写过程中，从高等职业和应用型本科教育的实际出发，删去了设计原理，以民用构造为主，尽量做到重点突出，并十分注重实用性，还结合工程和专业特点，加入了新标准的内容，做到了理论与实践的有机结合。

全书主要讲述了民用和工业建筑的构造组成、构造原理及构造方法。采用了现行规范、规程和工艺标准。结合高等专科教育的特点，强调适用性和应用性。本书按 90 学时的教学要求编写。

本书由济南工程职业技术学院于颖颖、肖明和担任主编；济南工程职业技术学院曲大林、长江工程职业技术学院吕知鑫、湖南交通职业技术学院曾猛、湖北工程职业学院孙丽、江门职业技术学院余文星担任副主编；济南工程职业技术学院张丽丽、朱锋、魏天津、孙敏、苏洁、李奕宽、张志涛参与了编写。全书由于颖颖负责设计教材的总体框架、制定编写大纲、组织老师撰写及承担全书的定稿和统稿。

本书采用基于二维码的互动式学习平台，配有二维码，读者可通过微信扫描二维码获取本书相关的电子资源（课件、规范、习题答案等），体现了数字出版和教材立体化建设的理念。

由于水平有限，教材中难免有不足之处，恳请读者批评指正。

编　者

2017 年 3 月

教师教学资源　　　　学生学习资源

目　录

第 1 章　绪论 ……………………………………………… 1
1.1　建筑构成的基本要素 ……………………………… 2
1.2　建筑的分类和等级 ……………………………… 2
1.3　建筑模数和定位轴线 ……………………………… 7
第 2 章　基础与地下室 ……………………………… 17
2.1　地基与基础 ……………………………… 18
2.2　基础的埋置深度及影响因素 ……………………………… 19
2.3　基础的类型 ……………………………… 20
2.4　地下室 ……………………………… 24
第 3 章　墙体 ……………………………… 29
3.1　墙体的类型和设计要求 ……………………………… 29
3.2　砌体墙 ……………………………… 34
3.3　隔墙构造 ……………………………… 46
3.4　玻璃幕墙 ……………………………… 48
3.5　墙面装修 ……………………………… 56
第 4 章　楼地层 ……………………………… 63
4.1　概述 ……………………………… 63
4.2　钢筋混凝土楼板构造 ……………………………… 65
4.3　顶棚构造 ……………………………… 69
4.4　楼地面 ……………………………… 72
4.5　阳台与雨篷 ……………………………… 77
第 5 章　楼梯与电梯 ……………………………… 83
5.1　楼梯的组成、类型和设计要求 ……………………………… 83

5.2 楼梯的尺度…………………………………………………………………………………… 85
5.3 现浇钢筋混凝土楼梯构造………………………………………………………………… 88
5.4 台阶与坡道…………………………………………………………………………………… 93
5.5 电梯与自动扶梯……………………………………………………………………………… 95
第6章 屋顶 …………………………………………………………………………………… 98
6.1 概述…………………………………………………………………………………………… 99
6.2 平屋顶的构造 ……………………………………………………………………………… 104
6.3 坡屋顶的构造 ……………………………………………………………………………… 112
第7章 门与窗…………………………………………………………………………………… 120
7.1 概述 ………………………………………………………………………………………… 120
7.2 门的构造 …………………………………………………………………………………… 124
7.3 窗的构造 …………………………………………………………………………………… 125
第8章 变形缝…………………………………………………………………………………… 129
8.1 伸缩缝 ……………………………………………………………………………………… 129
8.2 沉降缝 ……………………………………………………………………………………… 132
8.3 防震缝 ……………………………………………………………………………………… 134
第9章 建筑工业化……………………………………………………………………………… 137
9.1 砌块建筑 …………………………………………………………………………………… 137
9.2 框架板材建筑 ……………………………………………………………………………… 139
9.3 装配式大板建筑 …………………………………………………………………………… 143
9.4 其他类型的工业化建筑 …………………………………………………………………… 147
第10章 单层工业厂房构造 …………………………………………………………………… 151
10.1 概述………………………………………………………………………………………… 151
10.2 工业建筑的起重运输设备………………………………………………………………… 155
10.3 单层工业厂房柱网及定位轴线…………………………………………………………… 156
10.4 单层工业厂房构件………………………………………………………………………… 162
参考文献………………………………………………………………………………………… 195

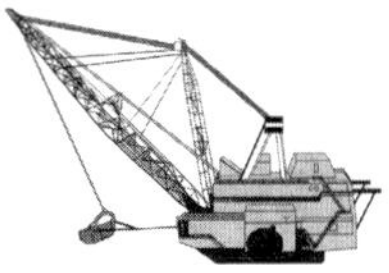

第1章 绪　论

建筑是建筑物与构筑物的总称。建筑物是指供人们生活、学习、工作、居住以及从事生产和各种文化活动的房屋，如住宅、学校、办公楼、影剧院、体育馆、工厂的车间等。构筑物是指人们一般不直接在内进行生产和生活的建筑，如水塔、烟囱、堤坝等。本书所讲的“房屋”就是上文所说的建筑物。

“房屋建筑构造”课程是系统介绍建筑各部分构造组成的专业课，它以建筑材料、建筑制图和建筑测量等课程为基础，同时又为学习建筑结构、建筑施工技术、建筑工程计量与计价等专业课程提供必要的基础知识。

学习“房屋建筑构造”课程的目的是使学生掌握房屋构造的基本理论；了解房屋各部分的组成及功能要求；初步掌握建筑的一般构造做法和构造详图的绘制方法；熟练识读一般的工业与民用建筑施工图，准确理解设计意图，并能合理地组织和指导施工，满足建筑构造方面的要求。

“房屋建筑构造”是一门实用性很强的课程，学习时应注意掌握以下几点：

① 从简单常见的具体构造入手，逐步掌握建筑构造原理和构造方法的一般规律；

② 多参观已建成或正在施工的建筑，参与现场实际施工操作，印证所学的构造知识；

③ 经常查阅相关资料，扩充自己的专业知识，了解建筑构造方面的发展动态；

④ 通过作业和课程设计，提高绘制和识读施工图纸的能力。

【本章任务】

查找资料，观察图纸，分析民用建筑定位轴线的应用及画法，为图1.1标注定位轴线；结合模数规律，参考学生所在教学楼的尺寸特点，完成图1.1所给定教学楼的平面设计并标注尺寸。

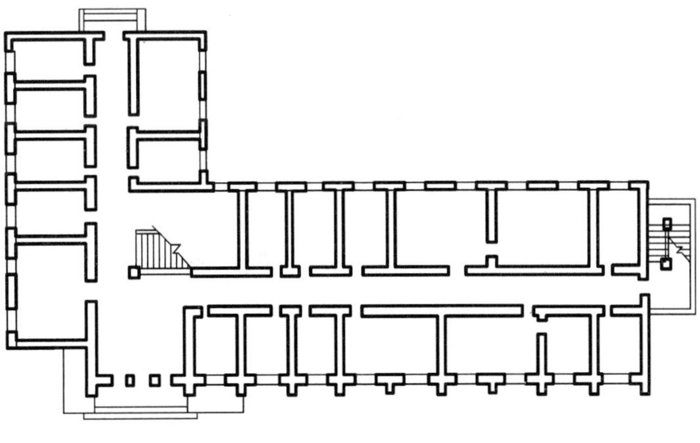

图1.1　某教学楼平面图

【基本知识】

1.1　建筑构成的基本要素

构成建筑的基本要素是建筑功能、建筑技术和建筑形象。

1.1.1　建筑功能

建筑是供人们生活、学习、工作、娱乐的场所，不同的建筑有不同的使用要求。例如住宅建筑应满足人们的居住需要，影剧院要求有良好的视听效果，火车站要求人流线路流畅，工业建筑则要求符合产品的生产工艺流程等。建筑不单要满足各自的使用功能要求，而且还要为人们创造一个舒适卫生的环境，满足人们的生理要求。因此建筑应具有良好的朝向、保温、隔热、隔声、防潮、防水、采光、通风等性能。

1.1.2　建筑技术

建筑技术是建造房屋的手段，包括建筑材料、建筑结构、建筑施工、建筑设备（水、电、通风、空调、消防等设备）等。建筑不可能脱离技术而存在。建筑材料是物质基础，建筑结构是建筑空间的骨架，建筑施工是建筑物得以实现的重要手段，建筑设备是改善建筑环境的技术条件。随着科学技术的发展进步，建筑技术水平会不断提高，从而满足人们对建筑功能和建筑形象的更高要求。

1.1.3　建筑形象

建筑形象是指建筑的艺术形象，是通过建筑的体型和立面构图、内外部空间组合、材料的色彩和质感、细部的处理和重点刻画，以及与周围环境的协调来体现的。对建筑形象，不同的时代、不同的地域、不同的人群可能有不同的理解，建筑形象处理得当，就能产生较好的艺术效果，给人以美的享受。

建筑功能、建筑技术、建筑形象三要素是相互制约、互不可分的。建筑功能通常起主导作用；建筑技术是实现建筑的手段，它制约着建筑功能和建筑形象的实现；建筑形象是建筑功能与建筑技术的综合表现。对某些有象征性、纪念性或标志性的建筑，建筑形象起主导作用，是构成建筑的主要因素。

1.2　建筑的分类和等级

1.2.1　民用建筑的构造组成

民用建筑通常是由基础、墙体（柱）、楼（地）层、楼梯、屋顶、门窗等主要部分组成，如图 1.2 所示。

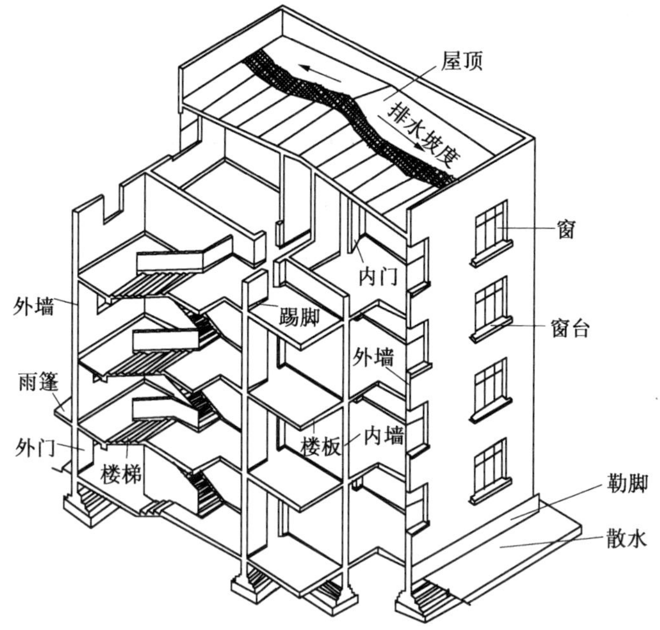

图 1.2 民用建筑的构造组成

1. 基础

基础是建筑物最下部的承重构件，承担着建筑物的全部荷载，并将这些荷载有效地传给地基。基础必须具有足够的强度、刚度和稳定性，并能抵抗地下各种不良因素的影响。

2. 墙体或柱

墙体是建筑物的承重和围护构件。作为承重构件，它承担屋顶、楼板层和楼梯等构件传来的荷载，并把它们传递给基础；作为围护构件，墙体又分为外墙和内墙，它们分别起着抵御自然界各种外来因素对室内侵袭和分隔房间的作用。因此，墙体应具有足够的强度、稳定性及保温、隔热、隔声、防火、防水、耐久等性能。

柱子可替代墙体承受建筑物上部构件传来的荷载，除了不具备围护和分隔的作用之外，其他要求与墙体类似。

3. 楼(地)层

楼层是建筑物中水平方向的承重构件，承受人体、家具、设备及自身荷载，并将这些荷载传递给墙或柱；同时对墙体或柱子起到水平支撑的作用。楼层应具有足够的抗弯强度和刚度，并应具备一定的防火、防水、隔声的性能。

地层亦称地坪，是建筑底层房间与下部土层的分隔构件，它承担着底层房间的地面荷载。由于地坪下面往往是夯实的土壤，所以强度要求比楼板低，但仍然要具有一定的承载能力和防潮、防水、保温的性能。

4. 楼梯

楼梯是建筑中联系上下各层的垂直交通设施，供人们上下楼层和紧急疏散之用。在数量、位置、宽度、坡度、细部构造及防火性能等方面均应满足通行能力的要求。

5. 屋顶

屋顶是建筑顶部的承重和围护构件。承受风、雨、施工及检修等屋顶荷载，并将这些荷载传递给墙或柱；同时抵抗外界的侵袭和太阳辐射。因此，屋顶应具有足够的强度、刚度及防水、保温、隔热等性能。

6. 门和窗

门和窗属于非承重构件。门可供人们内外交通及搬运家具设备之用，同时还兼有分隔房间的作用；窗主要起采光和通风作用，同时也是围护结构的一部分。门窗应具有保温、隔声、防火的能力。

一幢建筑物除上述六大基本组成部分以外，对不同使用功能的建筑物，还有许多特有的构件和配件，如阳台、雨篷、台阶、抽气孔、排烟道等。

1.2.2 建筑的分类

建筑可按不同的方式进行分类。

1. 按建筑的使用功能进行分类

(1) 民用建筑：供人们居住及进行社会活动等非生产性的建筑称为民用建筑。民用建筑又分为居住建筑和公共建筑。

① 居住建筑：供人们生活起居用的建筑物，如住宅、公寓、宿舍等。

② 公共建筑：供人们进行各种社会活动的建筑物。根据使用功能特点，又可分为：

行政办公建筑：如写字楼、办公楼等；

文教建筑：如学校、图书馆等；

医疗建筑：如门诊楼、医院、疗养院等；

托幼建筑：如幼儿园、托儿所等；

商业建筑：如商场、商店等；

体育建筑：如体育馆、游泳池、体育场等；

交通建筑：如车站、航空港、地铁站等；

通讯建筑：如广播电视台、电视塔、电信楼、邮电局等；

旅馆建筑：如宾馆、旅馆、招待所等；

展览建筑：如博物馆、展览馆等；

观演建筑：如剧院、电影院、杂技场、音乐厅等；

园林建筑：如动物园、公园、植物园等；

纪念建筑：如纪念碑、纪念堂、陵园等。

(2) 工业建筑：供人们进行工业生产活动的建筑。工业建筑包括生产用建筑及辅助生产、动力、运输、仓储用的建筑，如机械加工车间、锅炉房、车库、仓库等。

(3) 农业建筑：供人们进行农牧业的种植、养殖、贮存等用途的建筑。如温室、畜禽饲养场、农产品仓库等。

2. 按建筑高度或层数进行分类

(1) 住宅按层数分类

低层住宅：一～三层；

多层住宅：四～六层；

中高层住宅：七～九层；

高层住宅：十层及以上。

(2) 其他民用建筑按建筑高度分类

建筑高度：室外设计地面至建筑主体檐口顶部的垂直距离。

普通建筑：建筑高度不超过 24 m 的民用建筑；

高层建筑：十层及十层以上的住宅，建筑高度超过 24 m 的公共建筑（不包括单层主体建筑）；

超高层建筑：建筑高度超过 100 m 的民用建筑。

3. 按承重结构的材料进行分类

① 砖木结构建筑：砖（石）砌墙体、木楼板、木屋顶的建筑；

② 砖混结构建筑：砖（石、砌块）砌墙体、钢筋混凝土楼板及屋顶的建筑；

③ 钢筋混凝土结构建筑：钢筋混凝土柱、梁、板承重的建筑；

④ 钢结构建筑：主要承重结构全部采用钢材的建筑；

⑤ 其他结构建筑：生土建筑、充气建筑、塑料建筑等。

4. 按建筑物的规模分类

(1) 大型性建筑：单体建筑规模大、影响大、投资大的建筑。如大型体育馆、机场候机楼、火车站、航空港等。

(2) 大量性建筑：单体建筑规模不大，但建造数量多的建筑。如住宅、学校、中小型办公楼、商店等。

1.2.3　民用建筑的等级

民用建筑根据建筑物的使用年限、防火性能、重要程度和规模大小划分等级。

1. 按建筑物的耐久年限分级

建筑物的耐久年限根据建筑主体结构的正常使用年限划分为四个等级，如表 1－1 所示。

表 1－1　主体结构耐久年限分级表

级　别	耐久年限	适用建筑物的性质
一级	100 年以上	重要建筑与高层建筑
二级	50～100 年	一般性建筑
三级	25～50 年	次要建筑
四级	15 年以下	临时性建筑

2. 按建筑物的防火性能分级

我国防火规范将建筑物的耐火等级分为四级，是根据建筑构件的燃烧性能及耐火极限确定的。

(1) 燃烧性能

燃烧性能是指建筑构件在明火或高温情况下，能否燃烧及燃烧的难易程度。建筑构件按照燃烧性能分成非燃烧体（或称不燃烧体）、难燃烧体和燃烧体。

① 非燃烧体

用非燃烧材料制成的构件。非燃烧材料是在空气中受到火烧或高温作用时不起火、不微燃、不炭化的材料。如砖石材料、钢筋混凝土、金属等。

② 难燃烧体

用难燃烧材料制成的构件，或用燃烧材料制成而用非燃烧材料作保护层的构件。难燃烧材料在空气中受到火烧或高温作用时难起火、难微燃、难炭化，当火源移走后燃烧或微燃立即停止。如石膏板、水泥石棉板、板条抹灰等。

③ 燃烧体

用燃烧材料做成的构件。燃烧材料在空气中受到火烧或高温作用时立即起火或燃烧，且火源移走后继续燃烧或微燃。如木材、纤维板、胶合板等。

(2) 耐火极限

耐火极限是指对任一建筑构件按时间—温度标准曲线进行耐火试验，从受到火的作用时起，到失去支持能力或完整性破坏或失去隔火作用时止的这段时间，用小时表示。失去支持能力是指构件自身解体或垮塌。完整性破坏是指具有分隔作用的构件(如楼板、隔墙等)，在试验中出现穿透裂缝或较大的孔隙。失去隔火作用是指具有分隔作用的构件在试验中背火面测温点测得的平均温度达到140℃(不包括背火面的起始温度)；或背火面测温点中任意一点的温度达到180℃，或在不考虑起始温度的情况下，背火面任一测点的温度达到220℃。

建筑构件如出现上述任一种破坏现象，则认为达到了耐火极限。我国《建筑设计防火规范》(GB 50016—2014)对不同耐火等级的建筑物，其主要构件的燃烧性能和耐火极限作了规定，如表1-2所示。

表1-2 不同耐火等级建筑相应构件的燃烧性能和耐火极限(h)

构件名称		耐火等级			
		一级	二级	三级	四级
墙	防火墙	不燃性 3.00	不燃性 3.00	不燃性 3.00	不燃性 3.00
	承重墙	不燃性 3.00	不燃性 2.50	不燃性 2.00	难燃性 0.50
	非承重外墙	不燃性 1.00	不燃性 1.00	不燃性 0.50	可燃性
	楼梯间和前室的墙 电梯井的墙 住宅建筑单元之间的墙和分户墙	不燃性 2.00	不燃性 2.00	不燃性 1.50	难燃性 0.50
	赫走道两侧的靡墙	不燃性 1.00	不燃性 1.00	不燃性 0.50	难燃性 0.25
	房间隔墙	不燃性 0.75	不燃性 0.50	不燃性 0.50	难燃性 0.25
柱		不燃性 3.00	不燃性 2.50	不燃性 2.00	难燃性 0.50
梁		不燃性 2.00	不燃性 1.50	不燃性 1.00	难燃性 0.50
楼板		不燃性 1.50	不燃性 1.00	不燃性 0.50	可燃性
屋顶承重构件		不燃性 1.50	不燃性 1.00	不燃性 0.50	可燃性
疏散楼梯		不燃性 1.50	不燃性 1.00	不燃性 0.50	可燃性
吊顶(包括吊顶搁栅)		不燃性 0.25	不燃性 0.25	不燃性 0.15	可燃性

注:1 除本规范另有规定外，以木柱承重且墙体采用不燃材料的建筑，其耐火等级应按四级确定。

2 住宅建筑构件的耐火极限和燃烧性可按现行国家标准《住宅建筑规范》(GB 50368——2005)的规定执行。

3. 按建筑物的重要程度和规模大小分级

建筑按其重要程度、规模及使用要求的不同，分为特级、一级、二级、三级、四级、五级，共六个级别。具体划分如表1－3所示。

表1－3　民用建筑等级

工程等级	工程特征	工程范围举例
特级	1. 国家重点项目或以国际性活动为主的特高级大型公共建筑 2. 有全国性纪念性意义或技术要求特别复杂的中小型公共建筑 3. 30层以上建筑 4. 高大空间有声光等特殊要求的建筑	国宾馆、国家大会堂、国际会议中心、国际体育中心、国际贸易中心、国际大型空港、重要纪念建筑、国家级图书馆、博物馆、美术馆、剧院、音乐厅等。
一级	1. 高级大型公共建筑 2. 有地区性历史意义或技术要求的中小型公共建筑 3. 16层以上29层以下或超过50 m高的公共建筑	高级宾馆(招待所)、旅游宾馆、省级展览馆、博物馆、图书馆、高级会堂、不小于300床位医院、大型门诊楼、大中型体育馆、室内游泳馆、大城市火车站、候机楼等。
二级	1. 中高级、大中型公共建筑 2. 技术要求较高的中小型建筑 3. 16层以上29层以下住宅	大专院校教学楼、档案楼、电影院、部省级机关办公楼、300床位以下医院、地市级图书馆、文化馆、俱乐部、报告厅、风雨操场、中等城市火车站、高级小住宅等。
三级	1. 中级、中型公共建筑 2. 7层及以上15层以下有电梯住宅或框架结构的建筑	重点中学、中等专科学校、教学、试验楼、电教楼、社会旅馆、招待所、浴室、门诊部、托儿所、综合服务楼、多层食堂、小型车站等。
四级	1. 一般中小型公共建筑 2. 7层以下住宅、宿舍及砖混结构建筑	一般办公楼、中小学教学楼、单层食堂、单层汽车站、粮站、杂货店、阅览室、理发室、水冲式公共厕所等。
五级	一、二层单功能，一般小跨度建筑	

有些同类建筑根据其规模和设施档次的不同也会分级。如涉外旅馆分一到五星五个等级；剧场分特、甲、乙、丙四个等级；结构设计时，根据抗震烈度把建筑分成四个等级等。设计时应当根据建筑的实际情况，合理确定建筑的等级。

1.3　建筑模数和定位轴线

1.3.1　建筑模数

为了使建筑制品、建筑构配件及其组合件实现工业化大规模生产，使不同材料、不同形式和不同制造方法的建筑构配件、组合件符合模数并具有较大的通用性和互换性，我国制定了《建筑模数统一协调标准》，用以约束和协调建筑设计、施工及构配件生产之间的尺度关系。

1. 模数的概念

建筑模数是选定的标准尺度单位，作为建筑物、建筑构配件、建筑制品以及有关设备尺寸相互协调中的增值单位。其中“选定”二字具有深刻的意义，是经过多年的工程实践之后最终选取的，对建筑模数协调的应用作用极大。

在日常生活中，模数的影子也是无处不在的。例如鞋子的标准尺码是国家有关部门在经过大量调查研究之后制定的，它是厂家、商家、消费者共同知晓和认同的尺度单位。这种标准尺码使鞋子的尺寸构成了一个由小到大的系列，它的存在，给鞋子的生产、销售、采购带来了极大的便利，而且使鞋子的规格种类保持在一个合理的范围之内，实现了既方便生产又方便使用的目的。

模数是一个尺度的组群，它包括基本模数和导出模数。

(1) 基本模数

基本模数是模数协调中选用的基本单位，其数值为 100 mm，符号为 M(1M=100 mm)。基本模数是整个模数协调体系的基础数值，建筑物的整体及其一部分或建筑组合构件的模数化尺寸，应为基本模数的倍数。

(2) 导出模数

由于建筑中需要用模数协调的各部位尺度相差较大，仅仅依靠基本模数就不能满足尺度的协调要求，因此在基本模数的基础上又发展了相互之间存在内在联系的导出模数。导出模数又分为扩大模数和分模数。

① 扩大模数

扩大模数是基本模数的整数倍，有水平扩大模数和竖向扩大模数。为了减少类型、统一规格，水平扩大模数按 3 M(300 mm)、6 M(600 mm)、12 M(1200 mm)、15 M(1500 mm)、30 M(3000 mm)、60 M(6000 mm)取用；竖向扩大模数按 3 M(300 mm)、6 M(600 mm)取用。

② 分模数

分模数是基本模数的分倍数。为了满足较小尺寸的需要，分模数按$\frac{1}{2}$M(50 mm)、$\frac{1}{5}$M(20 mm)、$\frac{1}{10}$M(10 mm)取用。

2. 模数的应用

将基本模数、扩大模数和分模数按从大到小顺序排列，就可以得到一个模数数列。它可以保证各类建筑及其组成部分间尺度的统一协调，减少建筑尺寸的种类，并确保尺寸具有合理的灵活性。建筑物的所有尺寸除特殊情况外，均应满足模数的要求。

在确保使用要求与安全性的前提下，在建筑中采用预制构配件是实现建筑工业化的有效手段。例如，在确定建筑竖向承重构件的相互位置时，如能保证竖向承重构件之间的轴线间距符合模数数列的有关要求，就会在构件生产厂家选购到标准的水平结构构件，进而达到保证工程质量，提高生产效率的目的。反之，如果建筑竖向承重构件之间轴线间距不符合模数数列的有关要求，就不能选购到标准水平结构构件，而要采用非标准构件或现场加工构件，这样就会增加建筑的施工难度，使工期延长。

应当指出的是，现代化建筑强调个性特色，建筑的抗震设防能力也日渐提高，建筑施工工艺和技术不断进步，目前建筑的造型十分灵活，在建筑工程中采用现浇混凝土、轻钢结构技术已经非常普遍。模数协调的权威性和应用性受到了一定的冲击，但模数协调作为建筑尺度的协调标准对建筑设计、施工和构件生产的影响，其意义是不言而喻的。

1.3.2 定位轴线

轴线实际是一种基准线，这种基准线我们对其并不陌生。射击时讲究准星、标尺、目标之间呈“三点一线”，这条线实际就是射击瞄准的轴线。

在建造房屋的初始阶段，有一个重要的工作过程，我们称为抄平放线，此时所放的“线”，就是柱子或墙体的定位轴线。

1. 定位轴线的定义

定位轴线是确定建筑构配件位置及相互关系的基准线，也是建筑工程图纸重要的组成部分和施工的重要依据。

由于建筑是具有三维空间的立体形式，因此建筑需要在水平和竖向两个方向进行定位。建筑水平方向的定位用定位轴线来限定，竖向定位通过标高限定。由于建筑在平面的变化要远多于在竖向的变化，设计和施工也是从平面开始着手，所以平面定位轴线在建筑定位中的作用更为重要。

我国相应的设计规范对不同建筑定位轴线的划分原则做出了明确的规定。

2. 定位轴线的划定原则

(1) 水平定位轴线

不同结构形式建筑平面定位轴线的划定方式有所不同，单层工业厂房还有自己特殊的规定，但总的来说，定位轴线的确定至少要满足以下目的：

① 为建筑的竖向构件(墙体、柱子)，特别是承重构件(承重墙、柱子)定位；

② 定位轴线与竖向承重构件表面之间的尺寸，要满足上方水平构件的支撑要求；

③ 轴线网格应清晰明确，便于阅读和记忆。

(2) 竖向定位轴线

① 楼(地)面竖向定位

楼(地)面竖向定位应与楼(地)面面层的上表面重合，这个表面就是建筑楼(地)面的完成面。此时的高程即所谓的“建筑标高”，它是以建筑完成面的高程为依据的。由于施工时需要在完成楼(地)面结构工程后，才能进行楼(地)面面层的施工，因此结构层表面的标高即所谓的“结构标高”。

在建筑楼(地)面的同一部位，建筑标高与结构标高是不相等的，二者的差值就是楼(地)面面层的构造厚度。如，某建筑三层的建筑标高为 6.600 m，地面面层采用 20 厚 1∶2.5 水泥砂浆抹面，此时楼板顶面的结构标高应为 6.580 m。

② 屋面的定位

当建筑为平屋顶时，屋面的竖向定位一般应定在屋面板的顶面；当建筑为坡屋顶时，屋面的竖向定位应为屋面结构层上表面与距墙内缘 120 mm 处的外墙定位轴线的相交处。

3. 定位轴线的标定方式

(1) 定位轴线的标注

定位轴线应用细单点长画线绘制，轴线编号应注写在轴线端部的圆内。圆应用细实线绘制，直径为 8～10 mm。定位轴线圆的圆心应在定位轴线的延长线或延长线的折线上。

(2) 定位轴线的编号

由于建筑在平面上需要水平定位的墙或柱的数量很多，轴线之间容易发生混淆的现象。

为了设计及施工的便利，定位轴线通常需要进行编号。定位轴线的标注与编号应遵循以下规定：

① 一般规定

定位轴线的编号宜标注在平面图的下方与左侧。横向定位轴线编号应用阿拉伯数字进行标注，按从左至右的顺序编写；竖向定位轴线编号应用大写拉丁字母，按从下至上的顺序进行编写(如图 1.3)。拉丁字母作为轴线号时，应全部采用大写字母，不应用同一个字母的大小写来区分轴线号。为了避免拉丁字母中“I、O、Z”与数字“1、0、2”混淆，拉丁字母中“I、O、Z”不得用作轴线编号。如字母数量不够使用，可增用双字母或单字母加数字注脚，如：AA，BA，…，YA 或 A1，B1，…，Y1。

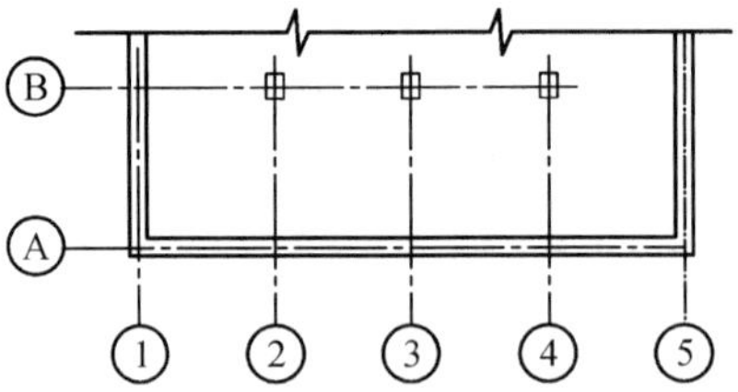

图 1.3　定位轴线的编号顺序

② 分区轴线

当建筑的规模较大，如果采用一般的标注方式，会出现数值较大的轴线编号，增加记忆的难度。此时，定位轴线也可以采用分区编号的方法(图 1.4)。编号的注写方式应为“分区号-该区轴线号”，如 3－1、3－A 等。

③ 附加轴线

为了突出主体结构的核心地位，经常把一些次要的建筑部件用附加轴线进行编号，如非承重墙、装饰柱等。附加轴线应以分数表示，并按下列规定编写：

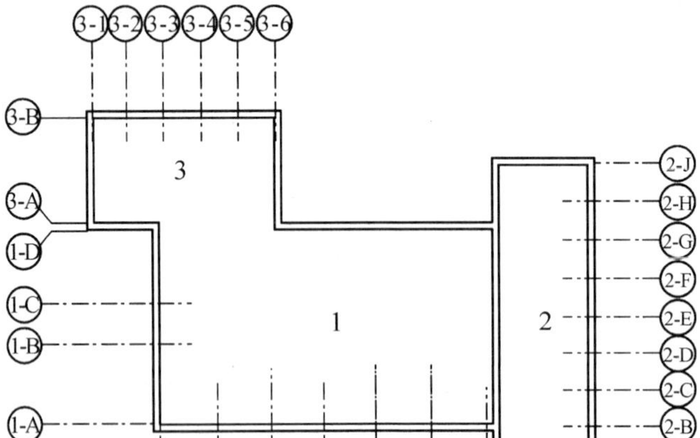

图 1.4　定位轴线的分区编号

a. 两根轴线的附加轴线，应以分母表示前一轴线的编号，分子表示附加轴线的编号。编号宜用阿拉伯数字顺序编写。

如：(1/2) 表示 2 号轴线后附加的第一根轴线；

(2/B) 表示 B 号轴线后附加的第二根轴线。

b. 1 号轴线或 A 号轴线之前的附加轴线的分母应以 01 或 0A 表示。

如：(1/01) 表示 1 号轴线之前附加的第一根轴线；

(2/0A) 表示 A 号轴线之前附加的第二根轴线。

④ 详图的通用轴线

当一个详图适用几根定位轴线时，应同时注明各有关轴线的编号（图 1.5）。通用详图的定位轴线，应当只画圆，而不注写轴线编号。

图 1.5　详图的轴线编号

1.3.3　几种尺寸及相互关系

1. 标志尺寸：用以标注建筑物定位轴线或定位面之间的距离（跨度、柱距、层高等）以及建筑制品、建筑构配件、组合件、有关设备位置界限之间的尺寸。常在设计中使用，故又称设计尺寸。

2. 构造尺寸：是生产、制造建筑构配件、建筑组合件、建筑制品等的设计尺寸，一般情况下，构造尺寸为标志尺寸减去缝隙或加上支承尺寸。

3. 实际尺寸：是建筑构配件、建筑组合件、建筑制品等生产制作后的实有尺寸，实际尺寸与构造尺寸之间的差数应符合建筑公差的规定。

4. 几种尺寸间的相互关系见图 1.6。

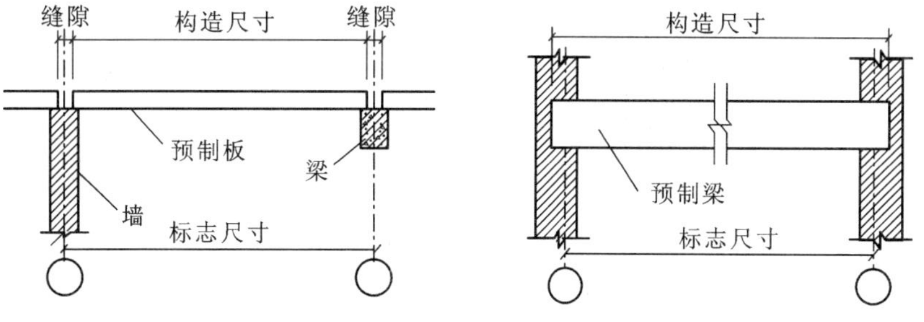

(a) 标志尺寸大于构造尺寸　　(b) 标志尺寸小于构造尺寸

图 1.6　几种尺寸间的关系

1.3.4 砖混结构建筑墙体定位轴线

1. 砖墙的平面定位轴线

(1) 承重内墙的定位轴线

承重内墙的平面定位轴线应与顶层墙体中线重合。如果墙体是对称内缩，则平面定位轴线中分底层墙身，如图 1.7(a)所示；如果墙体是非对称内缩，则平面定位轴线偏分底层墙身，如图 1.7(b)所示。

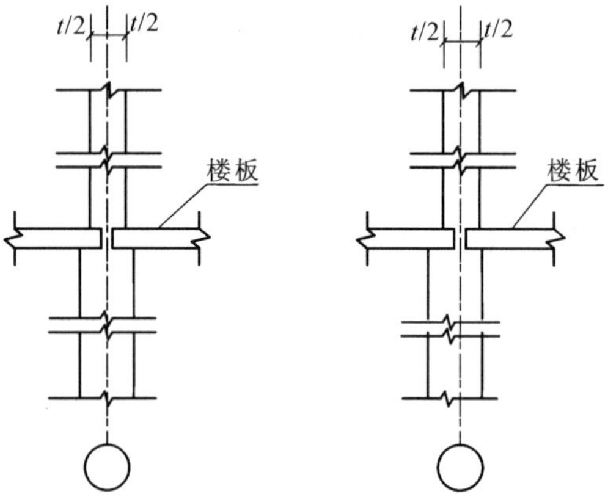

(a) 定位轴线中分底层墙体　(b) 定位轴线偏分底层墙体

图 1.7　承重内墙定位轴线

(2) 承重外墙的定位轴线

当底层墙体与顶层墙体厚度相同时，平面定位轴线与外墙内缘距离为 120 mm，如图 1.8(a)所示；当底层墙体与顶层墙体厚度不同时，平面定位轴线与顶层外墙内缘距离为 120 mm，如图 1.8(b)所示。

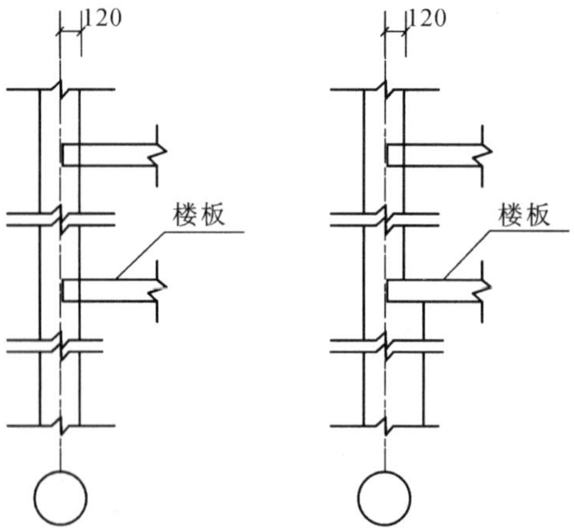

(a) 底层与顶层墙厚相同　(b) 底层与顶层墙厚不相同

图 1.8　承重外墙定位轴线　单位：mm

(3) 非承重墙定位轴线

非承重墙除了可按承重墙定位轴线的规定定位之外，还可以使墙身内缘与平面定位轴线重合(图 1.9)。

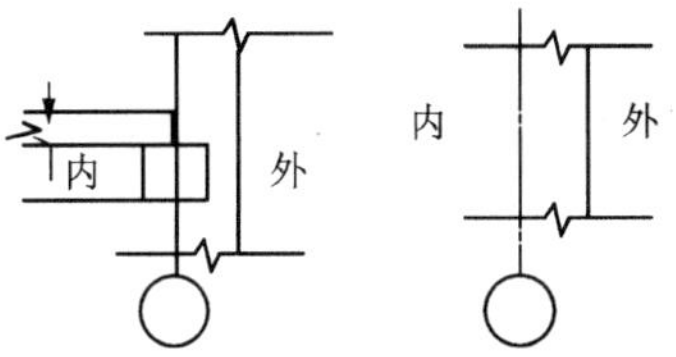

图 1.9　非承重墙定位轴线

(4) 带壁柱外墙的墙身内缘与平面定位轴线相重合，如图 1.10(a)、(b)所示，或距墙身内缘的120 mm 处与平面定位轴线相重合，如图 1.11(a)、(b)所示。

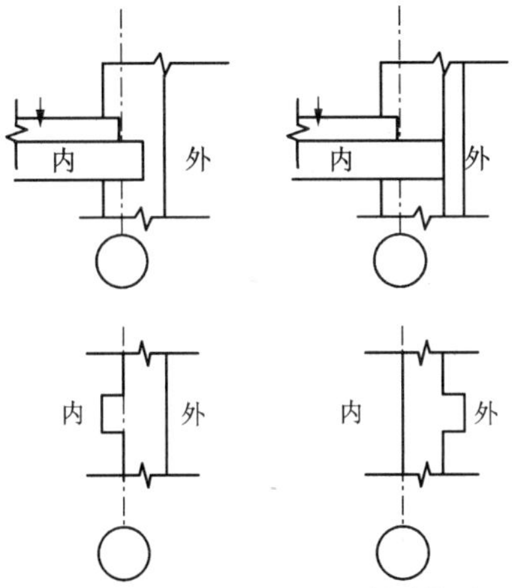

(a) 内壁柱时　(b) 外壁柱时

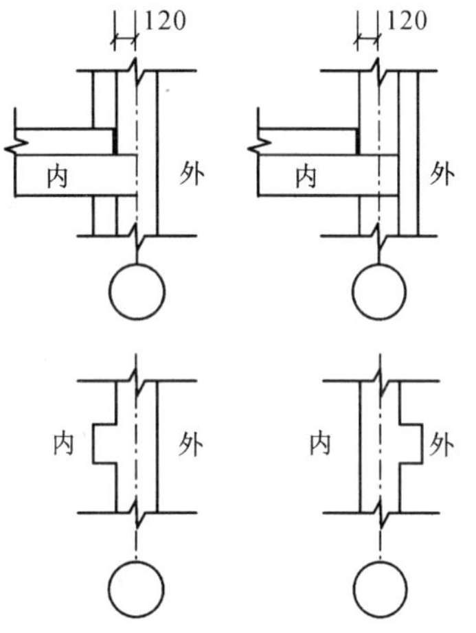

(a) 内壁柱时　(b) 外壁柱时

图 1.10　定位轴线与墙身内皮重合　单位：mm　图.11　定位轴线距墙内皮 120 mm　单位：mm

2. 变形缝处的砖墙平面定位轴线

为了满足变形缝两侧结构处理的要求，变形缝处通常设置双轴线。

(1) 当变形缝处一侧为墙体，另一侧为墙垛时，墙垛的外缘应与平面定位轴线重合。墙体是外承重墙时，平面定位轴线距顶层墙内缘 120 mm，如图 1.12(a)所示；墙体是非承重墙时，平面定位轴线应与顶层墙内缘重合，如图 1.12(b)所示，图中 t 为顶层墙体厚度，a_e 为变形缝宽度，a_i 为变形缝两侧定位轴线间距。

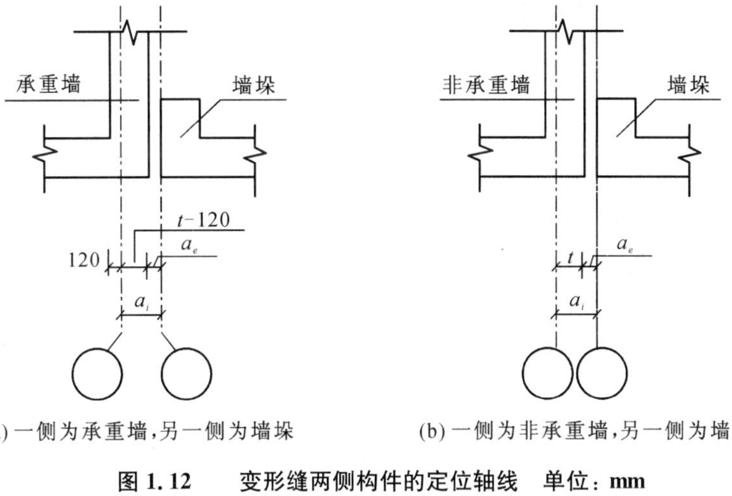

(a) 一侧为承重墙，另一侧为墙垛　(b) 一侧为非承重墙，另一侧为墙垛

图 1.12　变形缝两侧构件的定位轴线　单位：mm

(2) 双面墙的定位。当两侧墙按外承重墙处理时，顶层定位轴线均应距内缘 120 mm，如图 1.13(a)所示；当两侧墙按非承重墙处理时，定位轴线均应与墙内缘重合，如图 1.13(b)所示；

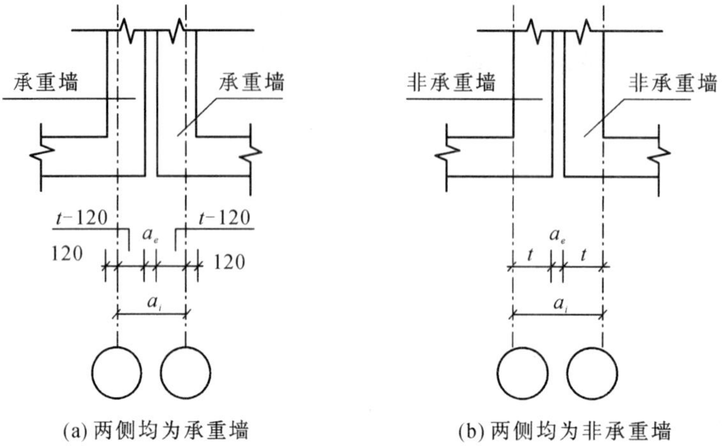

(a) 两侧均为承重墙　　(b) 两侧均为非承重墙

图 1.13　变形缝两侧墙体的定位轴线

3. 高低层分界处的墙体定位轴线

当高低层分界处不设变形缝时，按高层部分承重外墙定位轴线处理，平面定位轴线应距墙体内缘 120 mm，与底层定位轴线重合(图 1.14)。如高低层分界处有变形缝，按变形缝处理。

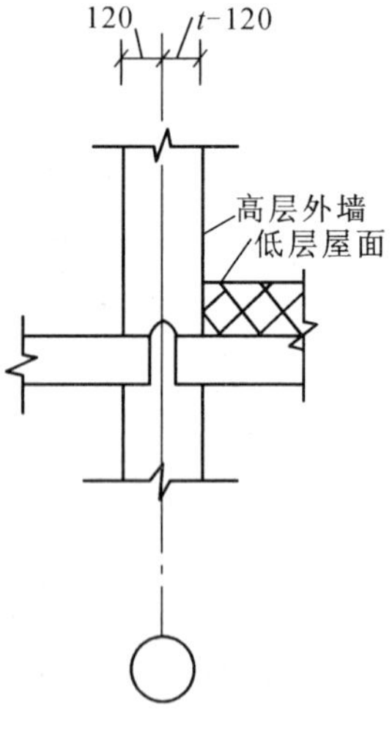

图 1.14　高低分界处不设变形缝时砖墙的定位轴线　单位：mm

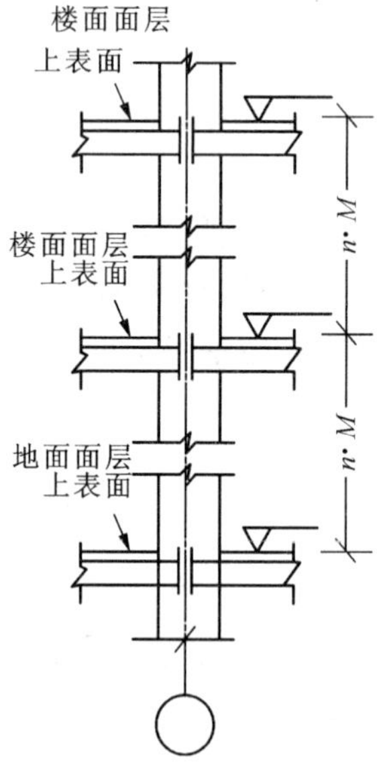

图 1.15　砖墙的竖向定位

4. 底层框架结构的定位轴线

建筑底层为框架结构时，框架结构的定位轴线应与上部砖混结构平面定位轴线一致。

5. 砖墙的竖向定位

(1) 砖墙楼地面竖向定位应与楼(地)面面层上表面重合(图 1.15)。

(2)屋面竖向定位应为屋面结构层上表面与距墙内缘120 mm的外墙定位轴线的相交处(图1.16)。

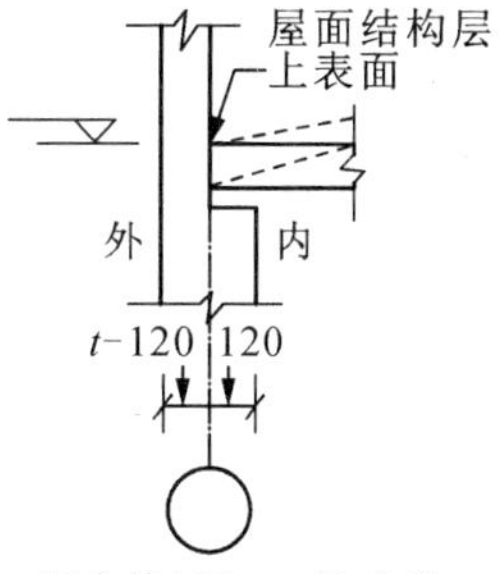

图1.16 屋面竖向定位 单位:mm

【任务实施】

1. 合理设计教学楼各房间尺寸。

2. 按比例1∶100绘制教学楼平面图。

3. 确定定位轴线的位置,并按制图规定标注定位轴线。

【课后复习题】

一、填空

1.《建筑统一模板制》中规定采用________mm作为基本模数值,以M表示。

2. 一般民用建筑由________、________、________、________、________、________等主要部分组成。

3. 建筑物的耐火等级分为________________级。

4. 民用建筑根据建筑物的使用功能,可以分为居住建筑和________两大类。

5. 高层建筑是指建筑高度在________m以上的建筑。

二、选择

1. 建筑是建筑物和构筑物的统称,( )属于建筑物。

A. 住宅、堤坝等　　B. 学校、电塔等

C. 工厂、烟囱　　D. 工厂、展览馆等

2. 建筑的构成三要素中,( )是建筑的目的,起着主导作用。

A. 建筑功能　　B. 建筑的物质技术条件

C. 建筑形象　　D. 建筑的经济性

3. 下列建筑物的交通部份称为建筑物中的交通枢纽的是( )。

A. 走廊、过道　　B. 楼梯

C. 电梯　　D. 门厅、过厅

4. 钢结构的特点在于( )

A. 防火性能好　　B. 较经济

C. 强度高、施工快　　D. 构造简单

三、判断

1. 建筑施工图中的尺寸属于标志尺寸。 ( )

2. 建筑中标准规定，图中的尺寸一律用毫米。（　　）

3. 建筑物主要划分为工业建筑和民用建筑。（　　）

4. 基本模数的数值为 300 mm。（　　）

四、简答

1. 民用建筑主要由哪些部分组成？
2. 民用建筑的耐火等级是如何划分的？
3. 什么是基本模数？什么是扩大模数和分模数？
4. 模数协调的意义是什么？应当如何应用？
5. 承重内墙的定位轴线是如何划分的？
6. 变形缝处定位轴线如何标注？
7. 标志尺寸、构造尺寸和实际尺寸的相互关系是什么？

五、按 1：50 的比例抄绘下面图纸，并填写轴线编号（单位：mm）。

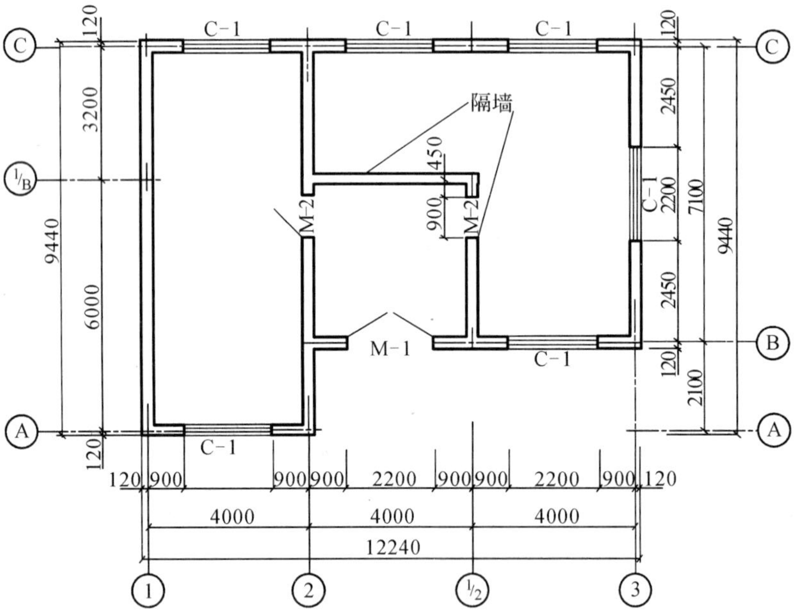

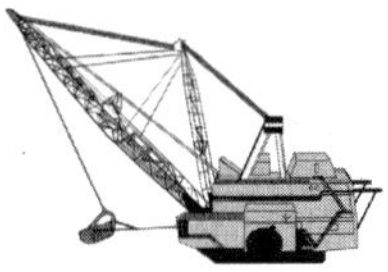

第 2 章

基础与地下室

【本章任务】

图 2.1 为某建筑基础平面图和部分详图，通过本章的学习，结合读图，说明该基础采用了哪些类型的基础，这些类型的基础有什么特点；并说明各种基础由哪些构件组成。

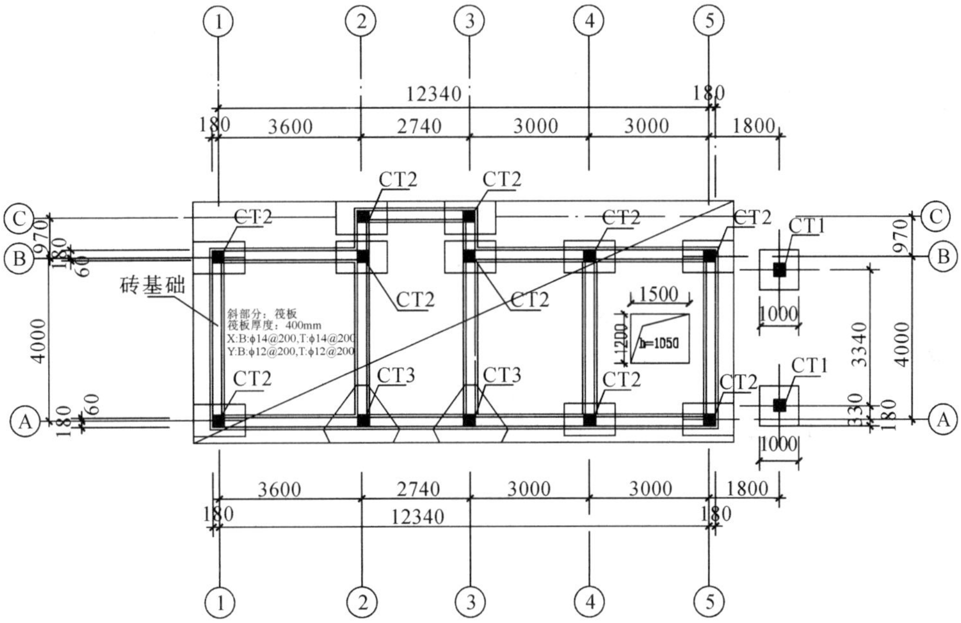

(a) 基础平面图 1∶100

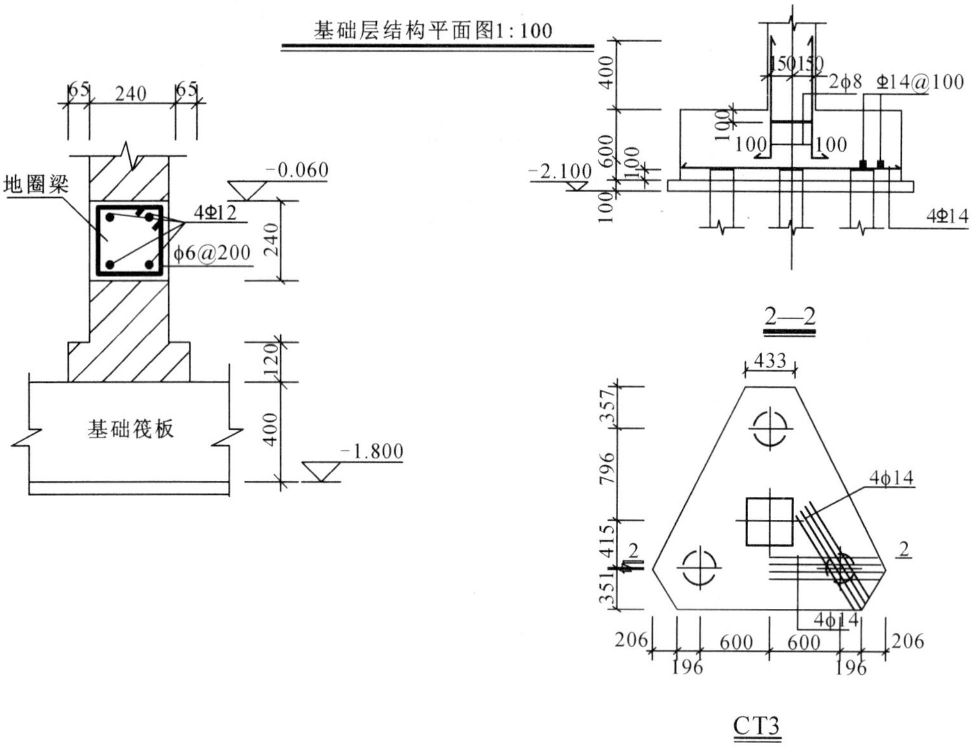

(b) 基础详图

图 2.1　基础结构平面图和详图

【基本知识】

2.1　地基与基础概念

2.1.1　地基、基础的概念

在建筑工程中，建筑物与土层直接接触的部分称为基础。支承建筑物重量的土层称为地基(如图 2.2)。基础是建筑物的组成部分，是建筑物的主要承重构件，它承受着建筑物上部结构传来的全部荷载，并将其传给地基。而地基不属于建筑物的组成部分，它只是承受建筑物荷载的土壤层，但对保证建筑物的坚固耐久非常重要。基础传给地基的荷载如果超过地基的承载能力，地基将会出现较大的沉降变形和失稳，直接影响建筑物的安全和正常使用。

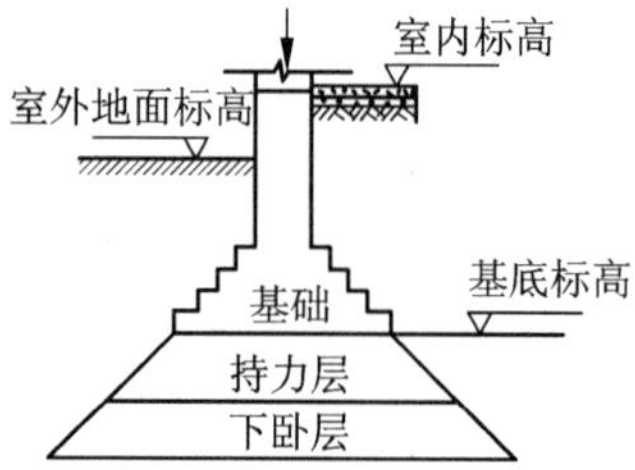

图 2.2　地基与基础

2.1.2　地基的分类

地基可分为天然地基和人工地基两大类。

天然地基是指天然土层具有足够的承载力，不须经人工改善或加固，可直接承受建筑物荷载的地基。岩石、碎石、砂石、黏性土等，一般可作天然地基。

人工地基是指天然土层承载力较低或虽然土层较好，但因上部荷载较大，土层不能满足承受建筑物荷载的要求，必须对其进行人工加固才能在上面建造房屋的地基。人工地基造价高、施工复杂，一般只在建筑物荷载大或天然土层承载力差的情况下采用。

2.1.3　地基与基础的设计要求

1. 具有足够的强度、刚度和稳定性

基础是建筑物的重要承重构件，对建筑物的安全起着决定性作用，因此基础必须具有足够的强度，保证将建筑物的荷载可靠地传给地基。

地基虽不是建筑物的组成部分，但承担了建筑物的全部荷载，除必须有足够的承载能力外，还应具有良好的稳定性，以保证建筑物的均匀沉降。

2. 应有良好的耐久性能

基础是建筑物的重要承重构件，又是埋于地下的隐蔽工程，很难加固和检修。应按照所建建筑物的耐久年限选择基础的材料和构造措施，防止基础的提前破坏，影响整个建筑物的安全。

3. 采用经济合理的方案

基础工程约占建筑工程总造价的 10%～40%，要使工程总投资降低，首先要降低基础工程的投资。一般采取选择土质好的地基场地、合理的构造方案、优质价廉的建筑材料等措施，减少基础工程的投资，达到降低工程总造价的目的。

2.2　基础的埋置深度及影响因素

2.2.1　基础的埋置深度

室外设计地面到基础底面的垂直距离称为基础的埋置深度(图 2.3)。建筑物室外地面有自然地面和室外设计地面之分，自然地面是施工地段的现有地面；室外设计地面是指按工程要求竣工后，室外场地经开挖或起垫后的地面。

根据基础埋置深度的不同，基础可分为浅基础和深基础两类。一般情况下，埋深不大于 5 m 的称浅基础；埋深大于 5 m 的称深基础。从施工和造价方面考虑，一般民用建筑基础应优先选用浅基础。但基础的埋深不宜小于 0.5 m，否则，地基受到压力后可能将四周的土挤走，使基础失稳，或受各种侵蚀、雨水冲刷等作用而导致基础暴露，影响建筑物安全。

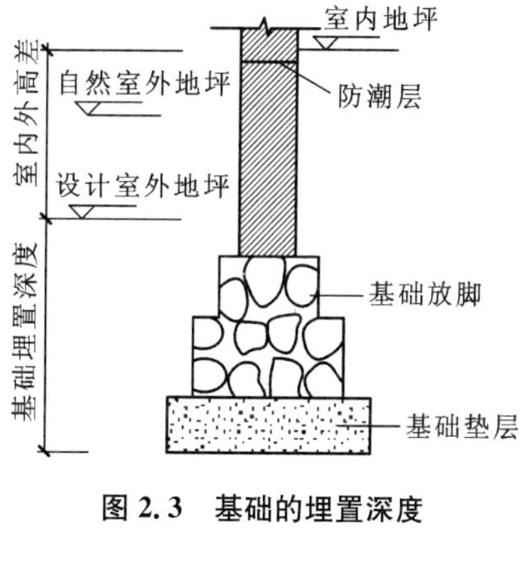

图 2.3　基础的埋置深度

2.2.2　影响基础埋深的因素

影响基础埋深的因素很多，主要有以下几方面：

(1) 建筑物使用要求、荷载大小及基础形式：当建筑物设置有地下室设施时，基础埋深应满足其使用要求；多层建筑一般根据地下水位及冻土深度确定埋深尺寸；高层建筑的基础埋置深度为地面以上总高度的 1/10。

(2) 工程地质条件：基础底面应尽量选在常年未经扰动而且坚实平坦的土层或岩石上。避免将基础选在含有大量植物根茎类腐质或垃圾的地表面的土层，否则有安全的隐患。

(3) 水文地质条件：确定地下水的常年水位和最高水位，以便选择基础的埋深。一般宜将基础埋置在地下常年水位和最高水位之上，这样可不须进行特殊防水处理，节省造价，还可防止或减轻地基土层的冻胀。

(4) 土壤冻结深度：应根据当地的气候条件了解土层的冻结深度，一般将基础的垫层部分做在土层冻结深度以下。否则，冬天土层的冻胀力会将房屋拱起，产生变形，天气转暖，冻土解冻时又会产生塌陷。

(5) 相邻建筑物基础的影响：新建建筑物的基础埋深不宜深于相邻的原有建筑物的基础；当新建基础深于原有基础时，需要采取一定的措施加以处理，以保证原有建筑物的安全和正常使用。如图 2.4 所示。

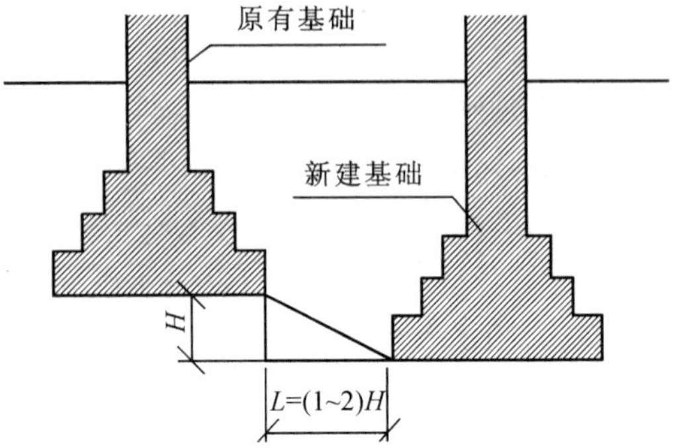

图 2.4　基础的埋深与相邻基础的关系

2.3　基础的类型

由于建筑物的结构类型、荷载大小、水文地质及建筑材料等原因，建筑物的基础形式较多。不同类型的基础，其构造措施与构造方法也各不相同。

2.3.1　按材料及受力特点分类

1. 刚性基础

刚性基础是指由砖石、毛石、素混凝土、灰土等刚性材料制作的基础，其抗压强度较高，而抗拉、抗剪强度较低。为满足地基允许承载力的要求，需要加大基础底面积，但当基础底面尺寸放大到一定范围时，基础会因受弯或剪切而发生折裂破坏，如图 2.5 所示。破坏的方向与垂直面的夹角 α 称为刚性角。刚性基础放大角度不应超过刚性角。为设计施工方便将刚性角换算成 α 的正切值 b/h，即宽高比。表 2-1 为各种材料基础的宽高比 b/h 的容许值。

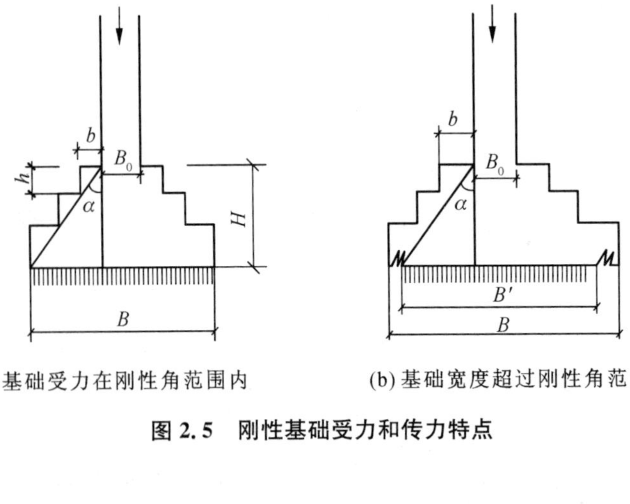

(a) 基础受力在刚性角范围内　　(b) 基础宽度超过刚性角范围

图 2.5　刚性基础受力和传力特点

表 2－1　刚性基础台阶宽高比的允许值

基础材料	质量要求		台阶宽高比的允许值		
			$P \leqslant 100$ kN	100 kN$<P \leqslant 200$ kN	200 kN$<P \leqslant 300$ kN
混凝土基础	C10 混凝土		1∶1.00	1∶1.00	1∶1.00
	C7.5 混凝土		1∶1.00	1∶1.25	1∶1.50
毛石砼基础	C7.5～C10 混凝土		1∶1.00	1∶1.25	1∶1.50
砖基础	砖不低于 MU7.5	M5 砂浆	1∶1.50	1∶1.50	1∶1.50
		M2.5 砂浆	1∶1.50	1∶1.50	—
毛石基础	M2.5～M5 砂浆		1∶1.25	1∶1.50	—
	M1 砂浆		1∶1.50	—	—
灰土基础	体积比为 3∶7 或 2∶8 的灰土，其最小干密度：粉土：5 kN/m^3；粉质黏土：15.0 kN/m^3；黏土：14.5 kN/m^3		1∶1.25	1∶1.50	—
三合土基础	体积比 1∶2∶4～1∶3∶6（石灰∶砂∶骨料），每层约虚铺 200 mm，夯至 150 mm。		1∶1.50	1∶2.00	—

2. 柔性基础

当建筑物的荷载较大而地基承载力较小时，基础底面必须加宽。对刚性基础，其基础底面宽度受刚性角限制，如增大底面宽度，势必要增加基础的高度，这样就会增加土方工程量和基础材料用量，对工期和造价都是不利的。如果在混凝土基础的底部配以钢筋，利用钢筋来抵抗拉应力，可使基础底部承受较大的弯矩。这种基础的宽度不受刚性角的限制，称之为柔性基础（图 2.6）。

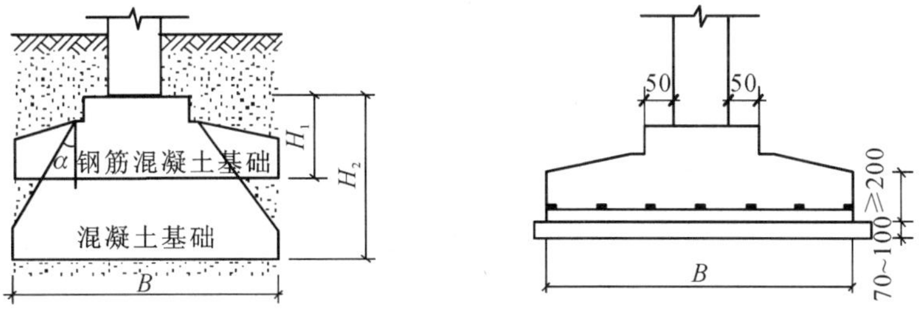

(a) 混凝土与钢筋混凝土基础比较　　(b) 基础构造

图 2.6　钢筋砼基础　单位：mm

2.3.2　按构造形式分类

1. 条形基础

当建筑物上部结构采用墙承重时，基础沿墙身设置，做成与墙形式相同的长条形，形成纵横向连续交叉的条形基础（图 2.7）。这种基础有较好的整体性，可减缓局部不均匀沉降。

中小型砖混结构常采用此种形式，选用材料可以是砖、石、混凝土、灰土、三合土等刚性材料。

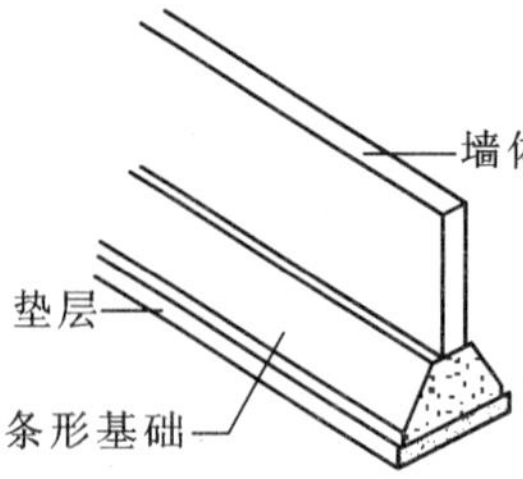

图 2.7　条形基础

2. 独立基础

当建筑物的承重体系采用框架结构或单层排架或刚架结构时，其基础常采用方形或矩形的独立式基础，称单独基础或柱式基础。其断面形式有阶梯形、锥形、杯口形等，如图 2.8 所示。

当柱子采用预制构件时，则基础做成杯口形，然后将柱子插入，并嵌固在杯口内，又称杯形基础，如图 2.8(c)所示。

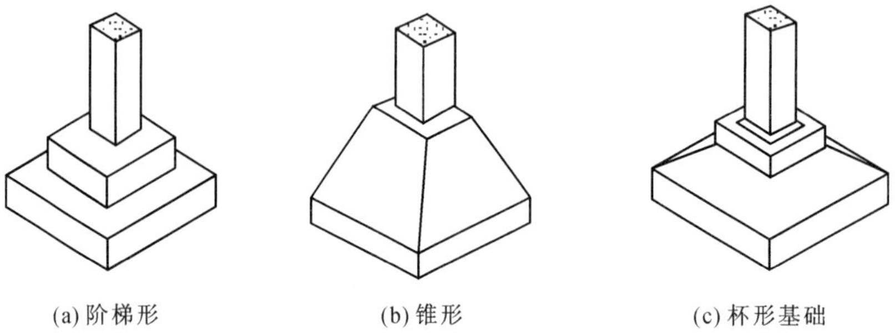

图 2.8　独立式基础

当建筑是以墙作为承重结构，而地基上层为软土时，如采用条形基础则基础要求埋深较大，这种情况下也可采用墙下独立基础，其构造是墙下设基础梁，以承托墙身，基础梁支承在独立基础上(图 2.9)。

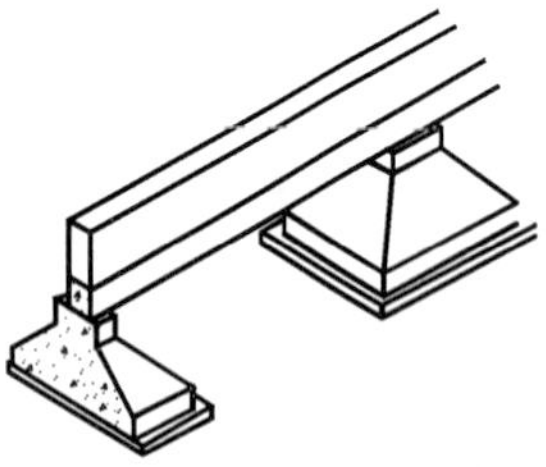

图 2.9　墙下独立基础

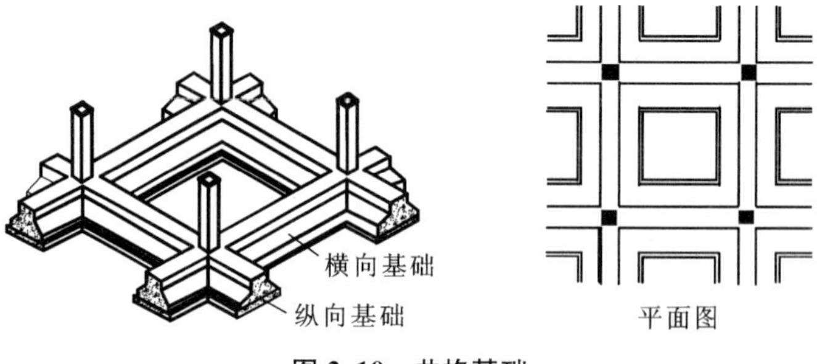

图 2.10　井格基础

3. 井格基础

当地基条件较差，或上部荷载不均匀时，为了提高建筑物的整体性，防止柱子之间产生不均匀沉降，常将柱下基础沿纵横两个方向扩展并连接起来，做成十字交叉的井格基础(图 2.10)。

4. 筏片基础

当建筑物荷载较大，而地基承载力又较小，采用条形基础或井格基础的底面积占建筑物平面面积较大时，可将基础做成一个钢筋混凝土板，由成片的钢筋混凝土板支承整个建筑，这种基础称筏片基础。筏片基础有梁板式和平板式两种。图2.11为梁板式筏片基础。

图2.11　梁板式筏片基础

5. 箱形基础

当筏式基础埋深较大时，为了增加建筑物的整体刚度，有效抵抗地基的不均匀沉降，常采用由钢筋混凝土底板、顶板和若干纵横墙组成的空心箱体结构，即箱形基础(图2.12)。箱形基础具有刚度大、整体性好，内部空间可用作地下室的特点。

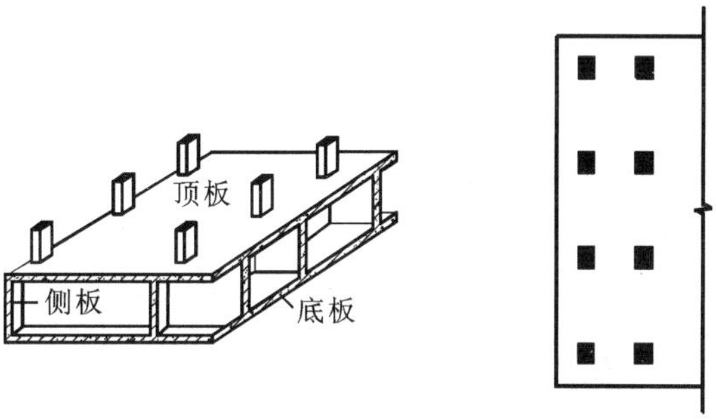

图2.12　箱形基础

6. 桩基础

桩基础是常用的一种基础形式，是深基础的一种。当天然地基承载力低、沉降量大，不能满足建筑物的要求时，可选择桩基础。

桩基础的类型很多。按桩的形状和竖向受力情况可分为摩擦桩和端承桩，如图2.13所示。摩擦桩的桩顶竖向荷载主要由桩侧壁摩擦阻力承受。端承桩的桩顶竖向荷载主要由桩端阻力承受。按桩的材料分为混凝土桩、钢筋混凝土桩、钢桩等。按桩的制作方法有预制桩和灌注桩。

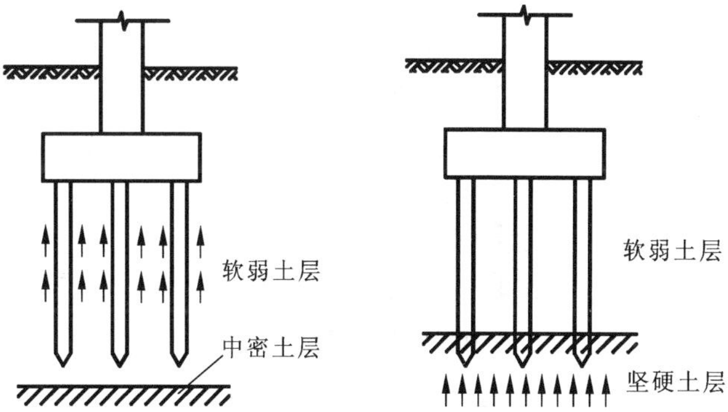

(a) 摩擦桩　(b) 端承桩

图2.13　桩基础示意图

桩基础的组成：桩基础是由桩身和承台梁(或板)组成的(图 2.14)。桩身尺寸是按设计确定的，并根据设计布置的点位将桩置入土中。在桩的顶部设置钢筋混凝土承台，以支承上部结构，使建筑物荷载均匀地传递给桩基。

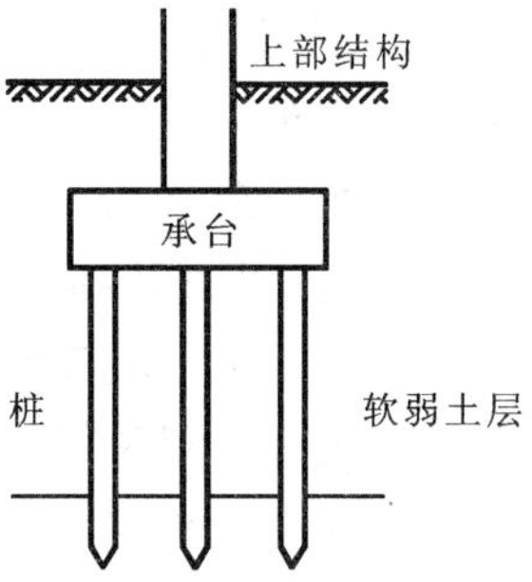

图 2.14　桩基础的组成

【任务要点提示】

1. 基础的类型按照受力和构造形式两方面进行分类。
2. 基础平面图和详图两方面结合，来识别基础的类型。

【任务实施】

读基础平面图和基础详图，通过查 11G101－3《混凝土结构施工图平面整体表示方法制图规则和构造详图(独立基础、条形基础、筏形基础及桩基承台)》图集，了解图中各符号的意义，读出基础的形式，判断类型。

2.4　地下室

建筑物底层以下的房间称为地下室。地下室可以专门设置，也可以利用高层建筑物深埋的基础部分或箱形基础的内部空间构成。地下室可以提高建设用地的利用率且造价提高不多。地下室可用作停车场、仓库、商场、餐厅等，还可兼有战备防空的用途。

2.4.1　地下室的类型与组成

1. 地下室的类型

按承重结构材料分：有砖混结构地下室和钢筋混凝土结构地下室。

按埋入深度分：有全地下室和半地下室。当地下室地坪与室外地坪面的高差超过该地下室净高一半时称为全地下室；地下室地坪与室外地坪面高差超过该地下室净高 1/3，但不超过 1/2 的称为半地下室。

按使用功能分：有普通地下室和人防地下室。普通地下室即用作普通的库房、商场、餐厅等功能的地下空间；人防地下室是有战备要求的地下空间。

图 2.15 为地下室示意图。

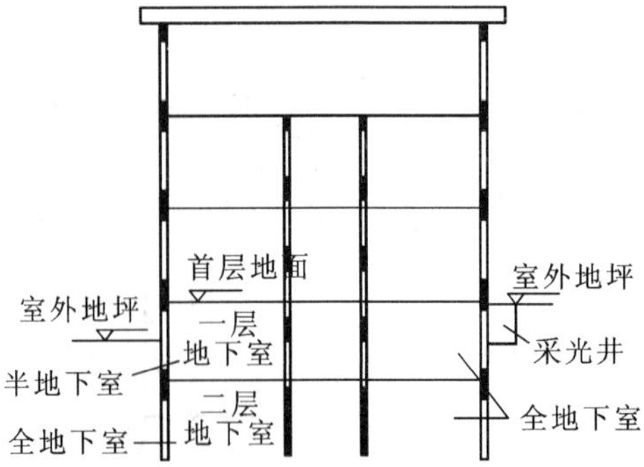

图 2.15　地下室示意图

2. 地下室的组成

地下室一般由墙体、底板、顶板、门窗、楼电梯及采光井等部分组成。顶板和底板通常为钢筋混凝土板。地下室的外墙及底板必须有足够的强度、刚度和防水能力。地下室砖墙厚度不应小于 490 mm，砌块墙不应小于 300 mm。

地下室除利用人工采光、通风外，也可设自然采光、通风的窗。半地下室可利用两侧外墙上的窗采光、通风；全地下室应在外墙采光口处设采光井。采光井由侧墙和底板等组成，采光井底要有 1%～3%的坡度排除井内积水，并利用管道引入地下排水管网。采光井口应设铁篦子，防止杂物或人掉入井内。

2.4.2　地下室防潮与防水

地下室处于地表以下的位置，会受到地潮或地下水的作用。地潮指地层中的毛细管水和地面水下渗造成的无压力水。地下水是地下水位以下的水，它具有一定的压力。防潮和防水是地下室构造处理的重要问题。

1. 地下室的防潮

当地下水的常年水位和最高水位均在地下室地坪标高之下，而且地下室周围土层透水性好、无形成上层滞水的可能时，地下水不能直接侵入地下室，地下室外墙和地坪仅受地层中的地潮影响，此时，地下室只需做防潮处理。

地下室的防潮处理构造做法是首先在地下室墙体外表面抹 20 mm 厚 1∶2 防水砂浆找平层，并涂刷冷底子油一道和热沥青两道，形成外侧防潮层，防潮层需刷至室外散水坡处。防潮层外侧用黏土、灰土等低渗透性土回填，土层宽约 500 mm 左右。地下室外所有的墙都必须设上、下两道水平防潮层，一道设在室外地面散水坡以上 150～200 mm 的位置，一道设在地下室地坪的结构层之间。地下室防潮构造如图 2.16 所示。

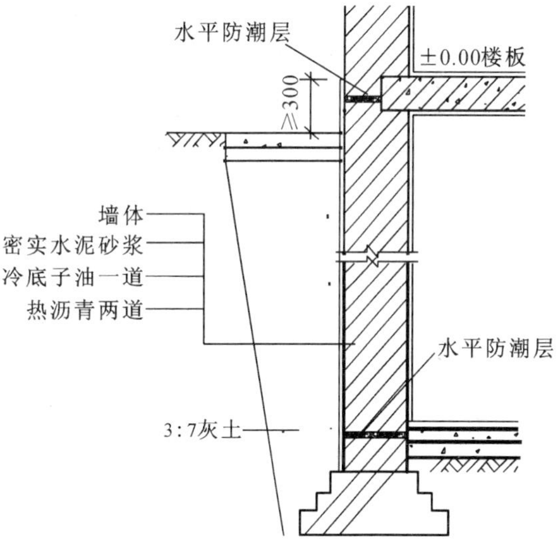

图 2.16　地下室防潮构造

2. 地下室的防水

当设计最高地下水位高于地下室底板标高，或有上层滞水存在时，应对地下室进行防水构造处理。地下室防水遵循以防为主，以排为辅的原则。

地下室的防水措施分有结构自防水和材料防水两大类。自防水是用防水混凝土作外墙和底板，使承重、围护、防水三种功能结合，这种防水措施施工较为简便。材料防水是在外墙和底板表面敷设防水材料，如卷材、涂料、防水砂浆等，阻止地下水渗入。

卷材防水是用沥青系防水卷材或其他卷材（如 SBS 卷材、三元乙丙橡胶防水卷材等）作防水材料，它又分为外防水和内防水，如图 2.17、图 2.18 所示。

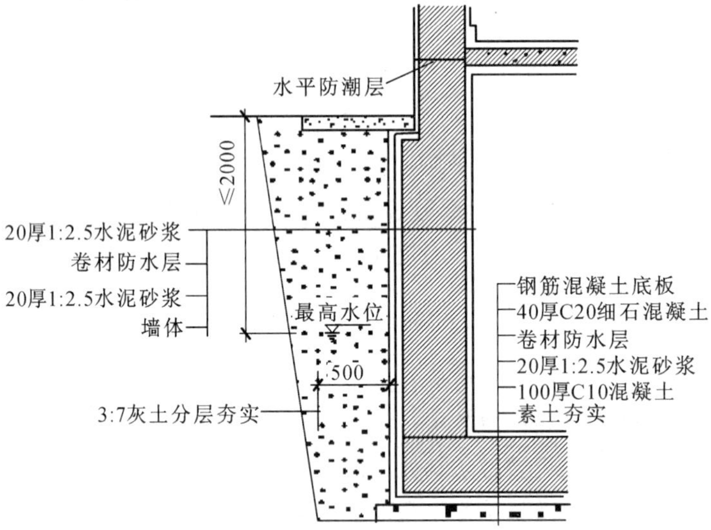

图 2.17　地下室卷材外防水构造　单位：mm

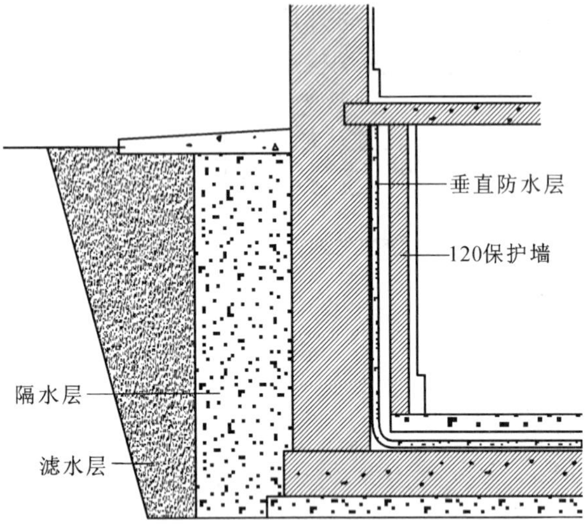

图 2.18　地下室卷材内防水构造　单位：mm

防水卷材粘贴在墙体外侧称外防水，这种方法防水效果好，但维修困难。外防水的具体做法是：先在混凝土垫层上将卷材满铺整个地下室，在其上浇筑细石混凝土保护层。底层防水卷材留出足够的长度与墙面垂直防水卷材搭接。墙体部分做法是先在外墙外侧抹 20 mm 厚 1∶2.5 水泥砂浆找平层，涂刷冷底子油一道，然后进行卷材粘贴。卷材从底板下包上来，沿墙身由下而上连续密封粘贴，在设计水位以上 500～1 000 mm 处收头。最后在防水层外侧砌厚为 120 mm 的保护墙，在保护墙与防水层之间缝隙中灌以水泥砂浆。

卷材粘贴于结构内表面时称内防水，这种方法防水较差，但施工简单，一般在补救或修缮工程中应用。

以混凝土作为结构材料的地下室，在没有高温、侵蚀、震动等外界因素影响的环境下，可以采用防水混凝土做构件自防水。要求结构厚度不小于 250 mm，防水混凝土结构底板的混凝土垫层，强度等级不应小于 C15，厚度不小于 100 mm；受冻融作用时，应优先选用普通硅酸盐水泥，不宜采用火山灰硅酸盐水泥和粉煤灰硅酸盐水泥。遇施工缝处应采用止水带。具体构造如图 2.19 所示。

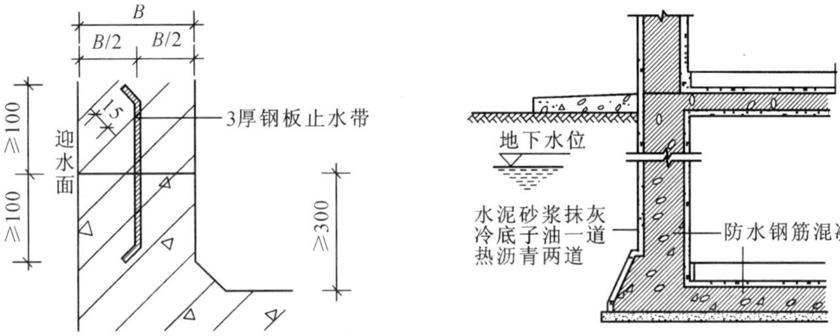

(a) 施工缝止水带　　(b) 混凝土构件自防水

图 2.19　地下室自防水构造　单位：mm

【课后复习题】

一、填空

1. 基础按构造形式分类________、________、________、________、________。
2. 凡天然土层本身具有足够的强度，能直接承受建筑物荷载的地基称为________。
3. 墙承重时，墙下基础形式一般为________。
4. 当建筑物荷载很大，地基承载力不能满足要求时，常常采用________。
5. 基础的埋深____。
6. 基础的埋置深度____________时叫浅基础，但不能浅于________。

二、选择

1. 地下室的构造设计的重点主要是解决(　　)。

A. 隔音防噪　　B. 自然通风　　C. 天然采光　　D. 防潮防水

2. 在承重柱下采用(　　)为主要柱基形式。

A. 独立基础　　B. 条形基础　　C. 片筏基础　　D. 箱形基础

3. 刚性基础的受力特点是(　　)。

A. 抗拉强度大、抗压强度小　　B. 抗拉、抗压强度均大

C. 抗剪切强度大　　D. 抗压强度大、抗拉强度小

E. 抗扭曲强度大

4. 一般，基础应争取埋置在地下水位以上，但当地下水位较高、水层较深时，基础底面应置于(　　)。

A. 最高地下水位以上

B. 最高地下水位以下，最低地下水位以上

C. 最低地下水位以下

D. 地下水以下

5. 以下各种基础不属于刚性基础的是(　　)。

A. 砖基础　　B. 毛石混凝土基础

C. 素混凝土基础　　D. 钢筋混凝土基础

6. 地下室的外墙应按挡土墙设计,如用砖墙,最小厚度不小于(　　)。

A. 490 mm　　B. 370 mm　　C. 300 mm　　D. 240 mm

三、判断

1. 刚性基础如果加大刚性角,基础会受拉破坏。(　　)

2. 刚性材料抗压能力强,抗拉能力差。(　　)

3. 刚性基础的压力传递是沿刚性角的斜线传递。(　　)

4. 柔性基础的优点是能承受拉力。(　　)

5. 端承桩适用于坚硬土层较浅、荷载较大的工程。(　　)

6. 摩擦桩适用于坚硬土层较深、荷载较大的工程。(　　)

7. 新建房屋与原有房屋相邻时,新基础应浅于原基础或持平,以保证原房屋的安全。(　　)

8. 当冻土深度小于 0.5 m 时,基础埋深不受影响。(　　)

四、简答

1. 什么叫地基?什么叫基础?二者有何区别?

2. 简述地下室外防水的做法。

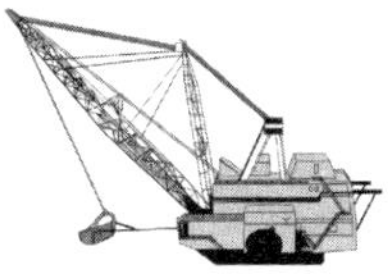

第 3 章 墙 体

墙体是建筑物的重要组成部分之一，主要起承重、围护和分隔的作用。墙体根据材料、位置等分别采用不同的构造。通过本章的学习，了解墙体的构造做法，掌握墙体材料构造原理，能够选择合适的墙体材料和构造。

3.1 墙体的类型和设计要求

3.1.1 墙体的类型

墙体根据在建筑物中的所处位置、受力情况、材料选择、构造型式及施工方式的不同，其类型也不同。

1. 按位置分类

墙体按所处位置可以分为外墙和内墙。外墙位于房屋的四周，故又称为外围护墙，它起着挡风、阻雨、保温、隔热等围护作用。内墙位于房屋内部，主要起分隔内部空间的作用，同时起到一定的隔声、防火等作用。墙体按布置方向又可以分为纵墙和横墙。沿建筑物长轴方向布置的墙称为纵墙，沿建筑物短轴方向布置的墙称为横墙，外横墙又称山墙。另外，根据墙体与门窗的位置关系，在同一道墙上门窗洞口之间的墙体称为窗间墙，门窗洞口上下的墙体称为窗上或窗下墙。不同位置的墙体名称如图 3.1 所示。

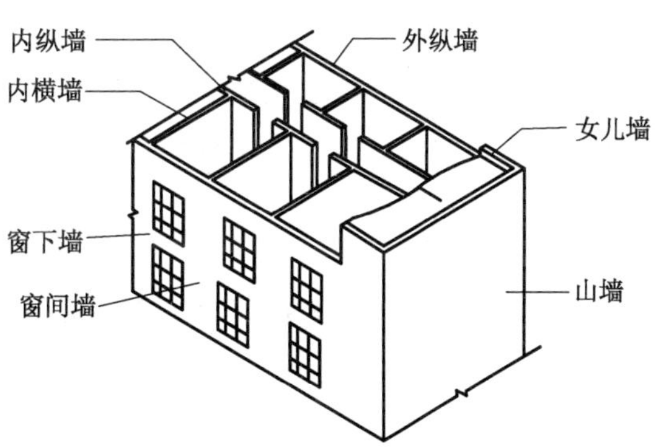

图 3.1 不同位置的墙体名称

2. 按受力情况分类

据墙体受力情况的不同可分为承重墙和非承重墙。

凡直接承受屋顶和楼板(梁)等构件传来荷载的墙称为承重墙。不承受外来荷载的墙称为非承重墙。非承重墙包括自承重墙和隔墙。自承重墙不承受外来荷载，仅承受自身重力并将其传至基础。隔墙仅起分隔空间作用，自身重力由楼板或梁来承担。在框架结构中，填充在柱子之间的墙称为填充墙。另外，悬挂在建筑物外部的轻质墙称为幕墙，幕墙有金属和玻璃幕墙等。

3. 按材料的不同分类

墙体按使用材料的不同，可分为砖墙、石墙、土墙、混凝土墙及各种工业废料制作的砌块墙等。

4. 按施工方法分类

按施工方法的不同，墙体可以分为块材墙、版筑墙及板材墙三种。块材墙是用砂浆等胶结材料将砖、石、砌块等组砌而成，例如实砌砖墙、石墙及各种砌块墙等。版筑墙是在现场立模板，现浇而成的墙体，例如现浇混凝土墙等。板材墙是预先制成墙体，在施工现场拼装而成的墙体，如预制混凝土大板墙。如图 3.2 所示。

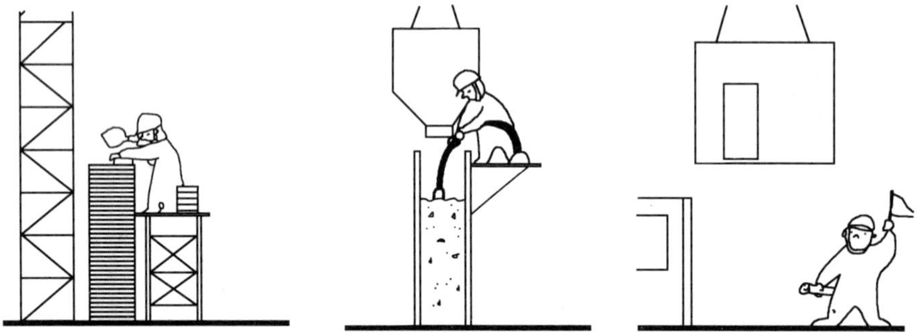

图 3.2　墙体按施工方法分类

3.1.2　墙体的设计要求

1. 应具有足够的强度和稳定性

墙体的强度是指墙体承受荷载的能力。在确定墙体材料的基础上应通过结构计算来确定墙体的厚度，以满足强度的要求。墙体的稳定性与墙体的长度、高度、厚度有关，在墙体的长度和高度确定之后，一般可以采用增加墙体厚度，加设圈梁、壁柱、墙垛的方法增加墙体稳定性。

2. 满足热工方面的要求

《民用建筑热工设计规范》(GB 50176—2016)将我国划为五个建筑热工分区。具体划分和要求见图 3.3 和表 3-1。热工主要考虑墙体的保温与隔热。

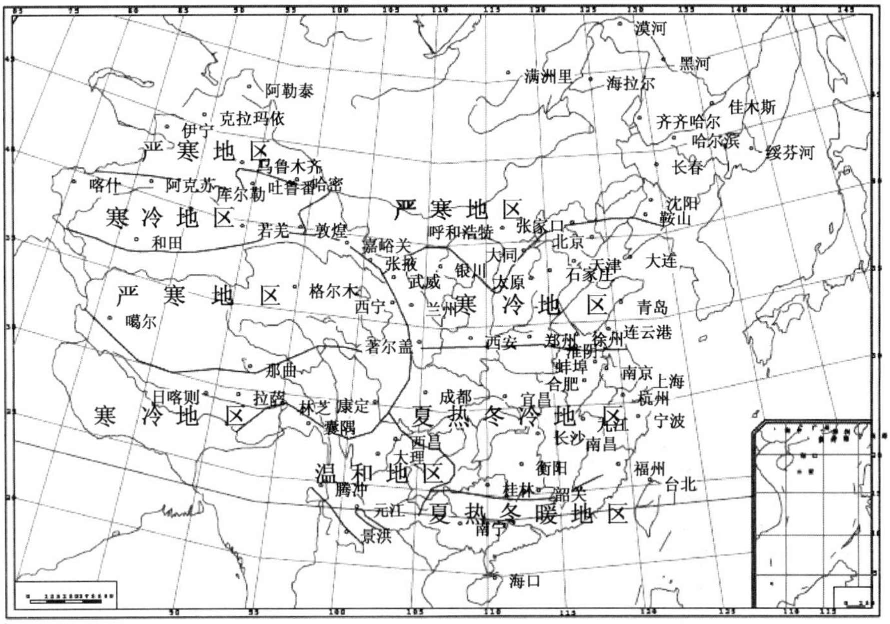

图 3.3　全国建筑热工设计分区图

表 3-1　建筑热工设计分区和设计要求

分区名称	分区指标		设计要求
	主要指标	辅助指标	
严寒地区	最冷月平均温度≤－10℃	日平均温度≤5℃的天数≥145 d	必须充分满足冬季保温要求，一般可不考虑夏季防热
寒冷地区	最冷月平均温度 0～－10℃	日平均温度≤5℃的天数 90～145 d	应满足冬季保温要求，部分地区兼顾夏季防热
夏热冬冷地区	最冷月平均温度 0～10℃，最热月平均温度 25～30℃	日平均温度≤5℃的天数 0～90 d，日平均温度≥25℃的天数 40～110 d	必须满足夏季防热要求，适当兼顾冬季保温
夏热冬暖地区	最冷月平均温度＞10℃，最热月平均温度 25～29℃	日平均温度≥25℃的天数 100～200 d	必须充分满足夏季防热要求，一般可不考虑冬季保温
温和地区	最冷月平均温度 0～13℃，最热月平均温度 18～25℃	日平均温度≤5℃的天数 0～90 d	部分地区应考虑冬季保温，一般可不考虑夏季防热

采暖建筑的外墙要求有足够的保温能力，应采取以下措施：

(1) 合理选择墙体构造和材料

为提高墙体的保温能力，必须提高墙体的热阻。热阻指构件阻止热量传递的能力，热阻越大，墙体保温性能越好，反之越差。提高热阻的做法有以下三种：① 增加墙体厚度。墙体越厚，传热过程越长，从而能够达到一定的保温目的。这种做法的缺点是增加结构自重，多用墙体材料，占用建筑面积，使有效空间缩小。② 使用孔隙率高、密度小、导热系数小的材料做外墙，如加气混凝土。这些材料强度不高，不能承受较大荷载，一般作框架结构填充墙。③ 采用复合结构墙体。这是近些年较为提倡的一种做法。复合结构指采用轻质高效保温材料与砖、混凝土等墙体材料组成的复合墙。一般保温材料设在低温一侧或中间。外墙外保温构造常用的保温材料有 EPS 板(模塑聚苯板、膨胀聚苯板)、XPS 板(挤塑聚苯板)、PU 板和岩棉板等。根据《外墙外保温工程技术规程》(JGJ 144—2008),以 EPS 板为例,外墙外保温构造如图 3.4 所示。外墙由基层、EPS 板保温层、薄抹灰层和饰面涂层组成。建筑物高度在 20 m 以上或受负风压较大作用的部位,EPS 板宜使用锚栓固定。EPS 板宽不宜大于1200 mm,高度不宜大于 600 mm。黏结时,涂胶面积不宜小于 EPS 板面积的 40%,薄抹灰层的厚度为 3～6 mm。

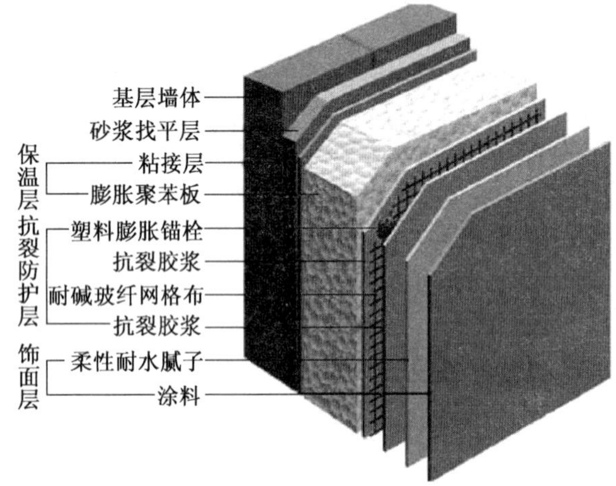

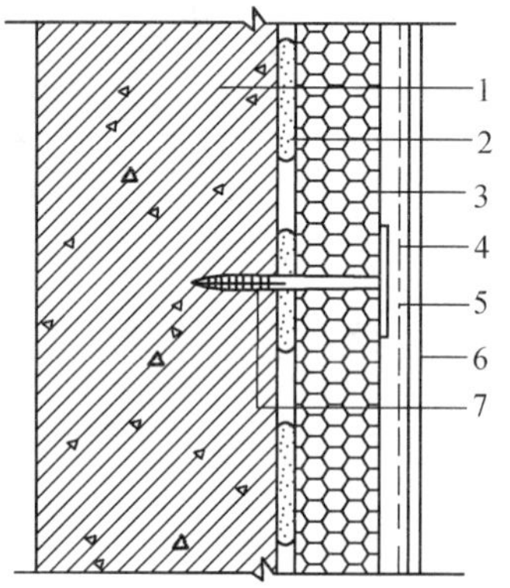

1—基层；2—胶粘剂；3—EPS板；
4—玻纤网；5—薄抹面层；
6—饰面涂层；7—锚栓

图 3.4　EPS 板外墙外保温构造

(2) 避免热桥效应

建筑围护结构中的一些部位,在室内外温差的作用下,形成热流相对密集、内表面温度较低的区域,这些部位成为传热较多的桥梁,故称为热桥。建筑物中楼层和墙角处有混凝土圈梁和构造柱,而混凝土材料比砌墙材料有较好的热传导性(混凝土材料的导热性是普通砖块导热性的 2 至 4 倍),冬季室内外温差较大,冷热空气频繁接触,墙体保温层导热不均匀,产生热桥效应。热桥效应在砖混结构的建筑中出现较多。减少热桥型构件接触冷空气的外表面积,提高构件温度,可以有效避免热桥效应。如图 3.5 所示,外墙上过梁一般采用矩形截面,与冷空气接触面积较大,冷风渗透明显,不利于室内保温。将截面形式改成 L 形,在过梁外采用砖等传热性较差的材料,阻隔冷空气渗透,保持室内温度。

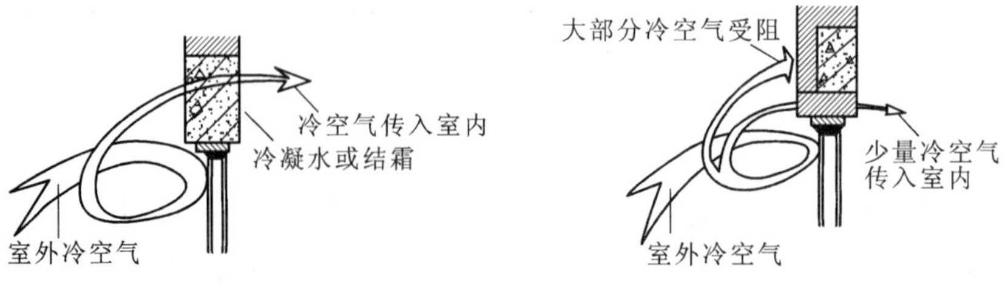

(a) 矩形过梁的热桥效应　　(b) L形过梁的热桥减缓

图 3.5　热桥效应的减缓

(3) 采取防潮措施、避免冷凝水

冬季当室内的热空气传至外墙时，墙体的温度较低，蒸汽在墙内形成凝结水，水的导热系数较大，使外墙的保温能力大大降低。为防止外墙中产生凝结水，应在墙体的室内高温一侧设置隔蒸汽层，阻止水蒸气进入墙体。隔蒸汽层常用卷材、防水涂料或薄膜等。

在炎热地区要求建筑物的外墙应具有良好的隔热能力，以隔阻太阳的辐射热传入室内，防止室内温度过高。为使墙体具有隔热能力，除了可以用导热系数低的墙体材料之外，还可以采用中空墙体；另外，合理地选择建筑朝向、良好的通风条件、浅颜色的外墙表面，设置遮阳设施、利用植被降温也是提高墙体隔热降温效果的有效措施。

3. 满足隔声的要求

为了使人们获得安静的工作和生活环境，提高私密性，避免相互干扰，墙体必须要有足够的隔声能力，并应符合国家有关隔声标准的要求。

4. 满足防火的要求

作为建筑墙体的材料及厚度，应满足防火规范中对燃烧性能和耐火极限的规定。当建筑的面积或长度较大时，应划分防火分区，以防止火灾蔓延。

5. 满足防水、防潮要求

对卫生间、厨房、实验室等用水房间及地下室的墙体应采取防水、防潮措施，可选用良好的防水材料及恰当的构造做法，以提高墙体的耐久性，保证室内有良好的卫生环境。

此外，墙体还应考虑建筑机械化和经济等方面的要求。

3.1.3　墙体的承重方案

墙体的承重方案有：横墙承重、纵墙承重、纵横墙混合承重和内框架承重。

1. 横墙承重

横墙承重是将建筑物的水平承重构件(楼板、屋面板等)搁置在横墙上，即由横墙承担楼面及屋面荷载，纵墙仅起自承重和纵向稳定及拉结作用，如图3.6(a)所示。这种方案，建筑的横墙间距要小于纵墙间距，因此搁置在横墙上的水平承重构件的跨度小，其截面高度也小，可以节省钢材和混凝土，增加室内的净空高度。由于横墙是承重墙，具有足够的厚度，而且间距不大，所以能有效地增加建筑物的刚度，提高抵抗水平荷载的能力。另外，内纵墙与上部水平承重构件之间没有传力的关系，可以自由布置，在纵墙中开设门窗洞口比较灵活。但横墙承重方案由于横墙间距受到水平承重构件跨度和规格的限制，建筑开间尺寸变化不灵活，不易形成较大的室内空间，而且墙体所占的面积较大。

横墙承重方案适用于房间开间不大，尺寸变化不多的建筑，如宿舍、住宅、旅馆等。

2. 纵墙承重

纵墙承重是将建筑的水平承重构件搁置在纵墙上，即由纵墙承担楼面及屋面荷载，横墙仅起分隔空间和连接纵墙的作用，如图3.6(b)所示。这种方案，建筑的进深方向尺寸变化较小，因此搁置在纵墙上的水平承重构件的规格少，有利于施工，可以提高施工效率。另外，横墙与上部水平承重构件之间没有传力关系，可以灵活布置，易于形成较大的房间。但纵墙承重方案由于水平承重构件的跨度较大，其自重和截面高度也较大，强度要求高，占用空间较多。由于横墙不承重，自身的强度和刚度较低，起不到抵抗水平荷载的作用，因此建筑的刚度较差。为了保证纵墙的强度，在纵墙中开设门窗洞口就受到了一定的限制，不够灵活。

纵墙承重方案适用于进深方向尺寸变化较少，内部房间较大的建筑。如办公楼、商场等。

3. 纵横墙混合承重

纵横墙混合承重简称混合承重，这种方案由纵墙和横墙共同承受楼板和屋面等荷载，如图 3.6(c)所示。混合承重综合了横墙承重和纵墙承重的优点，建筑平面组合自由灵活、空间刚度较好。

纵横墙混合承重方案适用于开间和进深尺寸较大，平面复杂的建筑，如教学楼、医院、托幼建筑等。

4. 内框架承重

内框架承重即房屋内部采用柱、梁组成的内框架承重，四周采用墙承重，由墙和柱共同承受水平构件传来的荷载，如图 3.6(d)所示。

混合承重方案适用于室内布置有较大空间的建筑，如餐厅、商场、综合楼等。

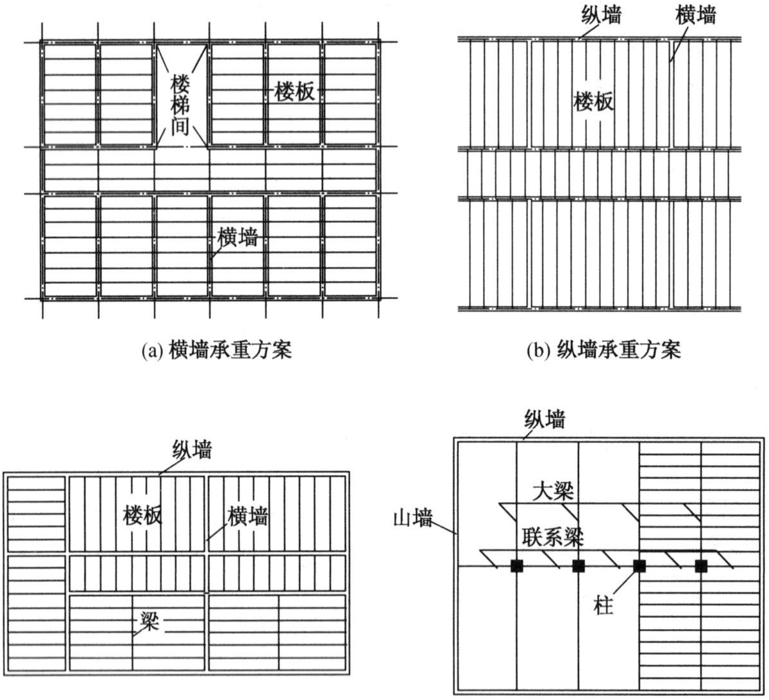

(a) 横墙承重方案　(b) 纵墙承重方案

(c) 纵横墙混合承重　(d) 墙与柱混合承重

图 3.6　墙体承重方案

3.2　砌体墙

【本节任务】

图 3.7 为北方地区某砖混结构办公建筑底层平面图(楼梯部分未绘制)和①轴墙身详图，建筑物 4 层，条形砖基础，位于抗震设防 8 度地区，忽略楼梯，根据本节所学完成下面的任务。

任务要求：

(1) 按照1∶50的比例抄绘平面图，绘制定位轴线编号(第一章作业)，补齐尺寸。

(2) 列表说明需要设置过梁的位置和长度；设计一外墙过梁的断面图，按照基本要求标注尺寸。

(3) 按照构造要求设计圈梁，绘制圈梁截面，并配筋；说明圈梁的设置，在平面图上绘制出圈梁布置图。

(4) 按照规范要求在建筑平面图上布置构造柱。

(5) 按照1∶20的比例抄绘墙身详图，设计墙体防潮层、散水、勒脚和保温层构造。

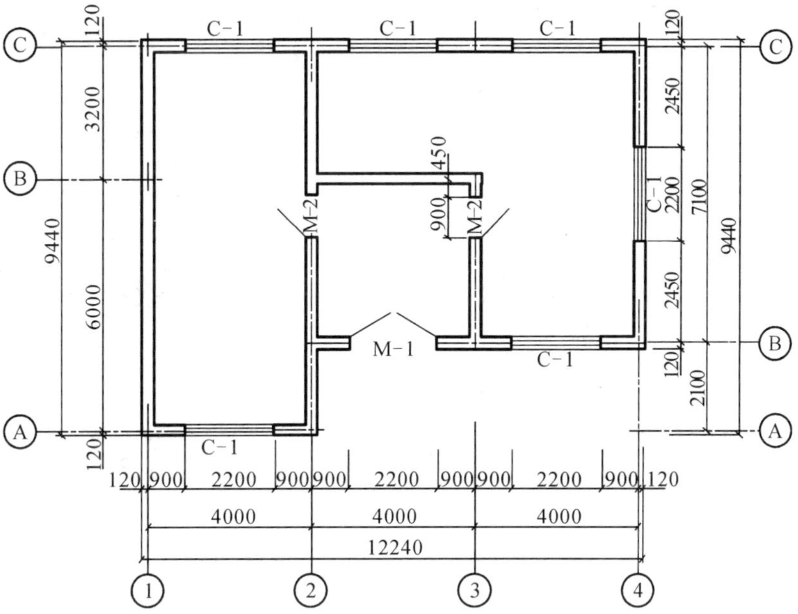

(a) 底层平面图

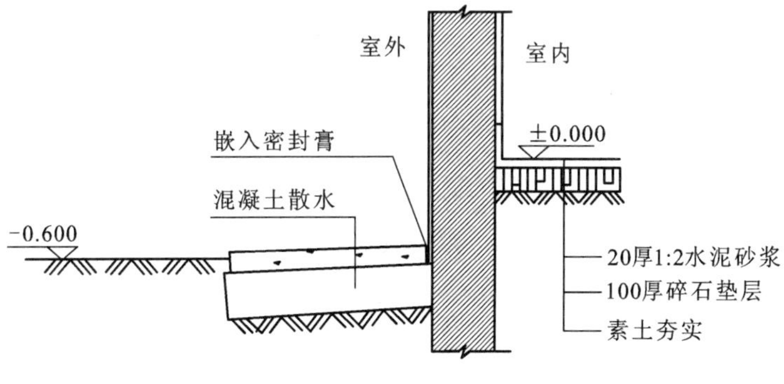

(b) ①轴墙身详图

图3.7 某办公楼图 单位：mm

【基本知识】

3.2.1 砌体墙材料

砌体墙指用块体和砂浆通过一定的砌筑方法砌筑而成的墙体。块体一般包括砖和砌块。砂浆一般包括混合砂浆、水泥砂浆和石灰砂浆。砌体墙一般分为砖墙和砌块墙。

1. 砖墙

(1) 材料和类型

砖按材料不同,有黏土砖、粉煤灰砖、灰砂砖、炉渣砖等。

按照砖的外观形状不同,又可分为普通实心砖、多孔砖和空心砖。多孔砖孔洞率不小于15%,孔的直径小、数量多,可以用于承重部位。空心砖孔洞率不小于15%,孔的尺寸大、数量少,可以用于非承重部位。

砖的强度等级是由其抗压强度和抗折强度确定的,分为MU30、MU25、MU20、MU15、MU10、MU7.5六个级别。

(2) 尺寸和组砌

普通黏土砖也称烧结普通砖(标准砖),是指没有孔洞或孔洞率小于15%的砖。其规格为240 mm×115 mm×53 mm,砖的长、宽、厚之比为4∶2∶1(包括10 mm宽灰缝),如图3.8所示。标准砖砌筑墙体时是以砖宽度的倍数,即115+10=125 mm为模数,如图3.9所示。

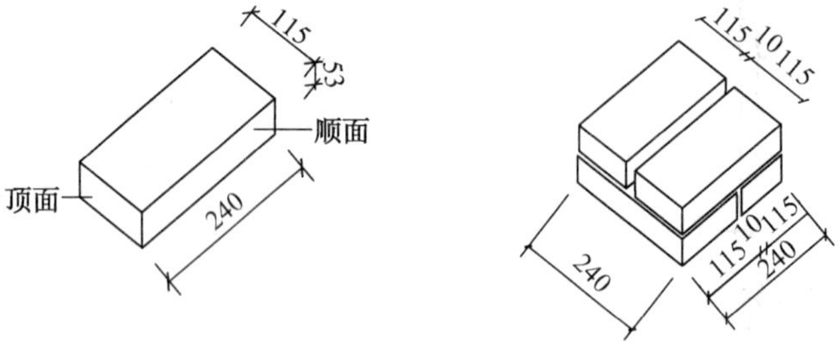

图3.8 标准砖的尺寸关系 单位:mm

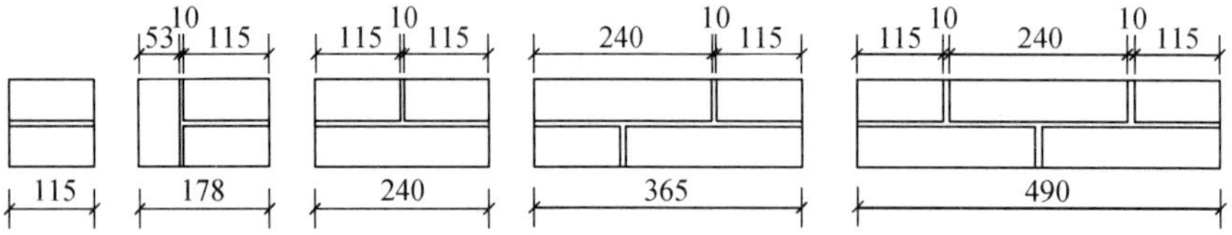

图3.9 墙厚与砖规格的关系 单位:mm

砖墙的厚度尺寸见表3-2。

表3-2 砖墙的厚度尺寸 单位:mm

墙厚名称	1/4砖	1/2砖	3/4砖	1砖	$1\frac{1}{2}$砖	2砖
构造尺寸	53	115	178	240	365	490
标志尺寸	60	120	180	240	370	490
习惯称呼	60墙	12墙 半砖墙	18墙 3/4砖墙	24墙 一砖墙	37墙 一砖半墙	49墙 两砖墙

为了保证墙体的强度,砖砌体的砖缝必须横平竖直,灰浆饱满,错缝搭接,避免通缝。砖

与砖之间搭接和错缝的距离一般不小于 60 mm。

砖墙的组砌方式很多，常见的组砌方式有全顺式、一顺一丁式、每皮一顺一丁式(又称十字式或称梅花丁)、多顺一丁式等。图 3.10 为砖墙的组砌名称，图 3.11 为砖墙的组砌方式。

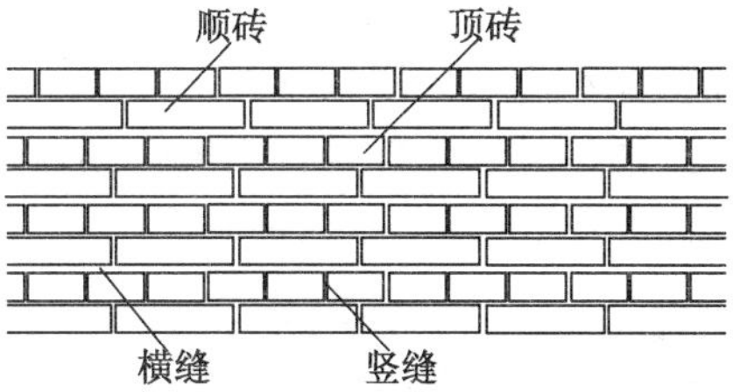

图 3.10　砖墙组砌名称

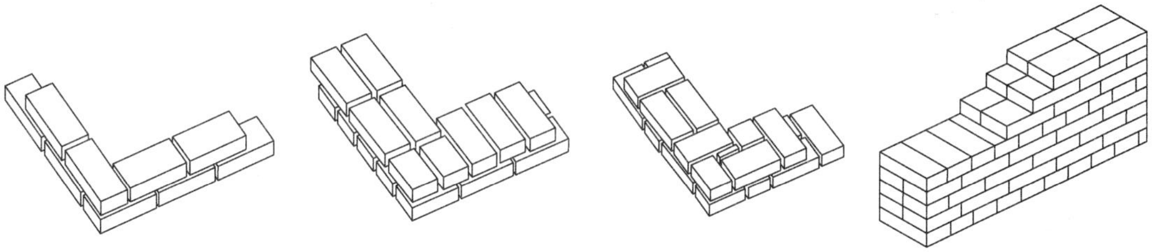

(a) 全顺式半砖墙　(b) 上下皮一顺一丁式　(c) 梅花丁式　(d) 三顺一丁式

图 3.11　砖墙的组砌方式

2. 砌块墙

砌块墙指用砌块和砂浆砌筑成的墙体，可作工业与民用建筑的承重墙和围护墙。

(1) 材料

砌块是利用工业废料(煤渣、矿渣等)和地方材料制成的人造块材，用以替代普通黏土砖作为砌墙材料。按材料分有混凝土、轻集料混凝土和加气混凝土砌块，及利用各种工业废渣、粉煤灰、煤矸石等制成的无熟料水泥煤渣混凝土砌块和蒸汽养护粉煤灰硅酸盐砌块等，如图 3.12(a)为混凝土空心砌块和 3.12(b)为加气混凝土砌块。

(a) 混凝土空心砌块　**(b) 加气混凝土砌块**

图 3.12　砌块

(2) 规格和组砌

砌块根据重量和尺寸分为小型砌块、中型砌块和大型砌块。小型砌块单块质量不超过 20 kg，尺寸较小，高度为 115～380 mm，常用尺寸是 190 mm×190 mm×390 mm，辅助块为

190 mm×190 mm×190 mm 和 190 mm×190 mm×90 mm 等。小型砌块使用较灵活，适应面广，但多为手工砌筑，施工劳动量较大。中型砌块单块质量 20～350 kg，高度380～980 mm，常见尺寸 240 mm×280 mm×380 mm 和 240 mm×580 mm×380 mm。大型砌块高度大于980 mm，重量大于 350 kg。中型、大型砌块的尺寸较大，重量较重，适于机械起吊和安装，可提高劳动生产率，但型号不多，不如小型砌块灵活。

砌块墙的排列与组合在设计时，应给出砌块排列组合图，施工时按图进料和安装。砌块排列组合图一般有各层平面、内外墙立面分块图，如图 3.13 所示。

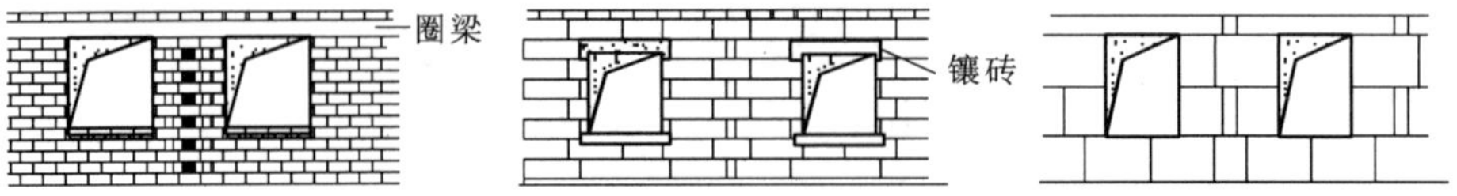

(a) 小型砌块排列　(b) 中型砌块排列　(c) 大型砌块排列

图 3.13　砌块墙的组合

砌块墙的组合要求：① 排列整齐划一，上下避免通缝；② 上层砌块至少盖住下层砌块的 1/4；③ 尽可能少镶砖；④ 减少砌块种类。

砌筑要求：必须竖缝填灌密实，水平缝砌筑饱满，采用 M5 级砂浆，上下皮搭接长度超过 150 mm；在中型砌块两端设有封闭式灌浆槽，水平、竖直灰缝一般为 15～20 mm；搭接长度不足时增设钢筋网片，如图 3.14 所示。一般六层以下的住宅、学校、办公楼以及单层厂房等都可以采用砌块代替砖使用。6 层及 6 层以上房屋的外墙、潮湿房间的墙，受震动或层高大于 6 m 的墙柱所用砌块等级不得小于 MU5。

混凝土砌块的强度等级分：MU3.5、MU5、MU7.5、MU10、MU15 五级。

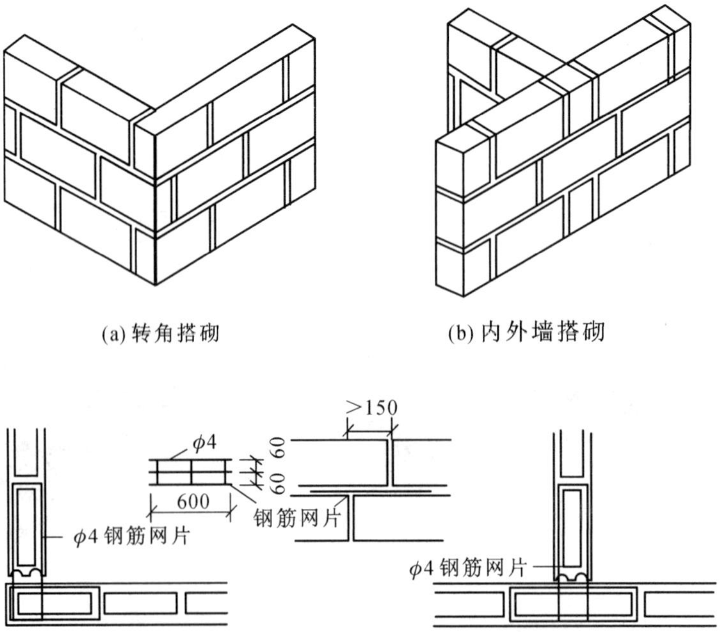

(a) 转角搭砌　(b) 内外墙搭砌

(c) 上下皮垂直缝<150mm的处理

图 3.14　砌块墙的砌筑　单位：mm

3. 砂浆

砂浆是砖和砌块的胶结材料。常用的砂浆有水泥砂浆、石灰砂浆和混合砂浆。水泥砂浆由水泥、砂、水拌和而成，属于水硬性材料，强度高、防潮性能好，主要用于防潮和受力要求高的墙体中。石灰砂浆由石灰膏、砂和水搅拌而成，属于气硬性材料，强度低、防水性能差，但和易性好，主要用于次要的民用建筑的地上砌体。混合砂浆是由水泥、石灰膏、砂加水拌和而成，强度高，保水性、和易性较好，被广泛用于地面以上砌体中。

砂浆的强度等级有：M15、M10、M7.5、M5、M2.5 五个级别。

3.2.2 砌体墙的细部构造

墙体的细部构造包括窗台、勒脚、散水、墙身防潮层、门窗过梁、圈梁和构造柱等。

1. 窗台

窗台构造做法分为外窗台和内窗台。

外窗台的作用主要是排水，有时也为满足建筑立面要求而作相应变化。外窗台应设不小于 20%的坡度(向外)，以利于排水；坡度可以利用斜砌的砖形成，也可以由砖面抹灰形成。外窗台有悬挑和不悬挑两种。悬挑窗台常用砖砌或采用预制钢筋混凝土，挑出的尺寸应不小于 60 mm。砖砌外窗台有平砌和侧砌两种，窗台的坡度可以利用斜砌的砖形成，也可以由砖面抹灰形成。悬挑外窗台应在下边缘做滴水，一般做宽度和深度均不小于 10 mm 的滴水线或滴水槽，以免排水时雨水沿窗台底面流至下部墙体。

内窗台一般为水平放置，采用预制水磨石板或预制混凝土板制作，也可结合室内装修做成各种形式。在寒冷地区室内如设暗装暖气，窗台下应预留凹龛，上部做内窗台。为了使暖气散发的热量形成向上的热风幕，阻隔室外冷空气的进入，通常在窗台板上设置长形散热孔。

图 3.15 是几种常见窗台。

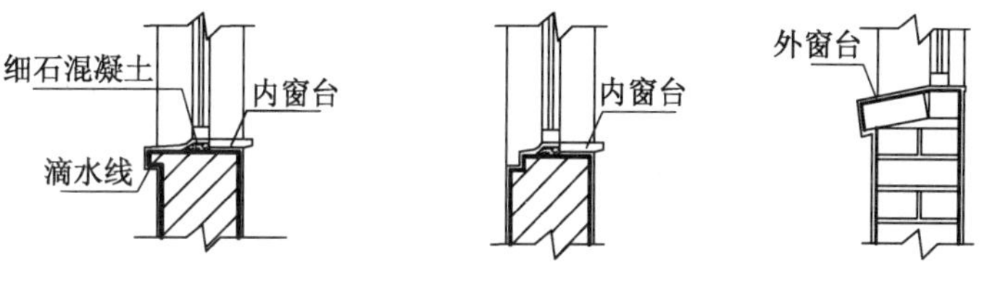

图 3.15 窗台做法

2. 勒脚

勒脚是外墙接近室外地面的部分。勒脚的作用是防止外界碰撞和地表水对墙脚的侵蚀、同时可增强建筑物的立面美观，因此要求勒脚坚固、防水和美观。

勒脚的高度一般应在 500 mm 以上，有时为了建筑立面形象的要求，可以把勒脚顶部提高至首层窗台处。

目前勒脚通常采用密实度大的材料进行处理。常见的有水泥砂浆抹灰、水刷石、斩假石、贴面砖、贴天然石材等。当墙体材料防水性能较差的时候，勒脚部分的墙体应当换用防水性能好的材料。如图 3.16 所示。

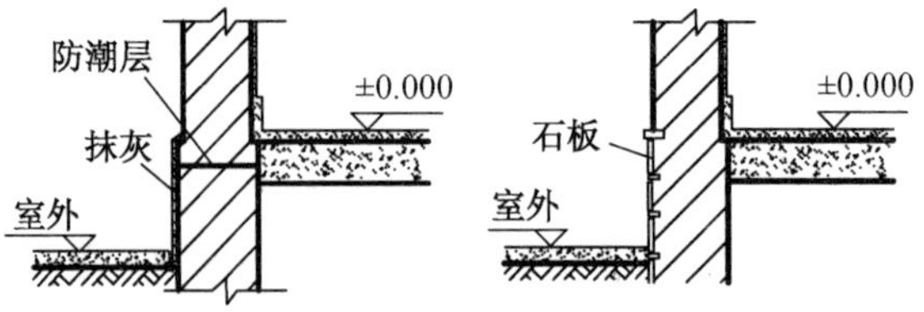

图 3.16　勒脚做法

3. 散水和明沟

散水是沿建筑物外墙设置的倾斜坡面，坡度一般为 3%～5%。散水可用水泥砂浆、混凝土、砖、块石等材料做面层，其宽度一般为 600～1000 mm。当屋面为自由落水时，散水宽度应比屋檐挑出宽度大 200 mm。由于建筑物的沉降和勒脚与散水施工时间的差异，在勒脚与散水交接处应留有缝隙，缝内填粗砂或碎石子，上嵌沥青胶盖缝，以防渗水。散水整体面层纵向距离每隔 6～12 m 做一道伸缩缝，缝内处理与勒脚和散水交接处的构造做法相同。季节性冰冻地区的散水还需在垫层下加设防冻胀层应选用砂石、炉渣石灰土等非冻胀材料，厚度可结合当地经验采用。如图 3.17 所示，图中 B 表示散水宽度。

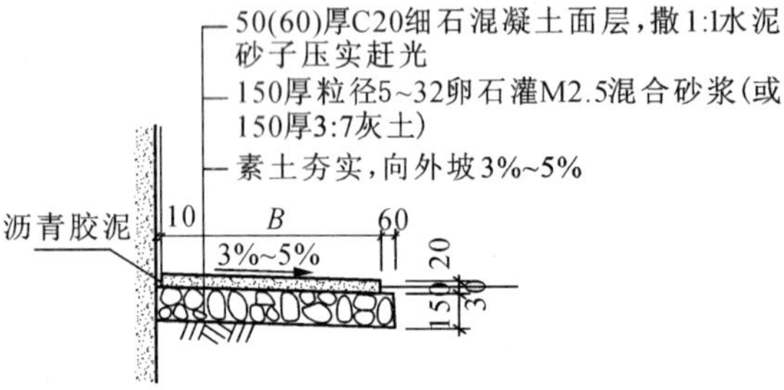

(a) 混凝土散水

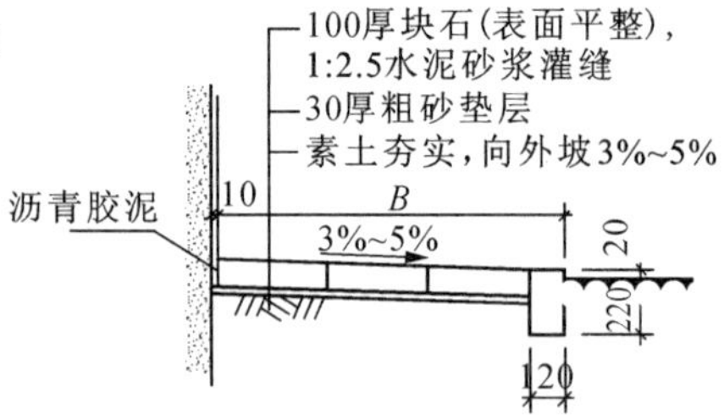

(b) 块石散水

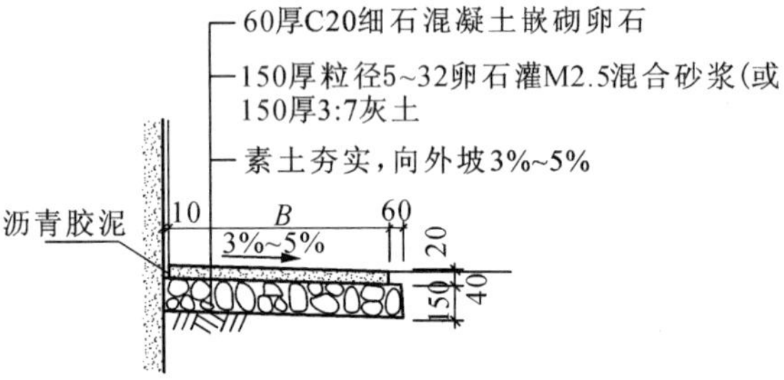

(c) 卵石散水

图 3.17　散水的构造　单位：mm

明沟一般在降雨量较大的地区采用，布置在建筑物的四周，其作用是把屋面下落的雨水引导至集水井，进入排水管道。明沟一般采用素混凝土浇筑，也可以用砖、石砌筑成 180 mm 宽、150 mm 深的沟槽，然后用水泥砂浆抹面。沟底应有不小于 1%的纵向坡度，以保证排水通畅。见图 3.18。

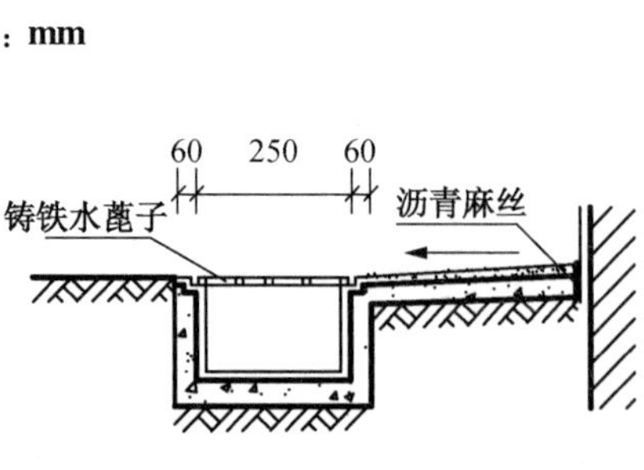

图 3.18　明沟

【任务要点提示】

冬季北方地区土壤冻胀，设置散水和勒脚时，应考虑它们的相互位置，保证构造的使用功能。

4. 墙身防潮层

建筑位于地下部分的墙体和基础会受到土壤中潮气的影响，土壤中的潮气进入地下部分的墙体和基础材料的孔隙内形成毛细水，毛细水沿墙体上升，逐渐使地上部分墙体潮湿，影响建筑的正常使用和安全。为了隔阻毛细水的上升，应当在墙体中设置防潮层，防潮层分为水平防潮层和垂直防潮层两种。

（1）水平防潮层

① 防潮层的位置

所有墙体的根部均应设水平防潮层。为了防止地表水反渗的影响，防潮层应设置在距室外地面 150 mm 以上的墙体内，同时，防潮层应设置在首层地坪结构层（如混凝土垫层）厚度范围之内的墙体之中，与地面垫层形成一个封闭的隔潮层。当首层地面为实铺时，防潮层的位置通常选择在−0.060 m 标高处，以保证隔潮的效果。当两相邻房间之间室内地面有高差时，应在墙身内设置高低两道水平防潮层，并在靠土壤一侧设垂直防潮层，以避免回填土中的潮气侵入墙身。如图 3.19 所示。

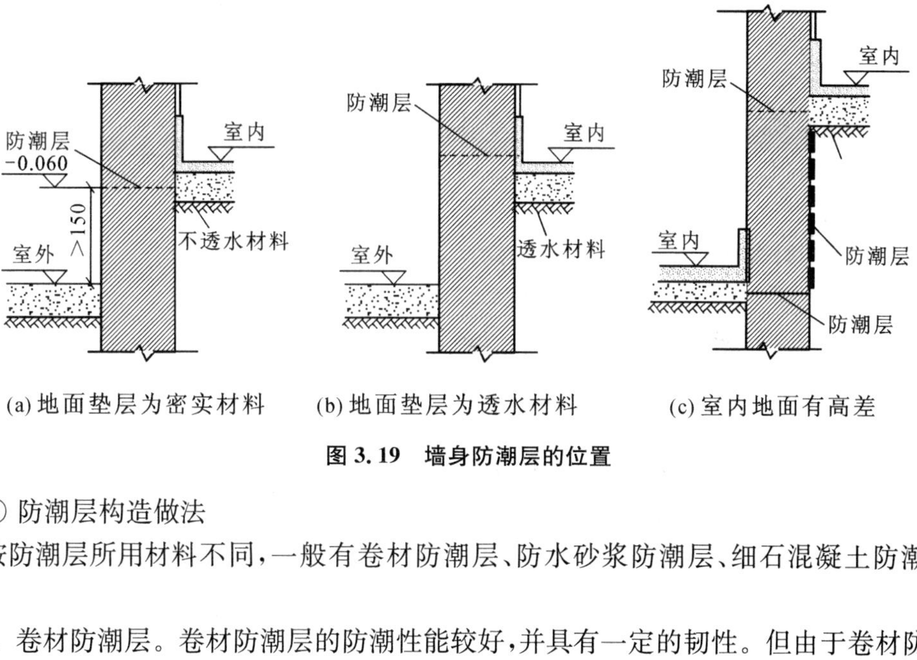

图 3.19　墙身防潮层的位置

② 防潮层构造做法

按防潮层所用材料不同，一般有卷材防潮层、防水砂浆防潮层、细石混凝土防潮层等做法。

a. 卷材防潮层。卷材防潮层的防潮性能较好，并具有一定的韧性。但由于卷材防潮层会把上下墙体分隔开，从而破坏了建筑的整体性，对抗震不利，同时，卷材的使用寿命往往低于建筑的耐久年限，失效后将无法起到防潮的作用。因此，卷材防潮层在建筑中已很少使用。

卷材防潮层多采用沥青油毡，分为干铺和粘贴两种做法。干铺法是在防潮层部位的墙体上用 20 厚 1∶3 水泥砂浆找平，然后干铺一层油毡；粘贴法是在找平层上做一毡二油防潮层。卷材的宽度应比墙宽 20 mm，搭接长度不小于 100 mm。

b. 防水砂浆防潮层。防水砂浆防潮层克服了卷材防潮层的缺点，目前应用较多。由于砂浆属于刚性材料，易产生裂缝，在基础沉降量大或有较大振动的建筑中应慎重使用。

砂浆防潮层的做法：在防潮层部位抹 25 mm 厚掺 5%防水剂配制而成的 1∶2 水泥砂浆；也可以在防潮层部位用防水砂浆砌 4～6 皮砖。

c. 细石混凝土防潮层。细石混凝土防潮层的优点较多，它不破坏建筑的整体性，抗裂性能好，防潮效果也好，但施工略显复杂。

细石混凝土防潮层做法：在防潮层部位铺设 60 mm 厚与墙体宽度相同的细石混凝土带，强度等级为 C20，内配 3ϕ6 或 3ϕ8 钢筋。由于混凝土密实性好，有一定的防水性能，并与砌体结合紧密，适用于整体刚度要求较高的建筑。

(2) 垂直防潮层

当室内地面出现高差或室内地面低于室外地面时。由于地面较低的一侧房间下部一定范围内的墙体一侧外邻潮湿土壤，为了保证这部分墙的干燥。除了要分别按高差不同在墙内设置两道水平防潮层之外，还要对两道水平防潮层之间的墙体做防潮处理，即垂直防潮层。

垂直防潮层做法：在墙体靠回填土一侧用 20 厚 1∶2 水泥砂浆抹灰，涂冷底子油一道，再刷两遍热沥青防潮，也可以抹 25 厚防水砂浆。在另一侧墙面，最好用水泥砂浆抹灰。

【任务要点提示】

根据地面材料、垫层材料和墙体位置，选择合适的墙体防潮构造和材料。

5. 门窗过梁

当墙体上开设门、窗孔洞时，为了支承洞口上部砌体传来的荷载，并把这些荷载传递给洞口两侧的墙体，常在门窗洞口上设置横梁，即门窗过梁。

当门窗洞口较大或上部有集中荷载时，门窗洞口上应使用钢筋混凝土过梁，按照施工方式的不同，钢筋混凝土过梁分为现浇和预制两种。过梁高度及配筋由计算确定。为施工方便，梁高应与砖的皮数相适应。通常情况下，梁高取 60 mm 的整数倍；梁两端支承在墙上的长度不少于 240 mm，以保证足够的承压面积。

钢筋混凝土过梁的截面形式有矩形和 L 形两种。矩形截面的过梁，多用于内墙或混水墙。L 形截面的过梁，多用于外墙与清水墙。尤其在寒冷地区，可防止过梁内壁产生冷凝水。如图 3.20 所示。

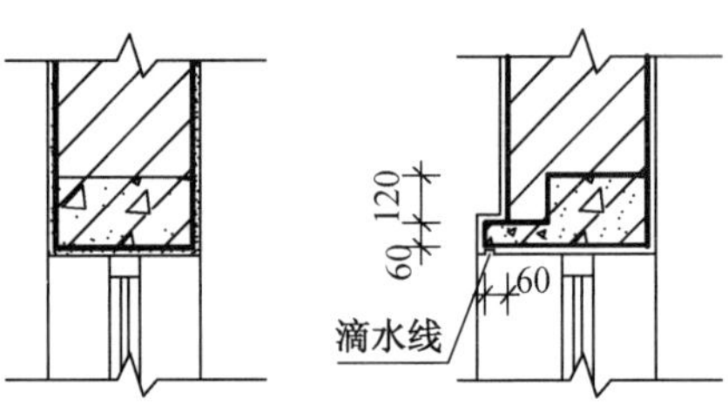

(a) 矩形截面　　(b) L形截面

图 3.20　钢筋混凝土过梁　单位：mm

6. 圈梁

圈梁是沿外墙四周及部分内墙水平设置的连续闭合的梁。圈梁可以增强建筑的空间刚度和整体性，对建筑起到腰箍的作用。防止由于地基不均匀沉降、振动及地震引起的墙体开裂。

圈梁多采用钢筋混凝土材料，其宽度宜与墙体厚度相同。当墙厚大于 240 mm 时，圈梁的宽度可以比墙体厚度小，但不应小于墙厚的 2/3。圈梁的高度一般不小于 120 mm，通常与砖的皮数尺寸相配合。由于因梁的受力较复杂，而且不易事先估计确定，因此圈梁一般均按构造要求配置钢筋。圈梁在建筑中往往不止设置一道，其数量应视墙体位置、建筑的高度、层数和抗震设防要求而定。根据《建筑抗震设计规范》(GB 50011—2010)，具体要求如

表3－3所示。

表3－3　多层砖砌体房屋现浇钢筋混凝土圈梁设置和配筋要求

墙　类	烈　度		
	6、7	8	9
外墙和内纵墙	屋盖处及每层楼盖处	屋盖处及每层楼盖处	屋盖处及每层楼盖处
内横墙	同上； 屋盖处间距不应大于4.5 m； 楼盖处间距不应大于7.2 m； 构造柱对应部位	同上； 各层所有横墙，且间距不应大于4.5 m； 构造柱对应部位	同上； 各层所有横墙
最小纵筋	4ϕ10	4ϕ12	4ϕ14
箍筋最大间距(mm)	250	200	150

圈梁通常设置在基础墙处、檐口处和楼板处，宜与预制板设在同一标高处或紧靠板底；当屋面板、楼板与窗洞口间距较小，而且抗震设防等级较低时.也可以把圈梁设在窗洞口上皮，兼做过梁使用。按照要求，圈梁应当连续、封闭地设置在同一水平面上。当圈梁被门窗洞口(如楼梯间窗洞口)截断时，应在洞口上方或下方设置附加圈梁。附加圈梁与圈梁的搭接长度不应小于二者垂直距离的两倍，且不应小于1 m(图3.21)。抗震设防地区，圈梁应当完全封闭，不宜被洞口截断。

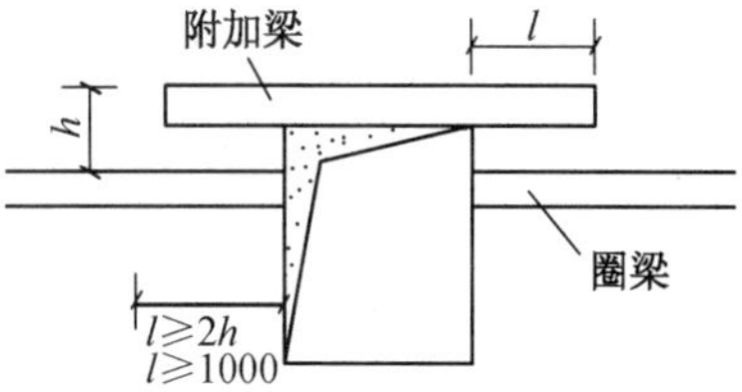

图3.21　附加圈梁

为了提高砌块墙的整体性和抗震能力，在砌体墙中设置圈梁。多层小砌块房屋的现浇钢筋混凝土圈梁的设置位置应按多层砖砌体房屋圈梁的要求执行，圈梁宽度不应小于190 mm，配筋不应少于4ϕ12，箍筋间距不应大于200 mm。砌块墙圈梁也可采用预制与现浇结合的方式，先搭放预制件，然后布置钢筋浇筑混凝土，构造如图3.22所示。

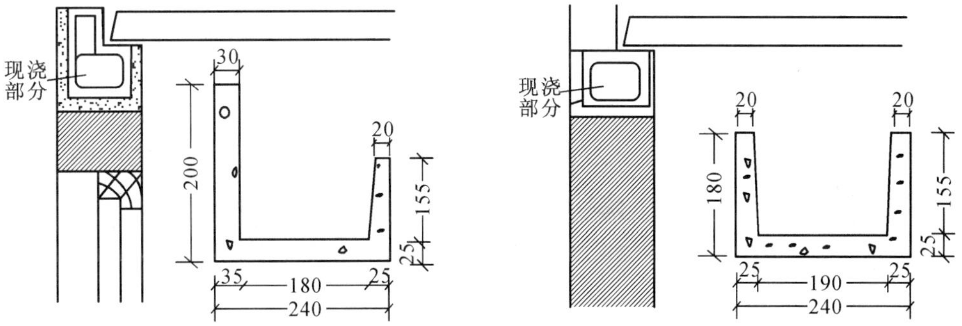

图3.22　砌块墙预制圈梁构造　单位：mm

7. 构造柱

钢筋混凝土构造柱是从抗震角度考虑而设置的。多层砖混结构的建筑物其构造柱一般设置在建筑物的四角、内外墙交接处、楼梯间、电梯间及部分较长墙体的中部。表3－4是构造柱的设置要求。

表 3－4　多层砖砌体房屋构造柱设置要求

<table>
<tr><th colspan="4">房屋层数</th><th colspan="2" rowspan="2">设置部位</th></tr>
<tr><th>6 度</th><th>7 度</th><th>8 度</th><th>9 度</th></tr>
<tr><td>四、五</td><td>三、四</td><td>二、三</td><td></td><td rowspan="3">楼、电梯间四角，楼梯斜梯段上下端对应的墙体处；
外墙四角和对应转角；
错层部位横墙与外纵墙交接处；
大房间内外墙交接处；
较大洞口两侧</td><td>隔 12 m 或单元横墙与外纵墙交接处；
楼梯间对应的另一侧内横墙与外纵墙交接处</td></tr>
<tr><td>六</td><td>五</td><td>四</td><td>二</td><td>隔开间横墙(轴线)与外墙交接处；
山墙与内纵墙交接处</td></tr>
<tr><td>七</td><td>≥六</td><td>≥五</td><td>≥三</td><td>内墙(轴线)与外墙交接处；
内墙的局部较小墙垛处；
内纵墙与横墙(轴线)交接处</td></tr>
</table>

多层砖砌体房屋的构造柱应符合下列构造要求：

(1) 构造柱最小截面可采用 180 mm×240 mm(墙厚 190 mm 时为 180 mm×190 mm)，纵向钢筋宜采用 4ϕ12，箍筋间距不宜大于 250 mm，且在柱上下端应适当加密；6、7 度时超过六层，8 度时超过五层和 9 度时，构造柱纵向钢筋宜采用 4ϕ14，箍筋间距不应大于 200 mm；房屋四角的构造柱应适当加大截面及配筋。

(2) 构造柱与墙连接处应砌成马牙槎，沿墙高每隔 500 mm 设 2ϕ6 水平钢筋和 ϕ4 分布短筋平面内点焊组成的拉结网片或 ϕ4 点焊钢筋网片，每边伸入墙内不宜小于 1 m。6、7 度时底部 1/3 楼层，8 度时底部 1/2 楼层，9 度时全部楼层，上述拉结钢筋网片应沿墙体水平通长设置，如图 3.23。

(3) 构造柱与圈梁连接处，构造柱的纵筋应在圈梁纵筋内侧穿过，保证构造柱纵筋上下贯通。

(4) 构造柱可不单独设置基础，但应伸入室外地面下 500 mm，或与埋深小于 500 mm 的基础圈梁相连。构造柱上部与楼层圈梁连接。如圈梁为隔层设置时，应在无圈梁的楼层设置配筋砖带。由于女儿墙的上部是自由端而且位于建筑的顶部，易受地震破坏。一般情况下构造柱应当通至女儿墙顶部，并与钢筋混凝土压顶相连，而且女儿墙中的构造柱间距应当加密。

【任务实施】

简要说明所设计方案及其构造做法特点。采用铅笔完成，要求字迹工整、布图均匀，线条应符合制图要求。完成一张 2 号图纸。

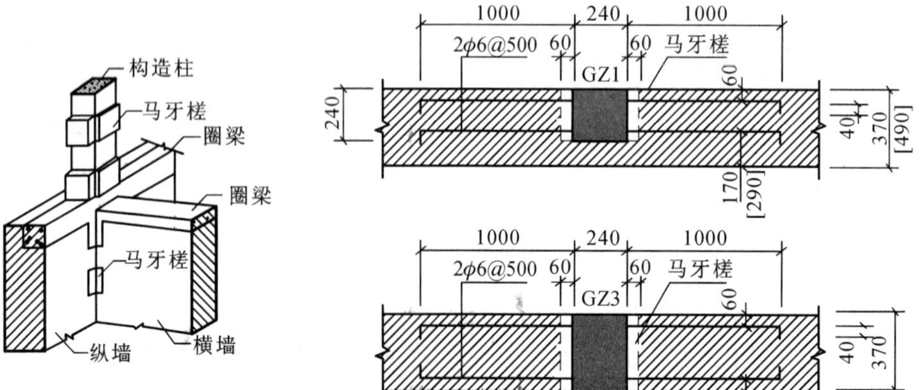

(a) 构造柱

(b) 一字墙构造柱

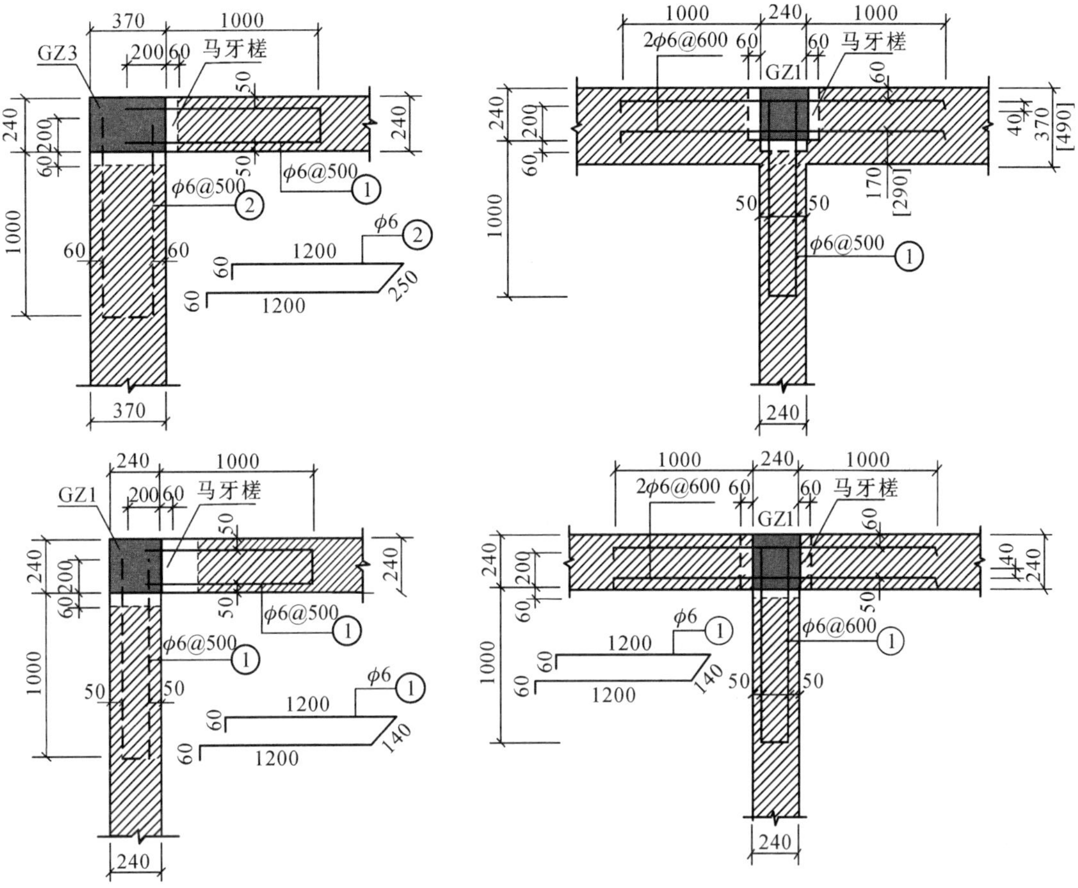

(c) 转角墙构造柱

(d) 丁字墙构造柱

图 3.23 构造柱 单位：mm

砌块墙钢筋混凝土构造柱应符合下列构造要求：

(1) 构造柱截面不宜小于 190 mm×190 mm，纵向钢筋宜采用 4ϕ12，箍筋间距不宜大于 250 mm，且在柱上下端应适当加密；6、7 度时超过五层，8 度时超过四层和 9 度时，构造柱纵向钢筋宜采用 4ϕ14，箍筋间距不应大于 200 mm；外墙转角的构造柱可适当加大截面及配筋。

(2) 构造柱与砌块墙连接处应砌成马牙槎，与构造柱相邻的砌块孔洞，6 度时宜填实，7 度时应填实，8、9 度时应填实并插筋。构造柱与砌块墙之间沿墙高每隔 600 mm 设置 ϕ4 点焊拉结钢筋网片，并应沿墙体水平通长设置。6、7 度时底部 1/3 楼层，8 度时底部 1/2 楼层，9 度时全部楼层，上述拉结钢筋网片沿墙高间距不大于 400 mm。

(3) 构造柱与圈梁连接处，构造柱的纵筋应在圈梁纵筋内侧穿过，保证构造柱纵筋上下贯通。

(4) 构造柱可不单独设置基础，但应伸入室外地面下 500 mm，或与埋深小于 500 mm 的基础圈梁相连。

当墙体材料选用空心混凝土砌块时，将钢筋插入上下贯通的砌块孔洞中，浇入混凝土就形成构造柱，如图 3.24 所示。

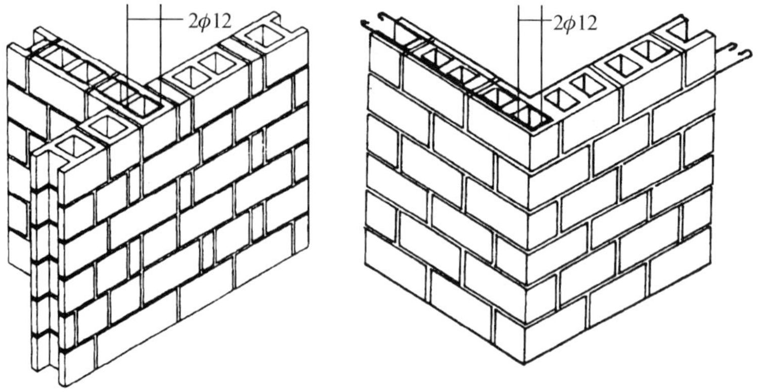

图 3.24　空心混凝土砌块墙构造柱

3.3　隔墙构造

建筑物内分隔房间的非承重墙统称为隔墙。隔墙的重量由楼地层或小梁承担，其作用在于分隔室内空间，提高建筑平面布局的灵活性和适应建筑功能变化的要求。

3.3.1　隔墙的构造要求

1. 自重轻，有利于减轻楼板的荷载。

2. 为了增加室内的有效使用面积，在满足一定的强度和稳定性的情况下，隔墙的厚度应当尽量薄些。

3. 根据使用要求的不同，隔墙应具有良好的隔声能力及相当的耐火能力。对潮湿、多水的房间，隔墙应具有良好的防潮、防水性能。

4. 由于建筑在使用过程中可能会对室内空间进行调整和重新划分，隔墙应便于拆卸。

3.3.2　块材隔墙

块材隔墙是用普通砖、空心砖、加气混凝土等块材砌筑而成的，常用的有普通砖隔墙和砌块隔墙。

1. 普通砖隔墙

普通砖隔墙一般采用半砖（120 mm）隔墙。半砖隔墙用普通砖顺砌，砌筑砂浆采用 M2.5 或M5。当砌筑砂浆为 M2.5 时，墙的高度不宜超过 3.6 m，长度不宜超过 5 m；当采用 M5 砂浆砌筑时，高度不宜超过 4 m，长度不宜超过 6 m。由于隔墙的厚度较薄，稳定性较差，构造上要求隔墙与承重墙或柱应连接牢固，一般沿高度每隔 500 mm 放入 2ϕ6 钢筋，且沿高度每隔 1200 mm 设一道 30 mm 厚水泥砂浆层（内配 2ϕ6 钢筋）。如图 3.25 所示。

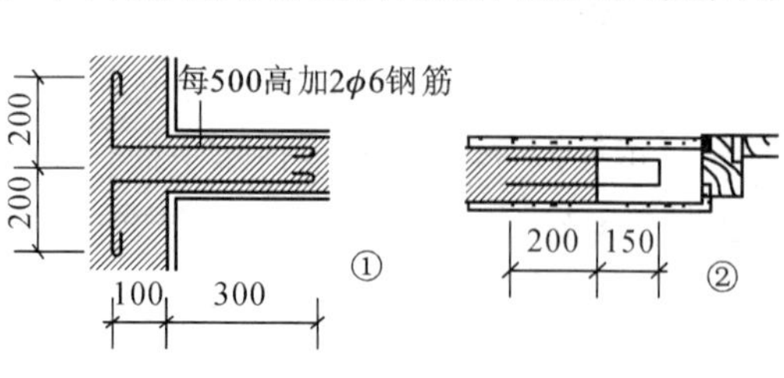

图 3.25　1/2 砖砌隔墙　单位：mm

2. 砌块隔墙

为了减轻隔墙的重量，可采用质轻块大的各种砌块。目前最常用的是加气混凝土块、粉煤灰硅酸盐砌块及水泥炉渣空心砖等砌筑的隔墙。隔墙厚度由砌块尺寸而定，一般为 90～120 mm。砌块大多具有质轻、孔隙率大、隔热性能好等优点，但它们的吸水性较强。因此，砌筑时应在墙下先砌 3～5 皮黏土空心砖。

砌块隔墙厚度较薄，需采取加强稳定性措施，其方法与砖隔墙类似，如图 3.26 所示。

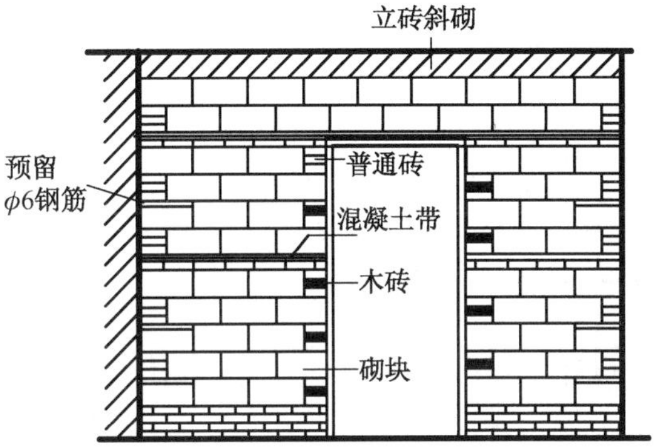

图 3.26 砌块隔墙

3.3.3 立筋式隔墙

立筋式隔墙是采用木材、金属材料等做骨架，各类饰面板做罩面的隔墙。这种隔墙具有自重轻、占地小、表面装饰较方便的特点，是建筑中应用较多的一种隔墙。

1. 木骨架隔墙

(1) 骨架：由上槛、下槛、立柱(墙筋)、斜撑或横撑等构件组成。上下槛与边立柱组成边框，中间每隔 400 mm 或 600 mm 架立柱，立柱截面为 50 mm×50 mm 或 50 mm×100 mm。沿高度方向每隔 1500 mm 左右设一斜撑或横撑以增加骨架刚度。斜撑或横撑截面尺寸等于或小于立柱尺寸。骨架钉在两侧预埋的防腐木砖上。

上下槛、立柱可以榫接，也可以钉接，但必须保证平整。木材必须干燥，避免翘曲。为了节约木材，也可以用工业废料和地方材料制成骨架，如石棉水泥骨架、纸面石膏板及水泥刨花骨架等。

(2) 饰面材料

饰面材料是铺钉在骨架上的面层，有灰板条饰面、纸面石膏板、水泥石膏板等形式。

灰扳条抹灰饰面是在墙筋上钉 6 mm×30 mm×1200 mm 灰板条，间隙约 9 mm，以便抹灰时衬灰挤入板隙，增加与灰板的握裹力。钉板条时，一般每根板条跨接三个立筋间距，板条接缝错开，避免通缝出现，以防抹灰开裂脱落。抹灰砂浆中可加入纸筋或麻刀，隔墙底部一般砌 150～200 mm 高黏土砖做踢脚。图 3.27 为板条抹灰隔墙。

图 3.27 板条抹灰隔墙

2. 金属骨架隔墙

金属骨架隔墙是在金属骨架两侧铺钉各种面板构成的隔墙。骨架可由各种形式的型钢加工而成,具有自重轻、强度高、刚度大和整体性好的特点,金属骨架也称轻钢龙骨。金属骨架一般由上下槛、主柱和横撑组成,面板为胶合板、纤维板、石膏板等薄型难燃或不燃材料制成的饰面板。图 3.28 为轻钢龙骨石膏板隔墙。

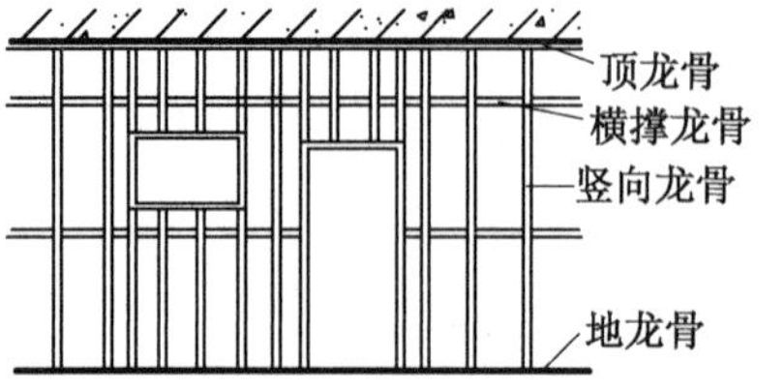

(a) 龙骨排列

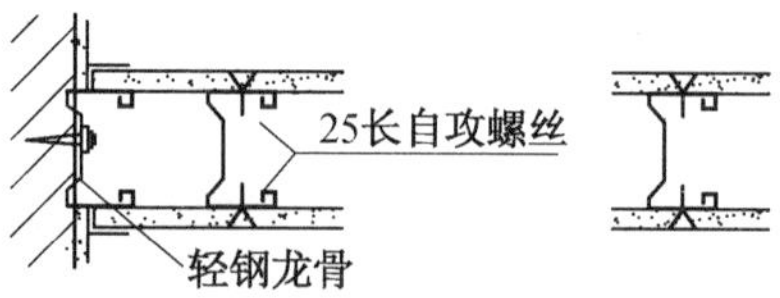

(b) 细部构造

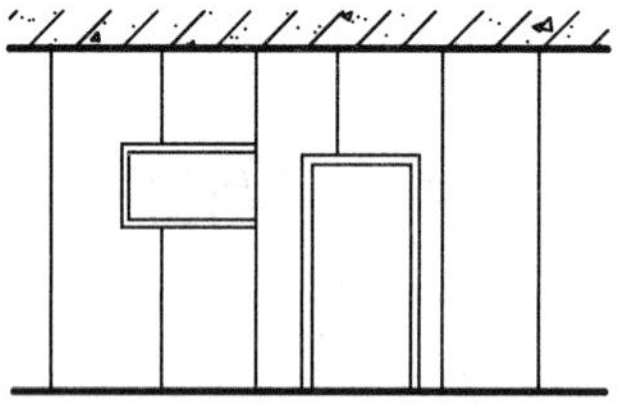

(c) 石膏板排列

(d) 金属墙筋形式

图 3.28 轻钢龙骨石膏板隔墙

3.3.4 板材隔墙

板材隔墙是采用在构件生产厂家生产的轻质板材,在现场装配而成的隔墙。这种隔墙装配性好,属干作业施工,施工速度快,防火性能好,但价格偏高。目前条板隔墙的材料及种类较多,常见的主要有石膏条板、水泥玻璃纤维空心条板、泰柏板等。

板材隔墙中的板材不依附于骨架,可直接拼装。安装时下部留出 20～30 mm 缝隙,用木楔将条板楔紧,左右面板缝用砂浆或黏结剂胶结,然后再在表面进行装饰。

3.4 玻璃幕墙

玻璃幕墙是指由支承结构体系与玻璃面板组成的、可相对主体结构有一定位移能力、不分担主体结构所受作用的建筑外围护结构或装饰结构,如图 3.29 所示。

图 3.29 玻璃幕墙

3.4.1 玻璃幕墙的特点

玻璃幕墙在建筑方面,具有质量轻、采光好、装饰效果好、节能的特点;在加工安装方面,安装快捷、方便更换,能够实现设计标准化、加工工厂化、施工机械化。玻璃幕墙将建筑外围护墙的防风、遮雨、保温、隔热、防噪音等使用功能与建筑装饰功能有机地融合为一体。

3.4.2 玻璃幕墙的组成

玻璃幕墙主要由玻璃、骨架和密封材料三部分组成。

1. 骨架材料

(1) 型材骨架：型钢、铝型材、不锈钢型材。

(2) 紧固件：铆钉、射钉、螺栓、膨胀螺杆。

(3) 连接件：角钢、槽钢、钢板。

2. 玻璃材料

玻璃幕墙常用的玻璃有吸热玻璃、夹层玻璃、夹丝玻璃、浮法透明玻璃、中空玻璃、钢化玻璃等。墙体有单层和双层玻璃两种，双层玻璃保温、隔声效果较好。各种玻璃的特点如下：

浮法玻璃具有两面平整、光洁的特点，比一般平板玻璃光学性能优良。

热反射玻璃(镜面玻璃)能通过反射掉太阳光中的辐射热而达到隔热目的。

镜面玻璃能映照附近景物和天空，可产生丰富的立面效果。

吸热玻璃的特点是能使可见光透过而限制带热量的红外线通过，其价格适中，应用较多。

中空玻璃具有隔声和保温的功能效果。

钢化玻璃强度是普通玻璃的3～4倍，破碎时分裂成很多小的没有锐角的碎片，不伤人，故为安全玻璃。

夹层玻璃为中间放置一层或多层聚乙烯醇缩丁醛(PVB)胶片，当遭受外力破坏后只产生裂痕但不会碎落，具有良好的隔声和防紫外线的功能。

3. 密封材料

(1) 填充材料：聚乙烯泡沫胶系、聚苯乙烯泡沫胶系、氯丁二烯胶。

(2) 密封固定材料：橡胶密封条。

(3) 防水密封材料：聚硫橡胶封缝材料、硅酮封缝材料。

3.4.3 玻璃幕墙的类型与构造

1. 框支式玻璃幕墙

框支式玻璃幕墙按照幕墙形式可以分为明框玻璃幕墙、隐框玻璃幕墙两种。

(1) 明框玻璃幕墙

明框玻璃幕墙是金属框架构件显露在外表面的玻璃幕墙，如图3.30所示。

它以特殊断面的铝合金型材为框架，玻璃面板全嵌入型材的凹槽内，其特点在于铝合金型材本身兼有骨架结构和固定玻璃的双重作用。基本构造如图3.31所示。

图3.30 明框玻璃幕墙

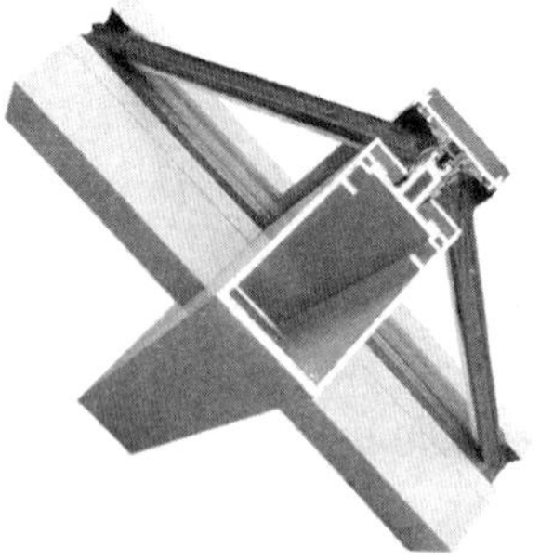

(a) 明框玻璃幕墙构造实物

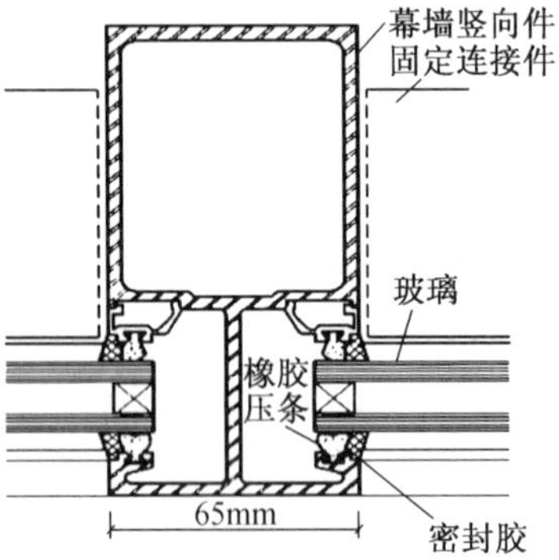

(b) 玻璃与竖梃组合

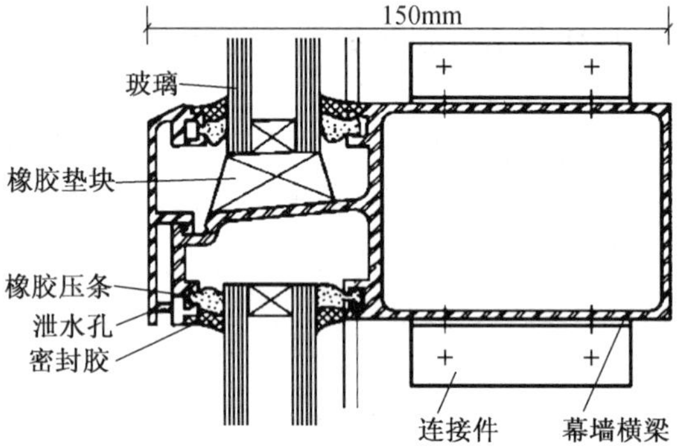

(c) 玻璃与横梁组合

图 3.31 明框玻璃幕墙构造

(2) 隐框玻璃幕墙

隐框玻璃幕墙的金属框隐蔽在玻璃的背面,室外看不见金属框。隐框玻璃幕墙又可分为全隐框玻璃幕墙(图 3.32)和半隐框玻璃幕墙两种,半隐框玻璃幕墙可以是横明竖隐,如图 3.33(a)所示,也可以是竖明横隐,如图 3.33(b)所示。

图 3.32 全隐框玻璃幕墙建筑

(a) 横明竖隐

(b) 竖明横隐

图 3.33 半隐框玻璃幕墙

隐框玻璃幕墙的玻璃是用硅酮结构密封胶黏结在铝框上,铝框用机械方式固定在骨料上,构造如图 3.34 所示。玻璃与铝框之间完全靠结构胶黏结,结构胶要受玻璃自重和风荷载、地震等外力作用以及温度变化的影响,因而结构胶的性能及打胶质量是隐框玻璃幕墙安全性的关键环节。

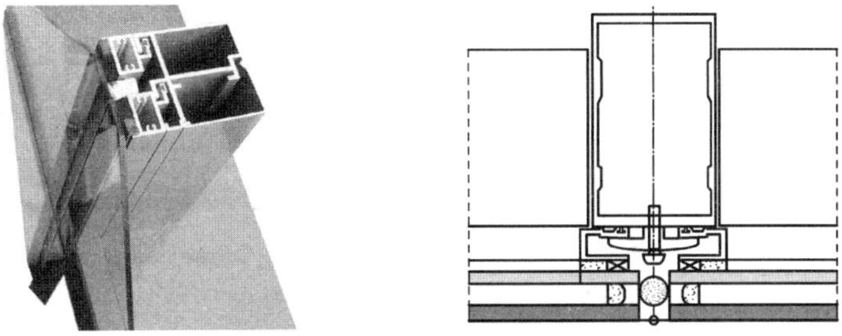

图 3.34 隐框玻璃幕墙的构造

框支式玻璃幕墙按照施工方法可以分为单元式玻璃幕墙和构件式玻璃幕墙。

(1) 单元式玻璃幕墙是将面板和金属框架在工厂组装为幕墙单元，以幕墙单元形式在现场完成安装施工，如图 3.35(a)所示。

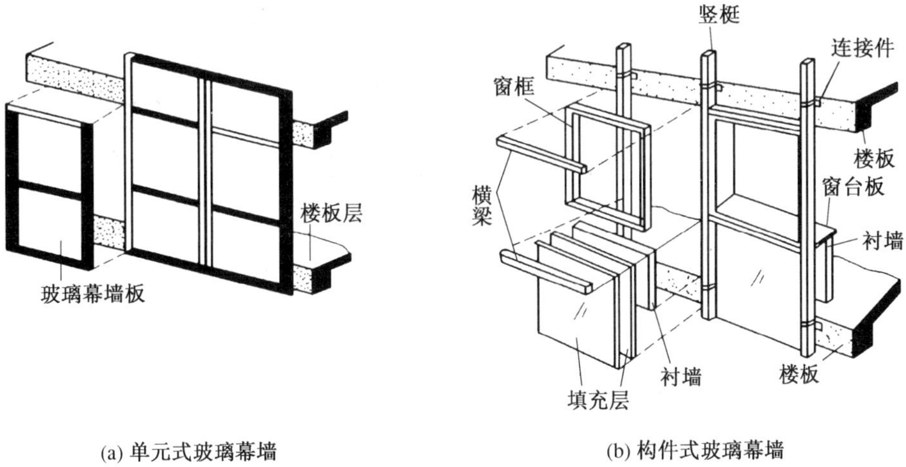

图 3.35 框支式玻璃幕墙

(2) 构件式玻璃幕墙是在现场依次安装竖梃、横梁和玻璃面板，如图 3.35(b)所示。

框支式玻璃幕墙的构造连接主要指玻璃与金属型材的连接、竖梃与竖梃及竖梃与横梁的连接、竖梃与主体的连接三方面，具体构造做法见图 3.36、图 3.37、图 3.38。

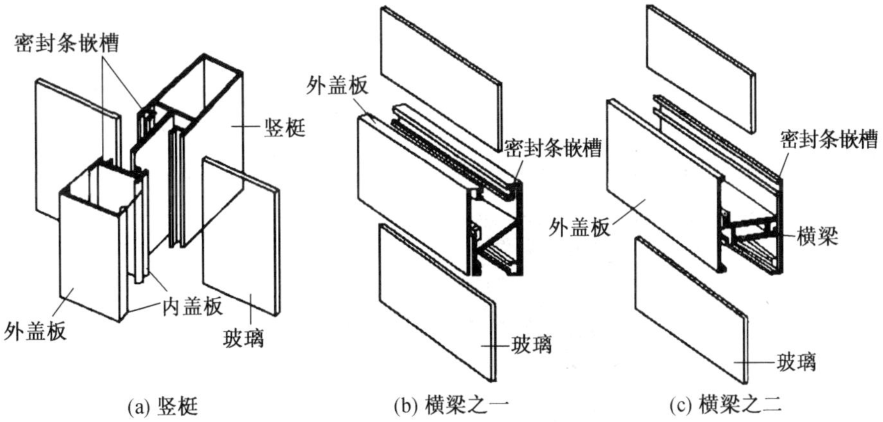

图 3.36 玻璃与金属框的组合

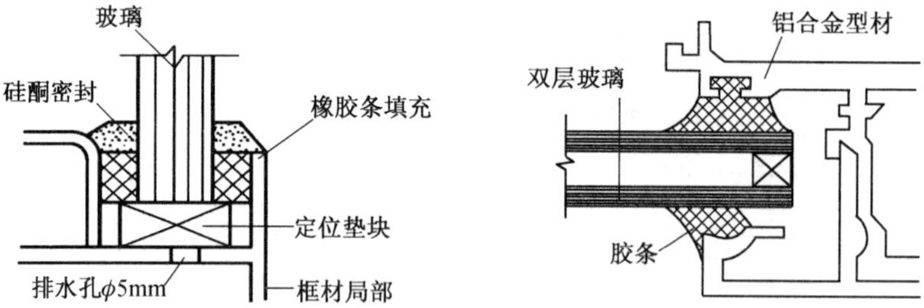

图 3.37　玻璃的固定

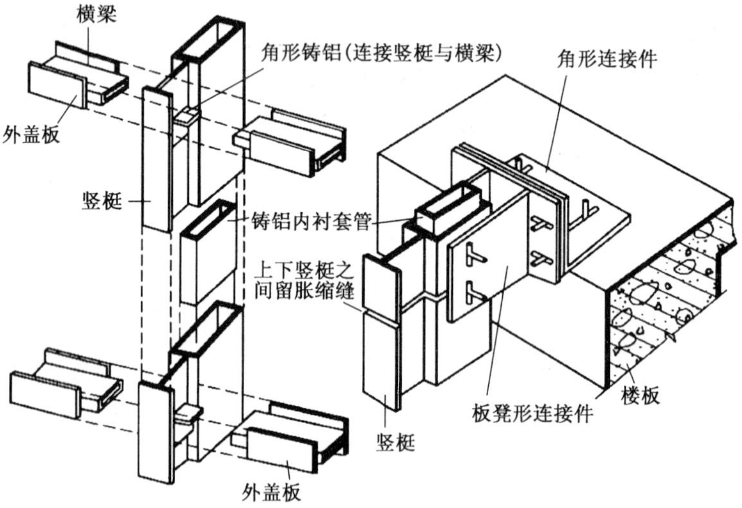

(a) 竖梃与横梁的连接　　　　(b) 竖梃与楼板的连接

图 3.38　竖梃与竖梃、横梁、主体的连接

2. 全玻式玻璃幕墙

全玻式玻璃幕墙主要由玻璃肋和玻璃面板构成，是大片玻璃与支承框架均为玻璃的幕墙，又称玻璃框架玻璃幕墙，是一种全透明、全视野的玻璃幕墙。一般有坐地式(落地式)和吊挂式两类。玻璃肋全玻幕墙的大片玻璃与玻璃框架在层高较低时，玻璃安装在下部的镶嵌槽内，上部镶嵌槽槽底与玻璃之间留有伸缩的空隙，即为坐地式玻璃幕墙，如图 3.39 所示。当层高较高时，由于玻璃较高、长细比较大，如玻璃安装在下部的镶嵌槽内，玻璃自重会使玻璃变形，导致玻璃破坏，在大片玻璃与玻璃框架上部设置专用夹具，将玻璃吊挂起来，下部镶嵌槽槽底与玻璃之间留有伸缩的空隙，这就是吊挂式玻璃幕墙，如图 3.40 所示。全玻璃幕墙多用于建筑物的裙楼、橱窗、走廊并适用于展示室内陈设或游览观景。

图 3.39　坐地式玻璃幕墙构造

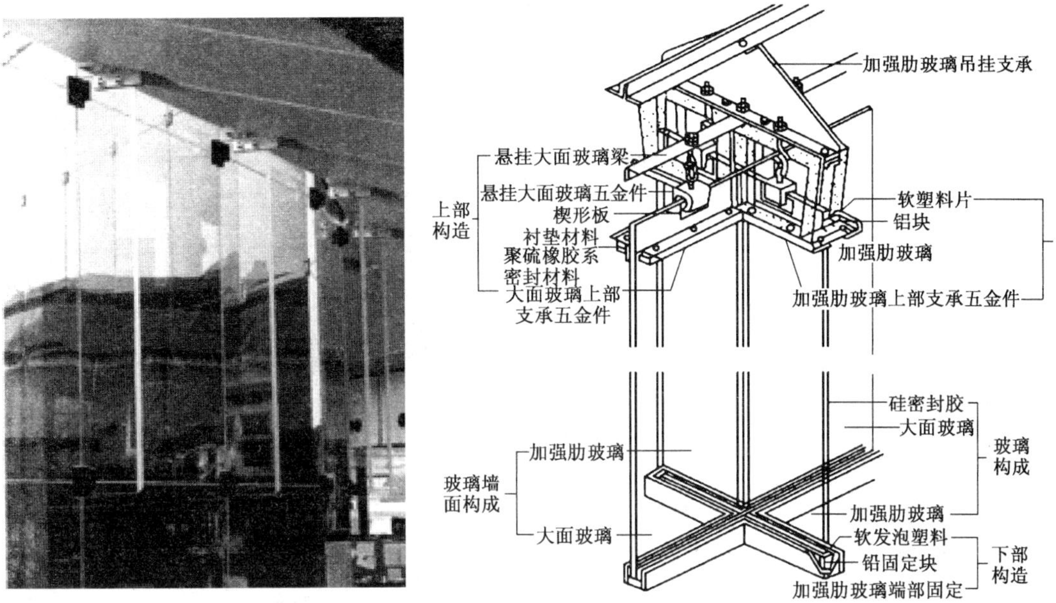

图 3.40　吊挂式玻璃幕墙构造

大片玻璃支承在玻璃框架上的形式有后置式、骑缝式、平齐式、突出式等。

后置式：玻璃翼(脊)置于大片玻璃的后部，用密封胶与大片玻璃黏结成一个整体，如图 3.41(a)所示。

骑缝式：玻璃翼部位于大片玻璃的接缝处，用密封胶将三块玻璃连接在一起，并将两块大玻璃之间的缝隙密封，如图 3.41(b)所示。

平齐式：玻璃翼(脊)位于两块大玻璃之间，玻璃翼的一侧与大片玻璃表面平齐，玻璃翼与两块大玻璃之间用密封胶黏结并密封，如图 3.41(c)所示。

突出式：玻璃翼(脊)位于两块大玻璃之间，两侧均突出大片玻璃表面，玻璃翼与大片玻璃之间用密封胶黏结并密封，如图 3.41(d)所示。

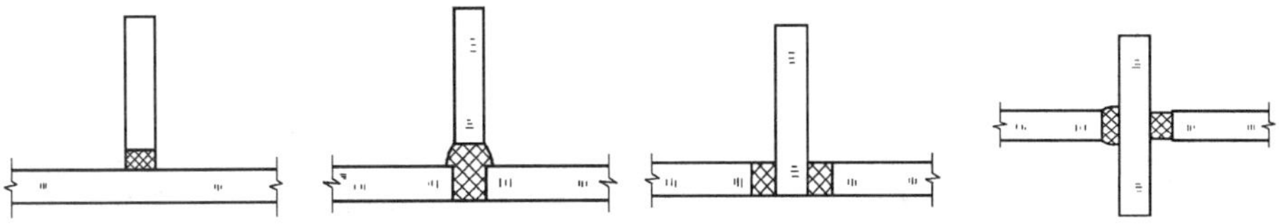

(a) 后置式　(b) 骑缝式　(c) 平齐式　(d) 突出式

图 3.41　大片玻璃与玻璃框架的连接

吊挂式玻璃幕墙上部玻璃夹具如图 3.42 所示。

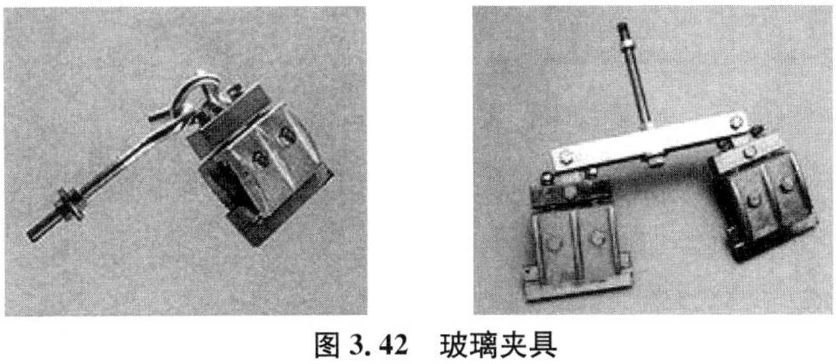

图 3.42　玻璃夹具

3. 点支式玻璃幕墙

点支式玻璃幕墙由玻璃面、驳接组件和支承结构组成。驳接组件包括驳接头和驳接爪，见图 3.43。

(a) 驳接头

(b) 驳接爪

图 3.43 驳接组件

按支承结构的不同方式可分为：

(1) 钢桁架点式玻璃幕墙

钢桁架点接驳式全玻幕墙是采用钢结构为支撑受力体系的玻璃幕墙，所用的钢结构可以是圆钢管钢杠，也可以是鱼腹式钢铰支桁架或其他形式铰支桁架。钢结构上安装钢爪，面板玻璃四角开孔，钢爪上的紧固件穿过面板玻璃上的孔，紧固后将玻璃固定在钢爪上。此结构选材灵活、施工简单。如图 3.44 所示。

图 3.44 钢桁架点式玻璃幕墙

(2) 拉杆点式玻璃幕墙

拉杆式点接驳全玻幕墙是不锈钢拉杠柔性支承结构代替刚性桁架结构，采用预应力双层拉杆结构，如图 3.45 所示。玻璃通过金属连接件与其固定。在建筑中充分运用机械加工的精度，使构件均为受拉杆件，因此，施工时要加以预应力，这种柔接可降低震动时玻璃的破损率。基本构造见图 3.46。

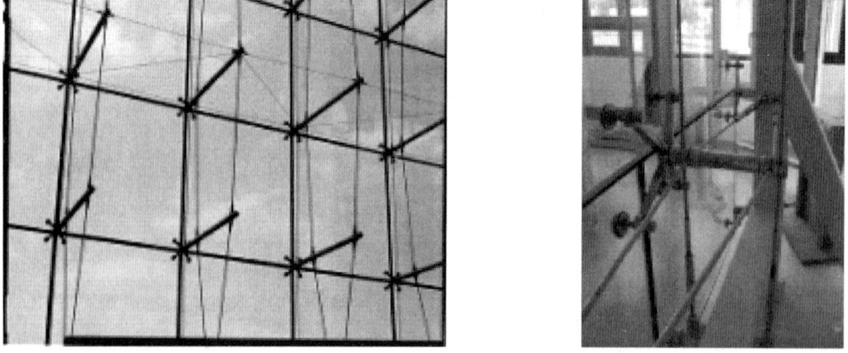

图 3.45 拉杆点式玻璃幕墙

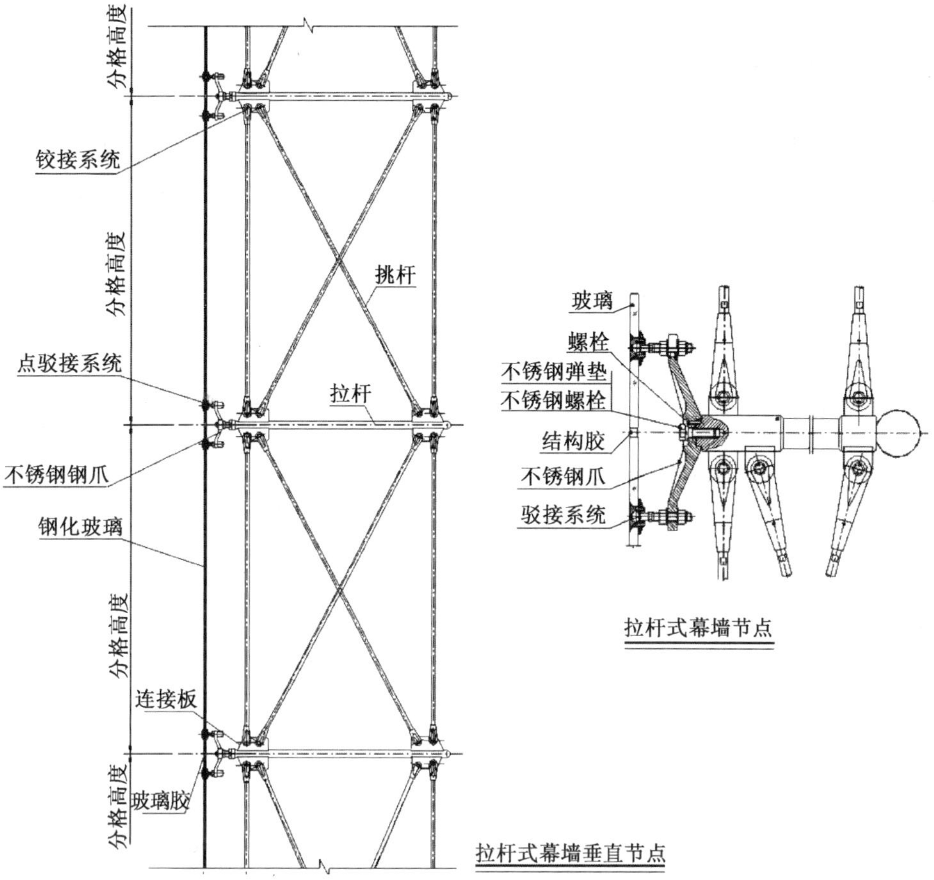

图 3.46　拉杆点式玻璃幕墙构造

(3) 拉索点式玻璃幕墙

拉索式点接驳全玻幕墙是不锈钢索柔性支承结构代替刚性桁架结构。基本构造如图 3.47 所示。

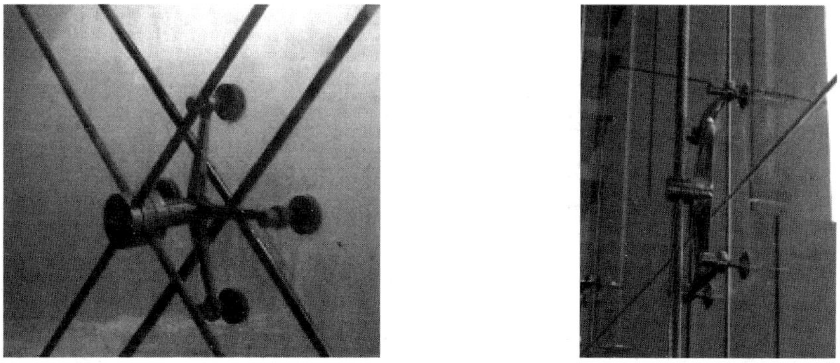

图 3.47　拉索点式玻璃幕墙驳组件连接构造

3.5 墙面装修

墙体装饰工程包括建筑物外墙饰面和内墙饰面两大部分。不同的墙面有不同的使用和装饰要求，应根据不同的使用和装饰要求选择相应的材料、构造方法和施工工艺，以达到设计的实用性、经济性和装饰性。

3.5.1 墙面装修的作用与分类

1. 墙体装修的作用

(1) 保护墙体，提高墙体的耐久性；

(2) 改善和提高墙体的使用功能；

(3) 美化环境，丰富建筑的艺术形象。

2. 墙体装修的分类

按装修部位的不同，墙体装修可分为室外装修和室内装修两类。室外装修用于外墙表面，对建筑物起保护和美化作用。外墙面要经受风、霜、雨、雪等的侵蚀，因而外装修要选用强度高、耐久性好、抗冻性及抗腐蚀性好的材料。室内装修的选用根据使用要求综合考虑。

墙体装修按施工方式的不同可分为抹灰类、贴面类、铺钉类、涂料类和裱糊类等。

3.5.2 墙体装修构造

1. 抹灰类

(1) 抹灰类饰面的构造层次及类型

a. 抹灰类饰面的构造层次

为保证抹灰平整、牢固，避免龟裂、脱落，抹灰应分层进行，每层不宜太厚。各种抹灰层的厚度应视基层材料的性质、所选用的砂浆种类和抹灰质量的要求而定。抹灰类饰面一般应由底层、中间层、面层三部分组成，如图 3.48 所示。

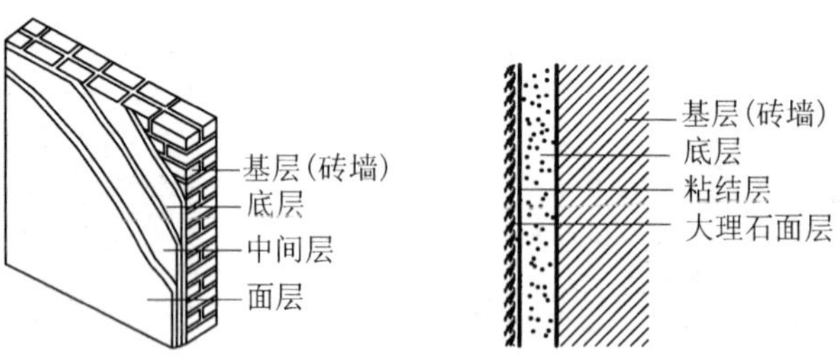

图 3.48 墙面抹灰构造

底层抹灰：其作用是保证饰面层与墙体连接牢固及初步找平，厚度为 5～15 mm。墙体基层的材料不同，底层处理的方法亦不相同。普通砖墙常用石灰砂浆和混合砂浆；混凝土墙采用混合砂浆和水泥砂浆；板条墙用麻刀石灰浆或纸筋石灰砂浆；另外，对温度较大的房间或有防水、防潮要求的墙体，底灰选用水泥砂浆或水泥混合砂浆。

中间层抹灰：其作用主要为找平与黏结，还可弥补底层砂浆的干缩裂缝。根据墙体平整度与饰面质量要求，中间层可以一次抹成，也可以分多次抹成，用料一般与底层相同。厚度一般为5～10 mm。

面层：其作用主要起装饰作用，要求表面平整、色彩均匀、无裂纹，可以做成光滑或粗糙等不同质感的表面。根据面层所用材料的不同，抹灰装修的类型较多，常见抹灰的具体构造做法见表3-5。

表3-5 墙面抹灰做法举例

抹灰名称	做法说明	适用范围
纸筋灰(麻刀灰)墙面(一)	喷(刷)内墙涂料 2厚纸筋灰罩面 8厚1∶3石灰砂浆 13厚1∶3石灰砂浆打底	砖基层的内墙
纸筋灰(麻刀灰)墙面(二)	喷(刷)内墙涂料 2厚纸筋灰罩面 8厚1∶3石灰砂浆 6厚TG砂浆打底扫毛，配比 水泥∶砂∶TG胶∶水＝1∶6∶0.2∶适量 涂刷TG胶浆一道，配比TG胶∶水∶水泥＝1∶4∶1.5	加气混凝土基层的内墙
混合砂浆墙面	喷内墙涂料 5厚1∶0.3∶3水泥石灰混合砂浆面层 15厚1∶1∶6水泥石灰混合砂浆打底找平	内墙
水泥砂浆墙面(一)	6厚1∶2.5水泥砂浆罩面 9厚1∶3水泥砂浆刮平扫毛 10厚1∶3水泥砂浆打底扫毛或划出纹道	砖基层的外墙或有防水要求的内墙
水泥砂浆墙面(二)	6厚1∶2.5水泥砂浆罩面 6厚1∶1∶6水泥石灰砂浆刮平扫毛 6厚2∶1∶8水泥石灰砂浆打底扫毛 喷一道107胶水溶液，配比:107胶∶水＝1∶4	加气混凝土基层的外墙
水刷石墙面(一)	8厚1∶1.5水泥石子(小八厘) 刷素水泥浆一道(内掺水重3%～5%107胶) 12厚1∶3水泥砂浆扫毛	砖基层外墙
水刷石墙面(二)	8厚1∶1.5水泥石子(小八厘) 刷素水泥浆一道(内掺水重3%～5%107胶) 6厚1∶1∶6水泥石灰砂浆刮平扫毛 6厚2∶1∶8水泥石灰砂浆打底扫毛	加气混凝土基层的外墙
水磨石墙面	10厚1∶1.25水泥石子罩面 刷素水泥浆一道(内掺水重3%～5%107胶) 12厚1∶3水泥砂浆打底扫毛	墙裙、踢脚等处

为防止墙体下段遭碰撞或在有防水要求的内墙下段，需做墙裙对墙身进行保护，如图3.49所示，常用的做法有水泥砂浆抹灰、贴瓷砖、水磨石、油漆等。墙裙高度一般为1.5 m。另外，对室内墙面、柱面和门窗洞口的阳角处，需做2 m高1∶2水泥砂浆护角，如图3.50所示。

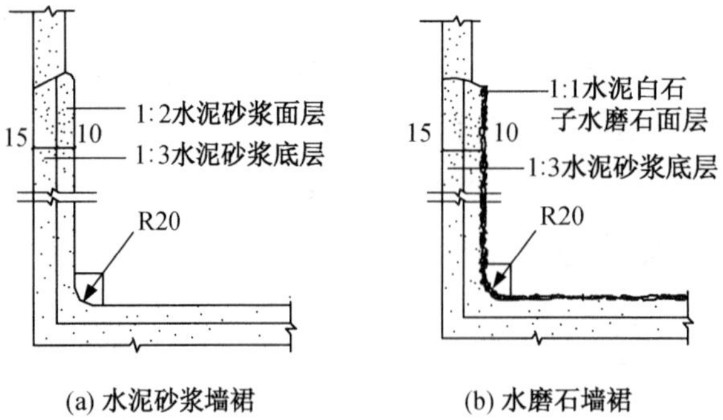

图 3.49 墙裙构造

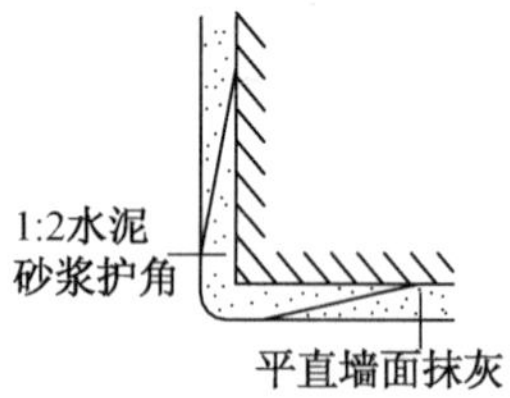

图 3.50 护角做法

室外墙面抹灰面积较大，饰面材料易因干缩或冷缩而开裂产生裂缝，常在抹灰面层做分格(即分格缝)，这既是构造上的需要，也有利于日后的维修工作，且可使建筑物获得良好的尺度感。分块的大小应与建筑立面处理相结合，分格缝设置不宜太窄或太浅，缝宽以不小于20 mm 为宜。抹灰面设缝的方式有凸线、凹线、嵌线三种，其形式如图 3.51 所示。

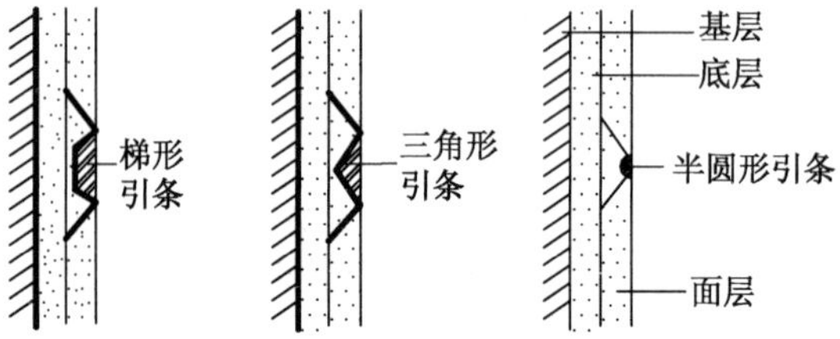

图 3.51 墙面引条线脚做法

2. 贴面类

贴面类饰面指采用各种人造板或天然石板直接粘贴于墙面或通过构造连接固定于墙面的一种饰面装修。贴面类装修具有坚固耐用、色泽稳定、易清洗、耐腐蚀、防水、装饰效果丰富等优点，可用于室内外墙体。常见的贴面材料有面砖、瓷砖、陶瓷锦砖、水磨石板、水刷石板等人造板材以及大理石板、花岗岩板等天然板材。但这类饰面铺贴技术要求高，有的品种存在块材色差和尺寸误差大的缺点，质量较低的釉面砖还存在釉层易脱落等缺点。

(1) 面砖、瓷砖、陶瓷锦砖墙面装修

面砖多数是以陶土为原料，压制成型后经 1100℃左右高温煅烧而成的。面砖一般用于装饰等级要求较高的工程。常见面砖有釉面砖、无釉面砖、仿花岗岩瓷砖等。无釉面砖俗称外墙面砖，具有质地坚硬、强度高、吸水率低的优点；主要用于高标准建筑外墙饰用。釉面砖有白色、彩色、带图案、印花及各种装饰釉面砖等，具有表面光滑、容易擦洗、美观耐用、吸水率低等特点，主要用于高标准建筑的内、外墙面，厨房、卫生间的墙裙贴面及室内需经常擦洗的部位。面砖不仅用于墙饰面也可用于地面，又称之为地砖。面砖的规格、色彩品种繁多，常采用 75 mm×150 mm、150 mm×150 mm、145 mm×113 mm、233 mm×113 mm、265 mm×113 mm 等几种规格，厚度约为 5～17 mm，陶土无釉面砖较厚为 13～17 mm，瓷土釉面砖较薄为 5～7 mm。一般面砖背面留有凹凸纹路，以有利于面砖粘贴牢固。

面砖饰面的构造做法：面砖安装前，先将墙面清洗干净，然后将面砖放入水中浸泡，贴前取出晾干或擦干。面砖安装时，先抹 15 厚 1∶3 水泥砂浆打底找平，再抹 5 厚 1∶1 水泥细砂砂浆粘贴面层制品。镶贴面砖需留出缝隙，面砖的排列方式和接缝大小对立面有一定影响，通常有横铺、竖铺、错开排列等几种方式。

锦砖一般按设计图纸要求在工厂反粘在标准尺寸为 325 mm×325 mm 的牛皮纸上，施工时将纸面朝外整块粘贴在 1∶1 水泥细砂砂浆上，用木板压平，待砂浆硬结后，洗去牛皮纸即可。

(2) 天然石材和人造石材饰面

常见的天然石材有花岗岩板、大理石板两类。具有强度高、结构密实、不易污染、装修效果好等优点。但由于加工复杂、价格昂贵，多用于高级墙面装修。

人造石板一般由白水泥、彩色石子、颜料等配制而成，具有天然石材的花纹和质感，同时有质量轻、表面光洁、色彩多样、造价较低等优点，常见的有水磨石、仿大理石板等。

天然石材和人造石材的安装方法相同，有湿作业法和干挂法两种。

湿作业法是先在墙内或柱内预埋 $\phi 6$ 钢筋或 U 型构件，中距 500 mm 左右，上绑 $\phi 6$～$\phi 10$ 纵横向钢筋，形成钢筋网。在石板上下钻小孔，用双股 16 号钢丝绑扎固定在钢筋网上。上下两块石板用不锈钢卡销固定。板与墙面之间预留 20～30 mm 缝隙，上部用定位活动木楔做临时固定，校正无误后，在板与墙之间浇筑 1∶3 水泥砂浆，待砂浆初凝后，取掉定位活动木楔，继续上层石板的安装。此方法由于石材背面需灌注砂浆易造成基底透色，板缝砂浆污染等缺点。图 3.52 为天然石板安装图。

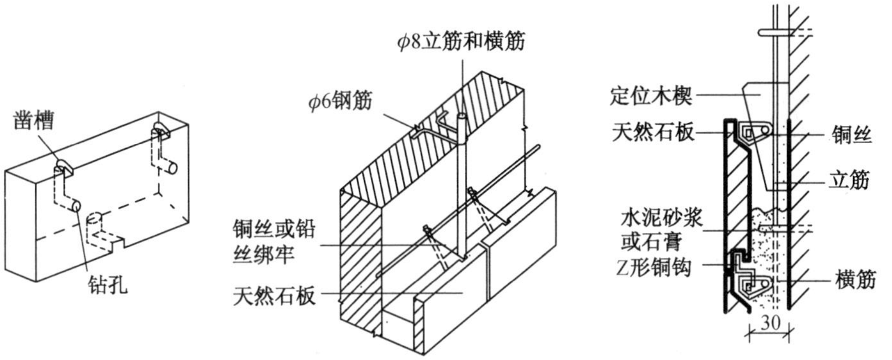

图 3.52　天然石板墙面装修

干挂法是用不锈钢型材或连接件将板块支托并锚固在墙面上，连接件用膨胀螺栓固定在墙面上，上下两层之间的间距等于板块的高度。板块上的凹槽应在板厚中心线上，且应和连接件的位置相吻合，如图 3.53。

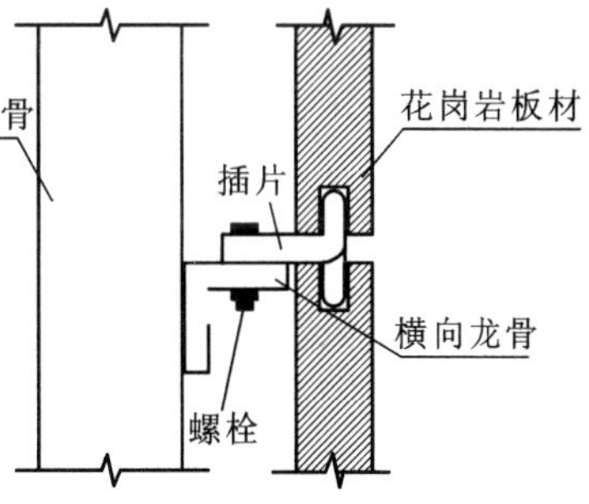

图 3.53　开槽式干挂石材墙面

3. 铺钉类

罩面板类饰面是指用木板、木条、竹条、胶合板、纤维板、石膏板、石棉水泥板、玻璃和金属薄板等材料制成的各类饰面板。通过镶、钉、拼贴等方法构成的墙面装修。这类饰面是一种传统做法，但也是新发展起来的饰面工艺方法。它具有湿作业量少，饰面耐久性好，装饰效果丰富的优点，目前在装饰行业得到广泛采用。

构造做法：在墙体或结构主体上首先固定龙骨骨架，形成饰面板的结构层，然后利用粘贴、紧固件连接、嵌条定位等手段，将饰面板安装在骨架上，形成各类饰面板的装饰面层。有的饰面板还需要在骨架上先设垫层板（如纤维板、胶合板等），再装饰面板，这要根据饰面板的特性和装饰部位来确定。具体构造如图 3.54 所示。

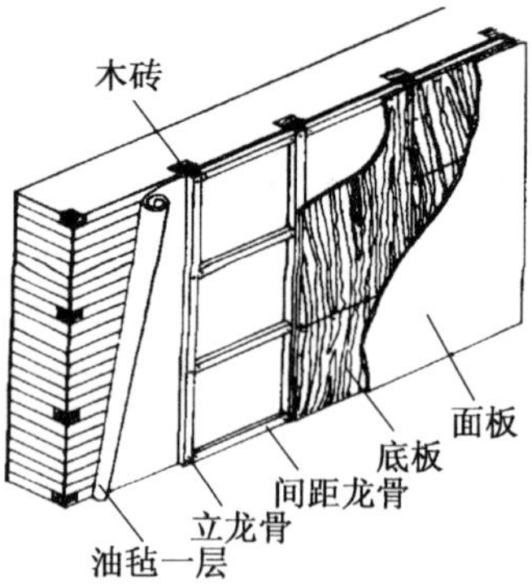

图 3.54　铺钉类墙面装修

4. 涂料类

涂料类墙面装修是将各种涂料敷于基层表面而制成牢固的膜层，从而起到保护和装饰墙面的作用。涂刷墙面可直接涂刷在基层上，也可以涂刷在抹灰层上。其施工方式有刷涂、弹涂、喷涂、滚涂等，可形成不同的质感效果，如图 3.55 所示。

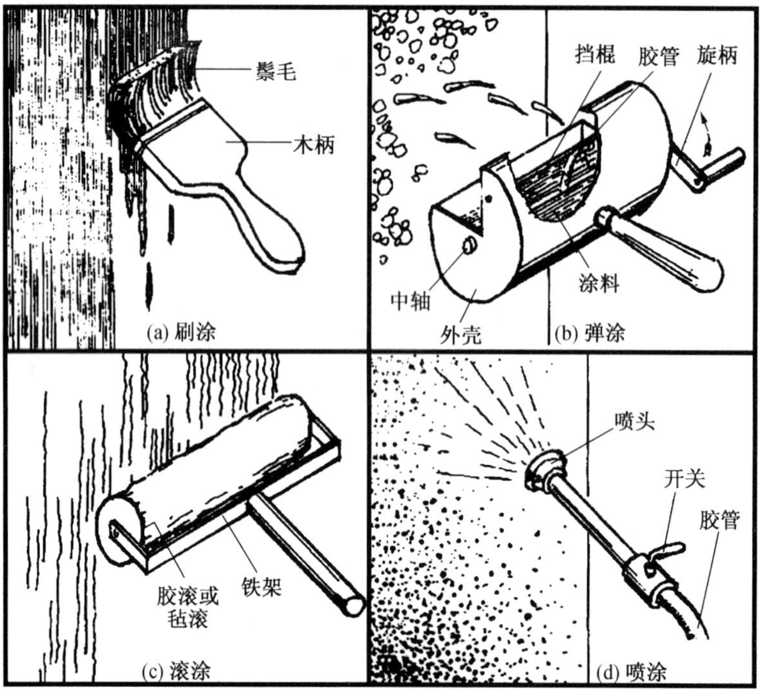

图 3.55　墙面涂料的施工方法

涂料按其成膜物的不同，可分为无机和有机涂料两大类。

无机涂料：常用的无机涂料有石灰浆、大白浆、水泥浆等。近年来无机高分子建筑涂料不断出现，已成功地运用于内、外墙面的装修中。

有机涂料：依其成膜物质和稀释剂的不同，分为溶剂型涂料、水溶性涂料和乳胶涂料。溶剂型涂料是以高分子合成树脂为主要成膜物质，有机溶剂为稀释剂，加入一定量的颜料、配料和辅料配制而成的一种挥发性涂料，具有较好的耐水性和耐候性，但施工时会挥发出有害气体，污染环境。水溶性涂料无毒无味，具有一定的透气性，但耐久性差，多用作内墙涂料。乳胶涂料又称乳胶漆，多用于外墙饰面，具有无毒无味、不易燃烧和不污染等特点。

5. 裱糊类

裱糊类装修是将各种装饰性的壁纸、墙布、织锦等卷材类装饰材料裱糊在墙面上的一种装修饰面，材料和花色品种繁多。常用的装饰材料有 PVC 塑料壁纸、复合壁纸、玻璃纤维墙布等。

在裱糊工程中，基层涂抹的腻子应坚实牢固，不会粉化、起皮和裂缝。为取得基层平整效果，通常在清洁的基层上用胶皮刮板刮腻子数遍。刮腻子的遍数视基层的情况而定。抹完最后一遍腻子时应打磨，光滑后再用软布擦净。对有防潮或防水要求的墙体，应对基层做防潮处理，在基层涂刷均匀防潮底漆。

墙面应采用整幅裱糊，预排对花拼缝，不足一幅的应裱糊在较暗或不明显的部位。裱糊的顺序为先上后下、先高后低，应使饰面材料的长边对准基层上弹出的垂直准线，用刮板或胶辊赶平压实。阴阳转角处应垂直，且棱角分明无接缝。

【课后复习题】

一、填空

1. 墙体的三大作用是________、________、________。

2. 普通砖的尺寸是________×________×________。

3. 墙作为建筑的________构件时，起着抵御自然界各种因素对室内侵袭的作用。

4. 抹灰装修层一般由________、________、________三个层次组成，各层抹灰不宜过厚，外墙抹灰总厚不宜超过________mm，内墙抹灰总厚不宜超过________mm。

5. 为了使砖墙牢固，砖的砌筑排列应遵循内外搭接、上下________的原则。

6. 散水坡度为________，宽度为________，并要求比无组织排水屋顶檐口宽出________mm 左右。

7. 尺寸较大的板材（如花岗岩、大理石）饰面通常采用________________。

8. 圈梁的作用是________________________________，钢筋混凝土圈梁的宽度一般应与________相同，高度不小于________mm。

9. 常见的隔墙形式有________、________和板材隔墙。

10. 墙面常见的装修可分为抹灰类、________、________、裱糊类和________五类。

二、选择

1. 轻质隔墙一般着重要处理好（　　）

A. 强度　　B. 隔音　　C. 防火　　D. 稳定

2. 最常见的钢筋混凝土框架结构中，内墙的作用为（　　）。

A. 分隔空间　　B. 承重

C. 围护　　D. 分隔、围护和承重

3. 为了使外墙具有足够的保温能力，应选用（　　）的材料砌筑。

A. 强度高　　B. 密度大　　C. 导热系数小　　D. 导热系数大

4. 钢筋混凝土构造柱的作用是（　　）

A. 使墙角挺直　　B. 加速施工速度

C. 增加建筑物的刚度　　D. 可按框架结构考虑

5. 下列（　　）不宜做墙体水平防潮层。

A. 防水砂浆　　B. 防水卷材

C. 细石混凝土加配筋　　D. 混合砂浆

6. 下列不可做复合墙保温层的是(　　)。

A. 矿棉　　B. 炉渣　　C. 空气层　　D. 毛石

7. 散水宽度一般不应小于(　　)

A. 200 mm　　B. 500 mm　　C. 600 mm　　D. 1000 mm

8. 为减少过梁的热桥效用,可采用(　　)断面。

A. 矩形　　B. T 形　　C. 工字形　　D. L 形

三、判断

1. 120 厚砖墙可以砌在空心板上作隔墙。(　　)

2. 120 厚砖墙抹灰可以作隔音墙。(　　)

3. 隔墙主要是隔绝固体传来的噪音。(　　)

4. 圈梁的宽度必须与墙厚相同。(　　)

5. 圈梁是沿外墙的封闭梁。(　　)

四、简答

1. 简述常见的隔墙形式。

2. 简述加固墙体可采用的方法。

3. 勒脚的作用是什么? 常用的材料做法有哪几种?

4. 提高外墙的保温能力有哪些措施?

5. 简述面砖或瓷砖铺贴的施工方法。

五、绘图

1. 绘图标明下列的几种窗台主要构造

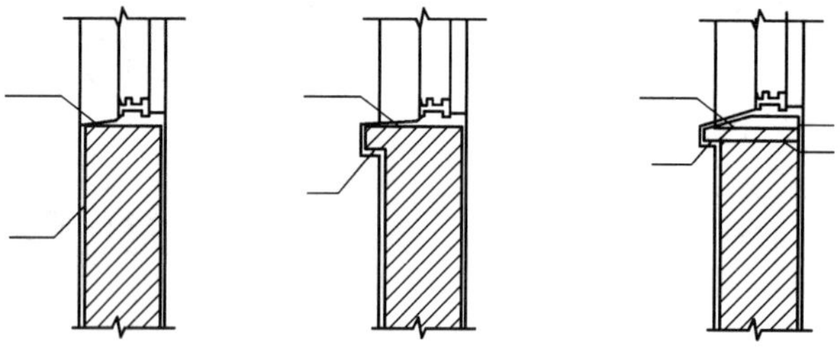

2. 绘图说明散水的做法。注明材料层次和必要尺寸(散水宽度及坡度)。

3. 绘出砖隔墙上部与楼板或梁交接处的构造节点。

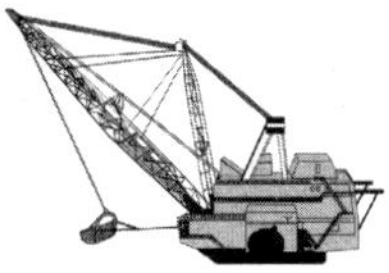

第4章 楼地层

楼地层包括楼板层与地坪层。楼板层是建筑物中水平分隔空间的结构构件，它承受自重和楼面使用荷载，并将其传递给墙或柱，而且对墙体也起着水平支撑的作用。此外，建筑物中的各种水平管线，也可敷设在楼板层内。地坪层直接承受着作用在底层地面上的全部荷载，并将荷载传给地基。楼地层不仅有承受荷载的作用，还有一定的隔声、防火、防潮的功能。

4.1 概述

4.1.1 楼板层的组成与类型

1. 楼板层的组成

为了满足楼板层使用功能的要求，楼板层一般由多个构造层组成，各层所起的作用不同，通常的楼板层由以下几部分构成，如图 4.1 所示。

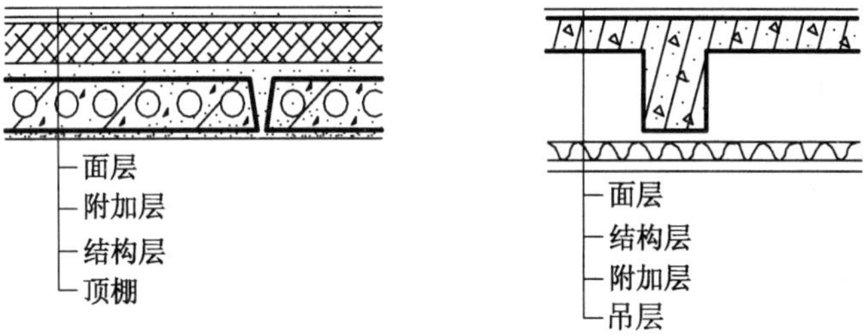

图 4.1 楼板层的组成

(1) 楼板面层：又称楼面或地面。起着保护楼板、室内装饰及绝缘等作用，根据室内使用要求不同，楼板面层有多种做法。

(2) 楼板结构层：它是楼板层的承重部分，承受整个楼板上的各种荷载，并传递给墙或柱，同时对墙身起水平支撑作用。

(3) 顶棚层：又称天花板。是楼板层的最下面部分，起着保护楼板、安装灯具、遮掩各种水平管线设备及室内装修的作用。在构造上有直接式顶棚和吊顶棚等多种形式。

(4) 附加层：又称功能层。根据使用功能的不同可设置在结构层的上部或下部。主要起隔声、隔热、防水、保温及绝缘等作用。

2. 楼板层的类型

楼板据使用材料的不同，可分为以下几种类型，如图 4.2 所示。

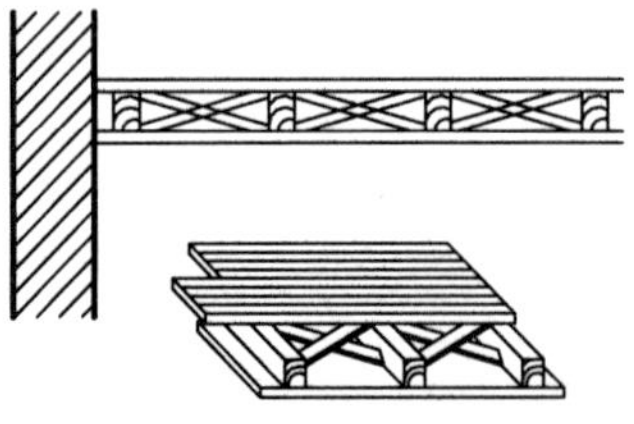

(a) 木楼板

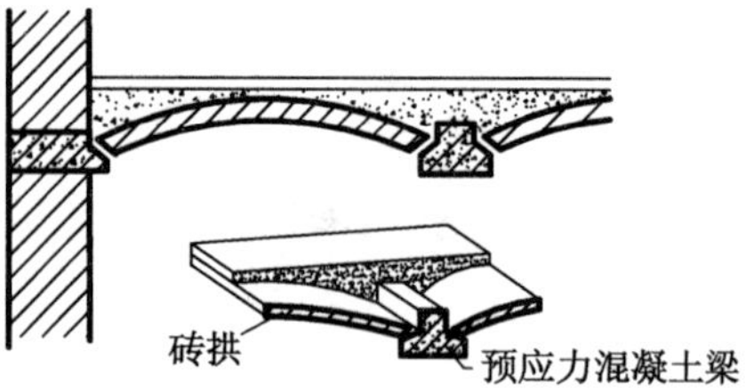

(b) 砖拱楼板

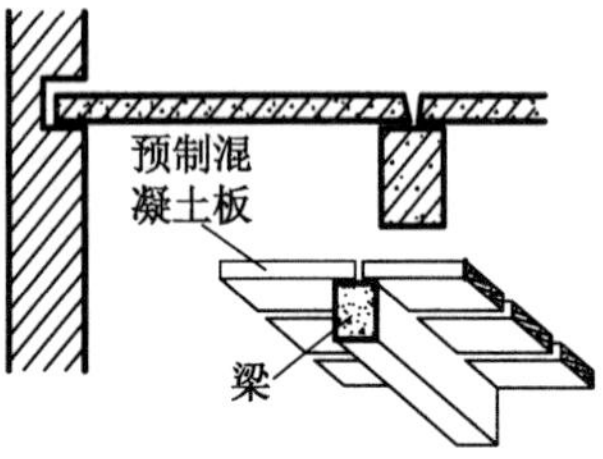

(c) 钢筋混凝土楼板

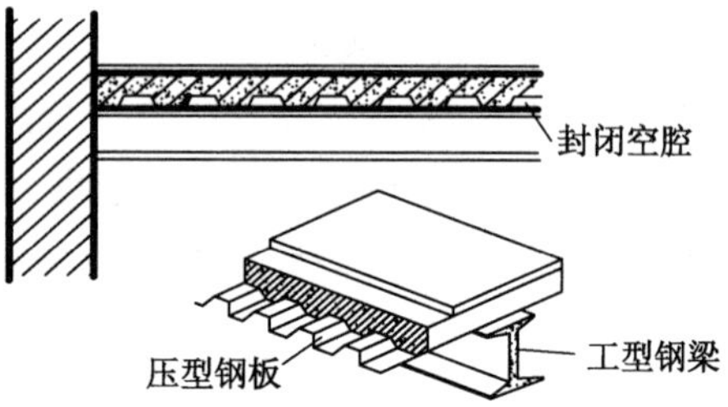

(d) 压型钢板组合楼板

图 4.2　楼板的类型

(1) 木楼板：具有自重轻、构造简单等优点，但其耐火性、耐久性、隔声能力较差，现已很少使用。

(2) 砖拱楼板：可节约钢材、水泥及木材，但自重大、抗震性能差，且占用的空间较多，施工复杂，现已很少使用。

(3) 钢筋混凝土楼板：具有强度高，整体性好，有较强的耐久性和防火性能，并便于工业化生产和机械化施工，是目前应用最为广泛的一种楼板。

(4) 组合楼板：应用较多的组合楼板为钢与混凝土组合的楼板，这种组合体系是利用凹凸相间的压型薄钢板作衬板与现浇混凝土浇筑在一起而形成的钢衬板组合楼板，主要用于大空间、高层民用建筑和大跨度工业厂房中。

4.1.2　地层的组成

地层也称地坪。一般由面层、垫层和基层等组成，对有特殊要求的地坪，常在面层和垫层间增设一些附加层，如图 4.3 所示。

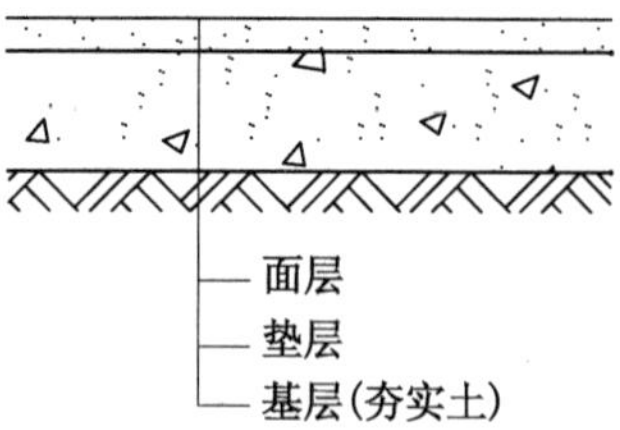

图 4.3　地层的组成

(1) 面层：面层也称地面，是地坪的最上层部分，是人们直接接触的地面层，同时也对室内起装饰作用。根据使用和装修的要求，面层有着不同的做法。

(2) 垫层：垫层是地坪的结构层，起着支承荷载和传递力的作用。通常由混凝土三合土、灰土、碎砖等构成，其厚度一般为 80～100 mm。

(3) 基层：基层多为垫层与地基之间的找平层或填充层，主要起加强地基、辅助结构层、传递荷载的作用。

（4）附加层：主要是为了满足某些特殊使用功能要求而设的一些构造层，如结合层、保温层、防水层、防潮层及埋管线层等。

4.2　钢筋混凝土楼板构造

4.2.1　钢筋混凝土楼板的类型

钢筋混凝土楼板按其施工方法的不同，可分为现浇钢筋混凝土楼板、装配式钢筋混凝土楼板和装配整体式钢筋混凝土楼板。

1. 现浇整体式钢筋混凝土楼板

现浇整体式钢筋混凝土楼板是在施工现场经支模、绑扎钢筋、浇筑混凝土等施工工序，经养护达到一定强度后拆除模板而成型的楼板结构。具有整体性好、抗震能力强、梁板布置灵活、布置管线方便等优点，但存在着模板量大、施工速度慢等缺点。

2. 预制装配式钢筋混凝土楼板

预制装配式钢筋混凝土楼板是把预制构件厂或现场制作的钢筋混凝土板安装拼合而成的楼板。这种楼板不在施工现场浇筑混凝土，可大大节省模板，缩短工期，而且施工不受季节限制，有利于实现建筑工业化，但整体性较差，在有较高抗震设防要求的地区应当慎用。

预制钢筋混凝土板一般有实心平板、空心板和槽形板三种类型

① 实心平板

预制实心平板跨度较小，上下表面平整、制作简单，但隔声效果较差，一般用于跨度较小的房间或走廊。

实心平板的两端支承在墙或梁上，跨度一般在 2.4 m 以内；板宽约为 500～900 mm；板厚可取跨度的 1/3，常用 50～80 mm，如图 4.4 所示。

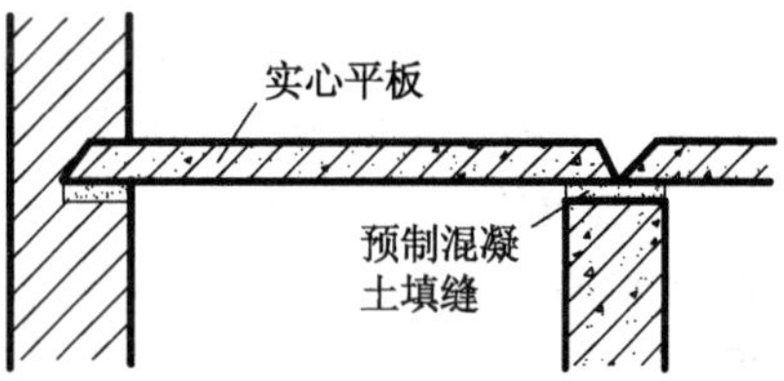

图 4.4　预制钢筋混凝土平板

② 空心板

楼板属受弯构件，当其受力时，截面上部受压、下部受拉，中性轴附近内力较小，因此，为节省材料，减轻自重，可将楼板中部沿纵向抽孔而形成空心板。空心板孔洞形状有圆形、椭圆形、方形和长方形等，如图 4.5 所示。由于圆形孔制作时抽芯脱模方便且刚度好，因而目前应用较为广泛。空心板有预应力和非预应力之分，一般多采用预应力空心板。

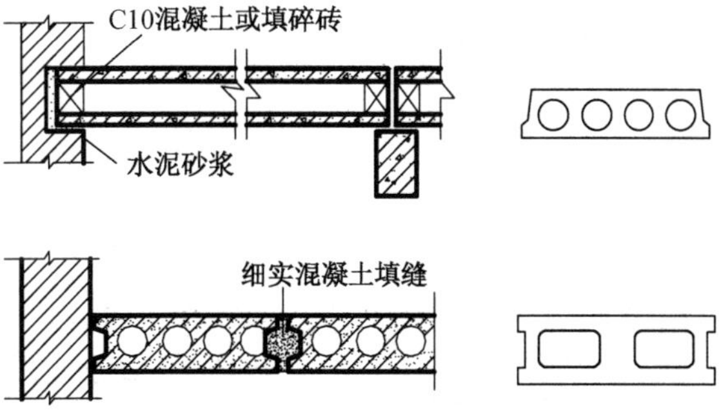

图 4.5　预制空心板

空心板有中型和大型板。中型板跨度多在 4.5 m 以下，板宽 500～1500 mm，常见的有 500 mm、600 mm、900 mm、1200 mm 等，板厚约 90～120 mm。大型空心板跨度为 4.5～7.2 m，板厚 180～240 mm。

③ 槽形板

槽形板是一种梁板结合的构件，即在实心板的两侧设有纵向边肋，形成槽形截面。为了提高板的刚度和便于搁置，在板的两端常设端肋（边肋）封闭。

槽形板的放置有槽口向下的正置和槽口向上的倒置两种方式，如图 4.6 所示。正置时肋向下，受力合理，但底板不平，有碍观瞻，需做吊顶处理。倒置时肋向上，板底平整，但受力不甚合理，且需做面板。有时为提高保温隔声等要求，可在槽内填充轻质多孔材料。

(a) 正槽板

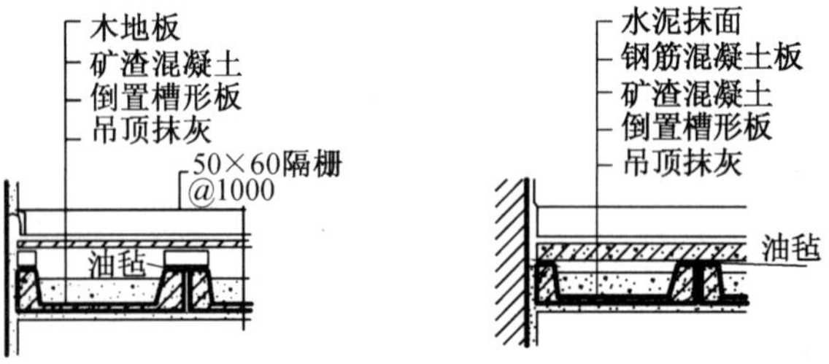

(b) 倒槽板

图 4.6　槽形板构造　单位：mm

3. 装配整体式钢筋混凝土楼板

装配整体式钢筋混凝土楼板是将楼板中的部分构件预制，然后现场安装并整体浇筑其余部分而形成的楼板。它兼有现浇和预制楼板的优点。

(1) 密肋填充块楼板

密肋填充块楼板是采用间距较小的密肋小梁作楼板的承重构件，梁间填充轻质混凝土砌块，并浇筑成整体的装配整体式楼板。密肋小梁可以预制也可现浇。现浇密肋填充块楼板是以陶土空心砖、炉渣空心砖等作为肋间填充块来现浇密肋和面板而成。预制小梁填充块楼板是在预制小梁之间填充陶土空心砖、矿渣混凝土空心砖、加气混凝土块等，上面现浇面层而成。密肋填充块楼板板底平整，有较好的隔声、保温、隔热效果，在施工中空心砖还可起到模板作用。如图 4.7 所示。

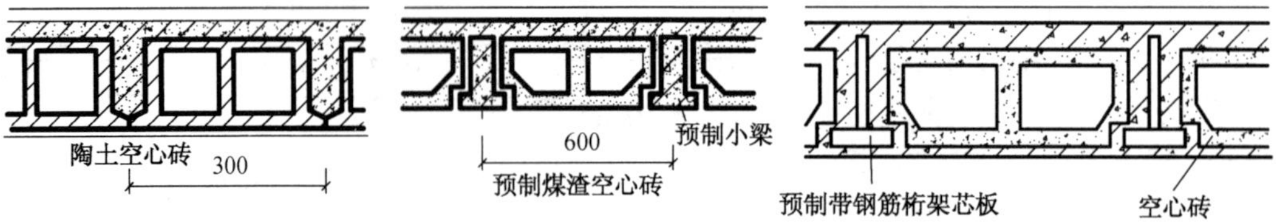

(a) 现浇空心砖楼板　(b) 预制小梁填充块楼板　(c) 带骨架芯板填充块楼板

图 4.7　密肋填充块楼板　单位：mm

(2) 叠合楼板

叠合楼板是由预制板和现浇钢筋混凝土层叠合而成的装配整体式楼板。预制板既是楼板结构的组成部分之一，又是现浇钢筋混凝土叠合层永久性模板，现浇结合层内可敷设水平设备管线。预制薄板底面平整，可直接喷浆或贴其他装饰材料作为顶棚。

叠合楼板有预应力混凝土薄板和普通钢筋混凝土薄板之分。楼板的跨度一般为 4～6 m，预应力薄板可达 9 m；楼板的宽度一般为 1.1～1.8 m；厚度一般为 50～70 mm，现浇叠合层厚度一般为 100～120 mm，以大于或等于薄板厚度的两倍为宜。叠合楼板的总厚度一般为 150～250 mm。为保证预制薄板与现浇叠合层之间有较好的连接，可在预制薄板的上表面刻槽，或在薄板上表面露出较规则的三角形状的结合筋。如图 4.8 所示。

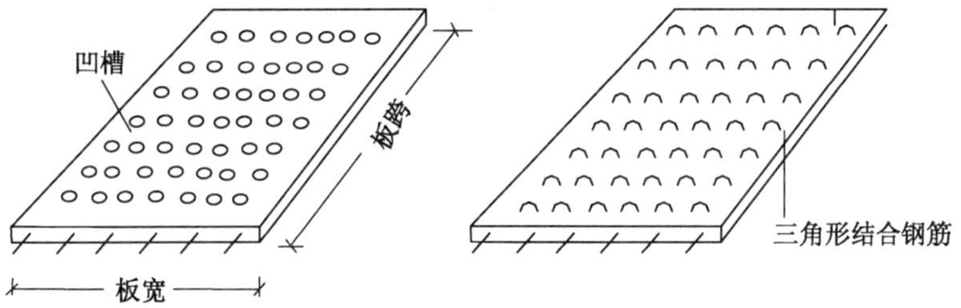

(a) 预制薄板板面刻槽

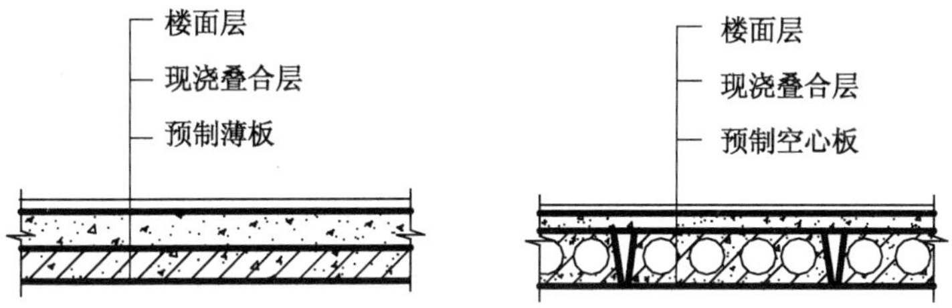

(b) 预制薄板叠合楼板　　(c) 预制空心板叠合楼板

图 4.8　叠合楼板

4.2.2　现浇钢筋混凝土楼板构造

现浇钢筋混凝土楼板根据受力和传力方式分为板式楼板、梁板式楼板、井字楼板、无梁楼板及压型钢板组合楼板等。

1. 板式楼板

在墙体承重建筑中，当房间较小，楼面荷载可直接通过楼板传给墙体，而不需要另设梁，这种楼板称为板式楼板，多用于较小的空间，如厨房、卫生间、走廊等。楼板据受力特点和支承情况，分为单向板和双向板。为满足施工要求和经济要求，对各种板式楼板的板厚做了如下规定：

单向板(即板的长边与短边之比大于或等于 3)：屋面板厚 60～80 mm；民用建筑楼板厚 70～100 mm；工业建筑楼板厚 80～180 mm。

双向板(即板的长边与短边之比小于等于 2)：板厚为 80～160 mm。

另外，规定板的支承长度不小于 60 mm；当支承在钢梁或钢屋架上时，支承长度不小于

50 mm。

2. 梁板式楼板(也称肋梁楼板)

当房间的跨度较大时,为了使楼板结构的受力和传力合理,常在楼板下设梁以增加板的支撑,减小板的厚度和板内配筋,此时选用梁板式楼板。

梁板式楼板一般由板、次梁、主梁组成,如图 4.9 所示。

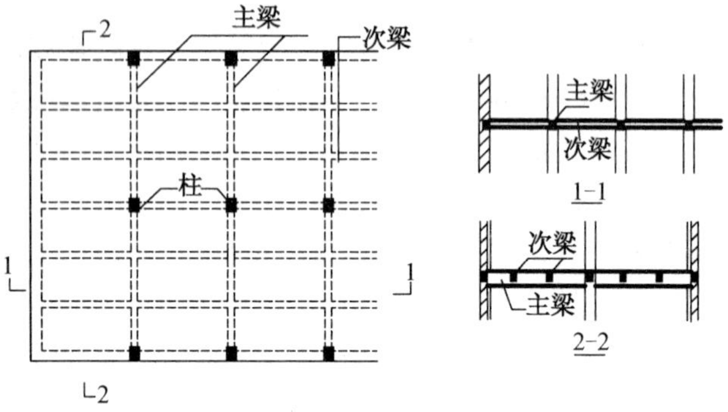

图 4.9 单向板肋梁楼板

主梁可沿房间的横向或纵向布置,次梁通常垂直于主梁布置。主梁搁置在墙或柱上,次梁搁置在主梁上,板搁置在次梁上,次梁的间距即为板的跨度。当房间横向跨度不大时,也可只沿房间的横向布置梁。梁应避免搁置在门窗洞口上。当上层设置隔墙或承重墙时,其下楼板中应设置一道梁。除了考虑承重要求外,梁的布置还应考虑经济合理性。表 4.1 为梁板的经济尺度,供设计时参考。

表 4-1 梁板式楼板的经济尺度

构件名称	经济尺度		
	跨度 L	梁高、板厚 h	梁宽 b
主梁	5～8 m	$(1/14\sim1/8)L$	$(1/3\sim1/2)h$
次梁	4～6 m	(1/18～1/12)	$(1/3\sim1/2)h$
板	1.5～3 m	简支板$\frac{1}{35}L$　连续板$\frac{1}{40}L$(60～80 mm)	—

【知识链接】

跨度

建筑物中,梁、拱券两端的承重结构之间的距离。对于梁,指梁的相邻两支座之间的距离。比如,框架结构中,主梁由柱支撑,柱相对于梁就是支座,相邻两柱之间的距离就是梁的跨度;次梁由主梁支撑,次梁与主梁相交处就是次梁的支座,相邻两主梁的间距就是次梁的跨度。

3. 井式楼板

井式楼板是梁板式楼板的一种特殊布置形式。当房间尺寸较大,且接近正方形时,常将两个方向的梁等距离布置,不分主次梁,形成井格式楼板,也称井字格楼板,如图 4.10 所示。井格式楼板的梁通常采用正交正放或正交斜放的布置方式,由于布置规整,因而有较好的装饰性。一般多用于公共建筑的门厅或大厅。

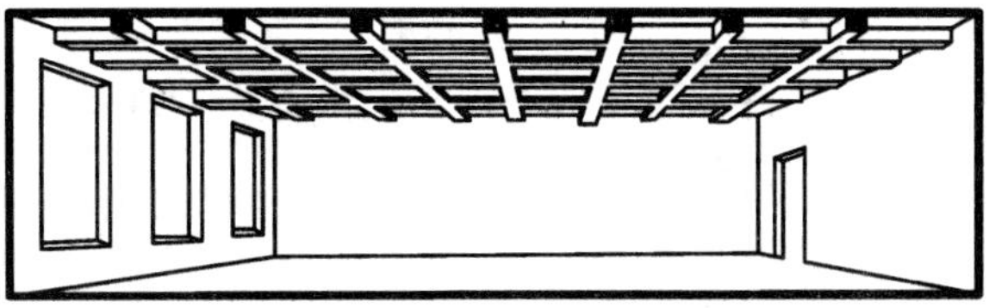

图 4.10　井式楼板

4. 无梁楼板

无梁楼板是将楼板直接支承在柱上，不设主梁或次梁，如图 4.11 所示。当荷载较大时，为了增大柱子的支承面积，减小跨度，可在柱顶上加设柱帽。当荷载较小时，可采用无柱帽楼板。

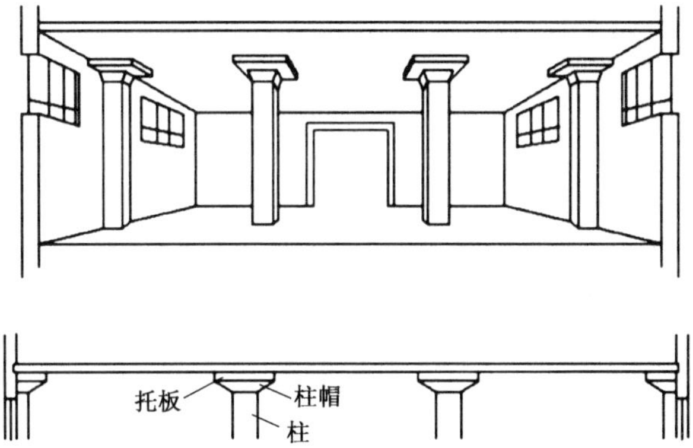

图 4.11　无梁楼板

楼板下的柱应尽量按方形网格布置，间距在 6 m 左右较为经济，板厚不宜小于120 mm。与其他楼板相比，无梁楼板顶棚平整、室内净空大、采光通风效果好，且施工时模板支设简单，适宜于活荷载较大的商店、仓库和展览馆等建筑。

4.3　顶棚构造

顶棚也称天花板，是位于建筑物室内屋顶的结构层下面的装饰构件。顶棚要求表面光洁、美观，能通过反射光来改善室内采光。顶棚还应有隔声、防水、保温、隔热、隐蔽管线等功能。

顶棚按构造方式的不同有直接式顶棚和吊顶棚两种类型。

4.3.1　直接式顶棚的构造

直接式顶棚是在屋面板、楼板等的底面直接进行喷浆、抹灰、粘贴壁纸、粘贴面砖、粘贴或钉接石膏板条以及其他板材等饰面材料。这种顶棚构造简单，施工方便，造价较低。

1. 直接喷刷顶棚

当楼板底面平整，室内装饰要求不高时，可直接在顶棚的基层上刷大白浆、石灰浆、106 涂料或乳胶漆等涂料。如图 4.12 所示。

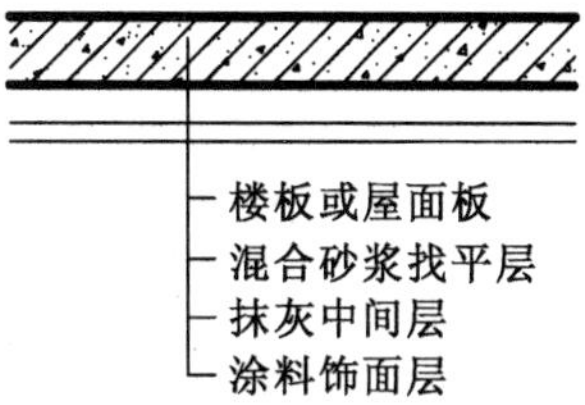

图 4.12　喷刷类顶棚构造层次

2. 直接抹灰顶棚

当楼板的底面不够平整或室内装修要求较高时，可在楼板底抹灰后再喷刷涂料。水泥砂浆抹灰的做法是：先将板底清洗干净，扫毛或刷素水泥浆一道，然后可用水泥砂浆或混合砂浆打底，最后再抹灰饰面，干燥后喷刷涂料。

3. 贴面顶棚

贴面顶棚是在楼板底面用胶黏剂直接粘贴墙纸等装饰材料；对有保温、隔热、吸声等要求的建筑物，可在楼板底面粘贴泡沫塑料板、铝塑板、岩棉板或装饰吸音板等。如图 4.13 所示。

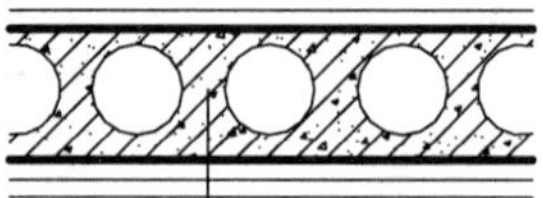

图 4.13　裱糊类顶棚构造层次

4.3.2　吊顶构造

悬吊式顶棚也称吊顶，是指悬挂在屋顶或楼板下，由骨料和面板组成的顶棚。这种顶棚的空间内，通常要布置各种管道或安装设备，如灯具、空调、灭火器、烟感器等。一般来说，悬吊式顶棚的装饰效果较好，形式变化丰富，适于中、高档次的建筑顶棚装饰。

吊顶一般由吊筋、龙骨和面板组成。吊筋与楼板层相连，固定方法有预埋件锚固、膨胀螺栓锚固和射钉锚固等。如图 4.14 所示。

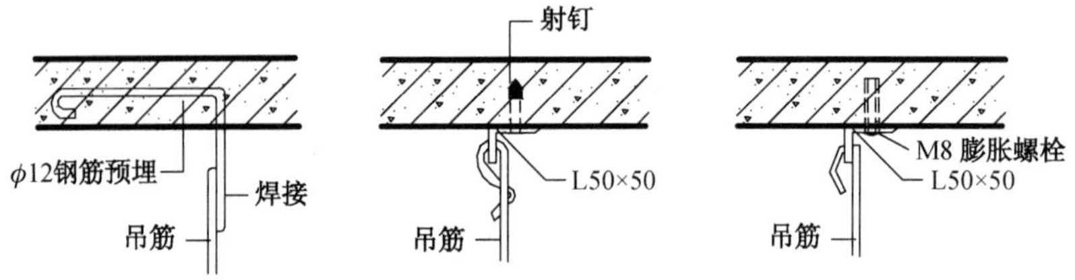

(a) 预埋件钢筋锚固　(b) 射钉锚固　(c) 膨胀螺栓锚固

图 4.14　吊筋固定　单位：mm

吊顶的龙骨由主龙骨和次龙骨组成，主龙骨与吊筋相连，吊筋与楼板相连。主龙骨一般单向布置；次龙骨固定在主龙骨上，其布置方式和间距依据面层材料和顶棚的外形而定；在次龙骨下做面层。主龙骨按所用材料不同可分为木龙骨和金属龙骨两类，目前多采用金属龙骨。面板有木质板、石膏板和铝合金板等。

1. 木龙骨吊顶

木龙骨吊顶由主龙骨、次龙骨组成，如图 4.15 所示。其中，主龙骨为截面 50 mm×70 mm 方木，间距一般为 1.2～1.5 m，用钢筋固定在钢筋混凝土楼板下部。次龙骨截面为 40 mm×50 mm，间距视面板规格而定，一般为 400～500 mm，通过吊木钉牢在主龙骨的底部。

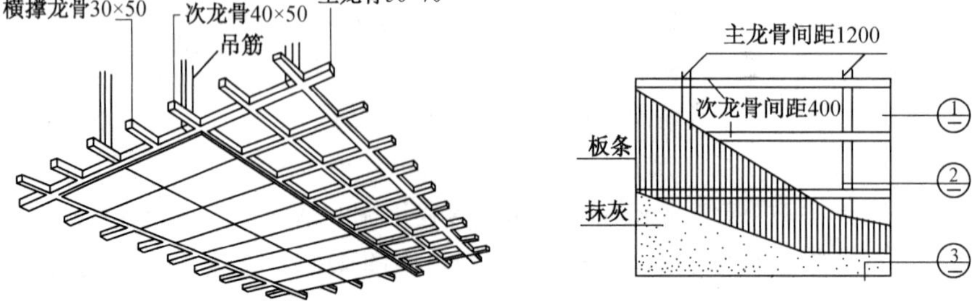

图 4.15　木质吊顶　单位：mm

木骨架的耐火性能较差,但加工较方便。图 4.16 所示为板条抹灰吊顶。

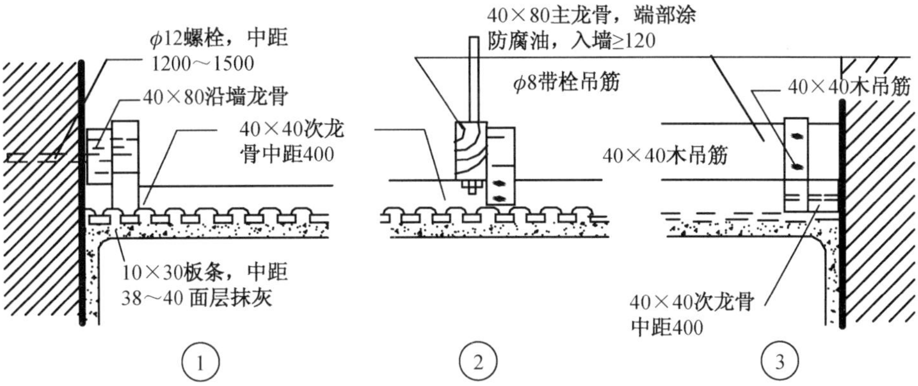

图 4.16　板条抹灰吊顶　单位：mm

2. 金属龙骨吊顶

金属龙骨吊顶主要由吊筋、金属主次龙骨、横撑龙骨及装饰面板组成。常见的金属骨架有轻钢骨架和铝合金骨架两种。

轻钢骨架主龙骨一般用特制的型材制作,断面形式有 U 形、T 形等系列。主龙骨一般通过钢筋悬挂在楼板下部,间距为 900～1200 mm,主龙骨下部悬挂次龙骨。为保证龙骨的整体刚度,在龙骨之间增加横撑,间距视面板规格而定。最后在次龙骨上固定面板。图 4.17 为轻钢龙骨吊顶构造。

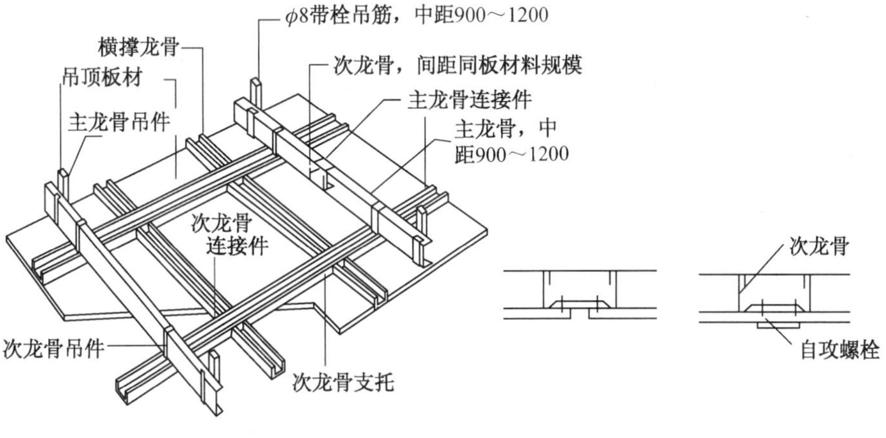

(a) 轻钢龙骨吊顶示意图　单位：mm

(b) 轻钢骨架实物图

图 4.17　轻钢龙骨吊顶

铝合金龙骨是在轻钢龙骨的基础上发展生产的产品。常用的有⊥型、U型、凹型以及嵌条式构造的各种特制龙骨。其构造与轻钢龙骨吊顶相似。具有耐锈蚀、轻质美观，安装方便等优点，目前在民用建筑中应用较广。但当顶棚的荷载较大，或者悬吊点间距较大以及在特殊环境下使用时，须采用普通型钢做基层，如角钢、槽钢、工字钢等。图4.18为铝合金龙骨吊顶构造。

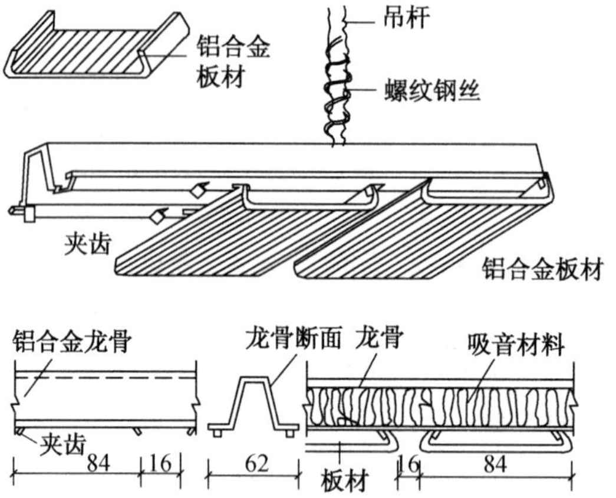

图4.18 铝合合龙骨吊顶 单位：mm

4.4 楼地面

对室内地面装修而言，楼板层的面层（楼面）及地面面层通称地面，构造要求及做法基本相同。

地面依据面层所用材料及施工方法的不同，可分为整体浇筑地面、板块地面、卷材地面和涂料地面等。

4.4.1 整体浇筑地面

按材料的不同，整体浇筑地面有水泥砂浆地面、细石混凝土地面、水磨石地面等。

1. *水泥砂浆地面*

水泥砂浆楼地面是直接在现浇混凝土垫层或水泥砂浆找平层上施工的一种传统整体地面。水泥砂浆楼地面属低档地面，造价较低且施工方便，但不耐磨，有易起灰、无弹性、热传导性高等缺点。

水泥砂浆地面有单层和双层构造之分。单层做法是15～20厚1∶2～1∶2.5水泥砂浆抹光压平；双层做法是先抹一层15～20厚1∶3水泥砂浆找平层，再抹5～10厚的1∶1.5或1∶2的水泥砂浆面层。有防滑要求的水泥地面，可将水泥砂浆面层做成各种纹样，增大摩擦力。如图4.19所示。

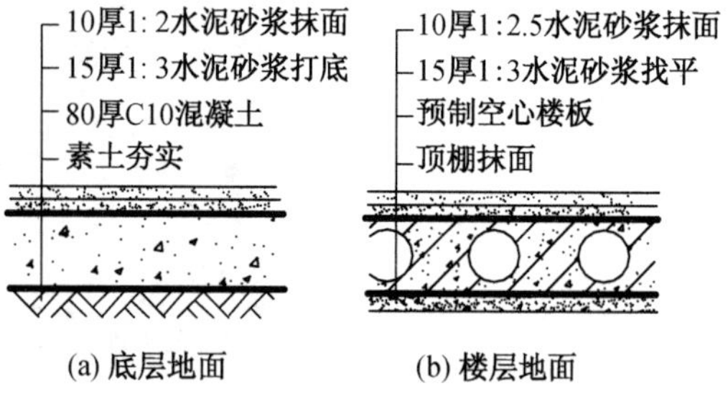

图4.19 水泥砂浆地面 单位：mm

2. 细石混凝土地面

细石混凝土地面刚性好、强度高、干缩性小且不易起砂，但厚度较大，一般为 35 mm。它是用 30～40 mm 厚 C20 细石混凝土层，在初凝时用铁滚压出浆抹平，终凝前用铁板压光。为增强其整体性和抗震性，通常在混凝土内配 ϕ4@200 钢筋网片。对防水要求高的房间，还可以在楼地面中加做一层找平层，然后在其上做一道卷材防水层，再做细石混凝土面层。

3. 水磨石地面

水磨石地面坚硬、耐磨、光洁美观、整体性好、易清洗。它是以普通水泥或白水泥为胶结材料，用大理石、方解石等中等硬度的石子做骨料，并据需求掺入适量的颜料粉拌和，浇抹硬结后磨光打蜡而成的面层。多用于公共建筑的大厅、走廊、卫生间和楼梯等地面。

现浇水磨石地面的构造做法是先在结构层上用 10～20 厚 1∶3 水泥砂浆打底找平，然后用 12 厚 1∶1.5～1∶2.5 的水泥石渣浆铺入设计好的图案中压实，经浇水养护后磨光、补浆、打蜡、养护。为防止面层因温度变化等引起开裂及达到增强美观的作用，可用铜条或玻璃条分成约 1 m×1 m 方格或做成各种图案。水磨石地面构造做法如图 4.20 所示。

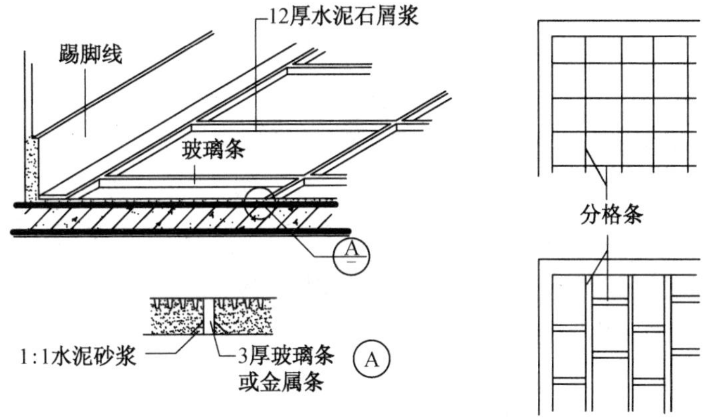

图 4.20　水磨石地面

4.4.2　板块地面

块材地面，是指由各种不同形状的块状材料做成的地面。按面层材料不同有水泥砖、缸砖、陶瓷锦砖、陶瓷地砖、大理石、花岗岩、木地面等。

1. 水泥砖地面

水泥砖地面常用的有水泥砂浆砖，常见的尺寸为 150～200 mm 见方，厚 10～20 mm。水泥砖地面与基层黏结有两种方式：当预制块尺寸较大且较厚时，常在板下干铺一层 20～40 厚细砂或细炉渣，待校正平整后，板缝用砂浆嵌填。这种做法施工简单、造价低，便于维修更换，但不易平整。城市人行道常按此方法施工。当预制块小而薄时，则采用 10～20 厚 1∶3 水泥砂浆做结合层，铺好后再用 1∶1 水泥砂浆嵌缝。这种做法坚实，平整。但施工较复杂，造价也较高。

2. 缸砖及陶瓷锦砖地面

缸砖是用陶土焙烧而成的一种无釉砖块。形状有正方形(尺寸为 100 mm×100 mm 和 150 mm×150 mm，厚 10～19 mm)、六边形、八角形等。颜色也有多种，但以红棕色和深米黄色居多。缸砖背面有凹槽,使砖块和基层黏结牢固,铺贴时一般用15～20厚1∶3水泥砂浆做结合材料,3～4 mm厚水泥胶粘贴缸砖,素水泥浆擦缝。缸砖具有质地细密坚硬、耐磨、耐水、耐油、耐酸碱、易清洁等特点。如图4.21(a)所示。

陶瓷锦砖与缸砖特点相似。构造做法为15～20厚1∶3水泥砂浆找平,3～4厚水泥胶粘贴陶瓷锦砖(纸胎),用滚筒压平,使水泥胶挤入缝隙,用水洗去牛皮纸,用白水泥浆擦缝。主要用于防滑要求较高的卫生间、浴室等房间的地面。如图4.21(b)所示。

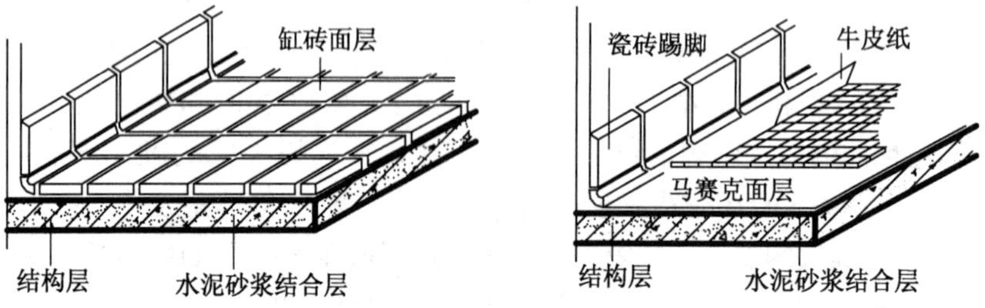

(a) 缸砖或瓷砖地面　　(b) 陶瓷锦砖地面

图4.21　陶瓷类板块地面

3. 陶瓷地砖地面

陶瓷地砖又称墙地砖,其类型有釉面地砖、无光釉面砖和无釉防滑地砖及抛光同质地砖。

陶瓷地砖颜色多样,色调均匀,砖面平整,抗腐耐磨,施工方便,且块大缝少,装饰效果好,特别是防滑地砖和抛光地砖还能防滑,因而越来越多地用于办公、商店、旅馆和住宅中。陶瓷地砖一般厚6～10 mm,其规格有200 mm×200 mm、300 mm×300 mm、400 mm×400 mm、500 mm×500 mm等。其施工方法同缸砖。

4. 石材地面

大理石、花岗岩是从天然岩体中开采出来的,经过加工制成块材或板材,再经打磨、抛光、打蜡等工序,加工成各种不同质感的高级装饰材料,一般用于公共建筑的门厅、大厅、休息厅、营业厅或要求高的卫生间等房间的楼地面。

大理石板、花岗岩板厚约20～30 mm,规格一般为500 mm×500 mm或600 mm×600 mm等。其构造做法是:先用20～30厚1∶3干硬性水泥砂浆找平,再用5～10厚1∶1水泥砂浆做结合层铺贴石板,板缝不大于1 mm,然后用干水泥擦缝。如图4.22所示。

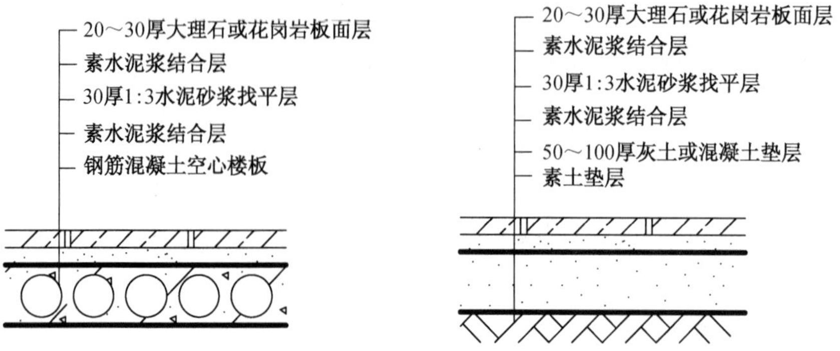

(a) 楼地面　　(b) 地面

图4.22　石材地面

人造石板有人造大理石板、预制水磨石板等，其构造做法与天然石板地面基本相同。

5. 木地面

木地面是由木板铺钉或粘贴形成面层的地面。木地板弹性好、导热系数小、不起尘、易清扫，常用于高级住宅、宾馆、体育馆、剧院舞台等建筑中。木地面按所用材料规格分为普通木地面、硬木地面和拼花木地面三种。按构造方式有空铺、实铺和粘贴三种。

空铺木地面常用于底层地面，如图 4.23 所示。由于其占用空间多，费材料，施工繁杂，目前采用较少。

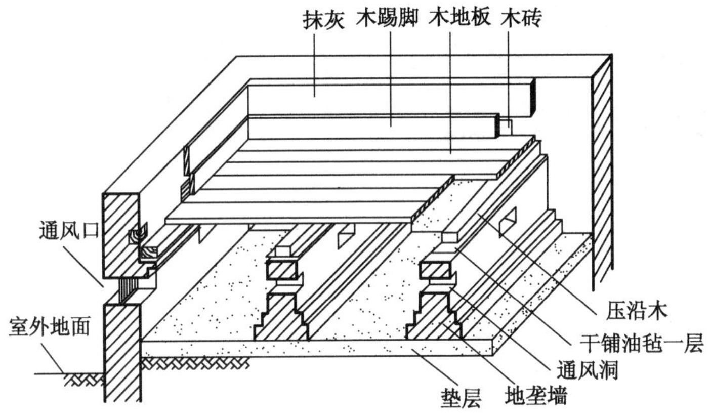

图 4.23　空铺木地面

实铺木地面是直接在实体上铺设的地面，这种地面是将木地板直接钉在钢筋混凝土基层上的木搁栅上，由于木搁栅直接放在结构层上，所以搁栅截面小，一般为 50 mm×50 mm，中距一般为 400 mm，如图 4.24。搁栅与预埋在结构层内的 U 形铁件嵌固或用镀锌铁丝扎牢。为了防止木材变潮而产生膨胀，需在基层和木搁栅底面和侧面上涂刷冷底子油和热沥青各一道。同时为方便潮气散发，通常在木地板与墙面之间留有 10～20 mm 的空隙，踢脚板或木地板上也可设通风洞。

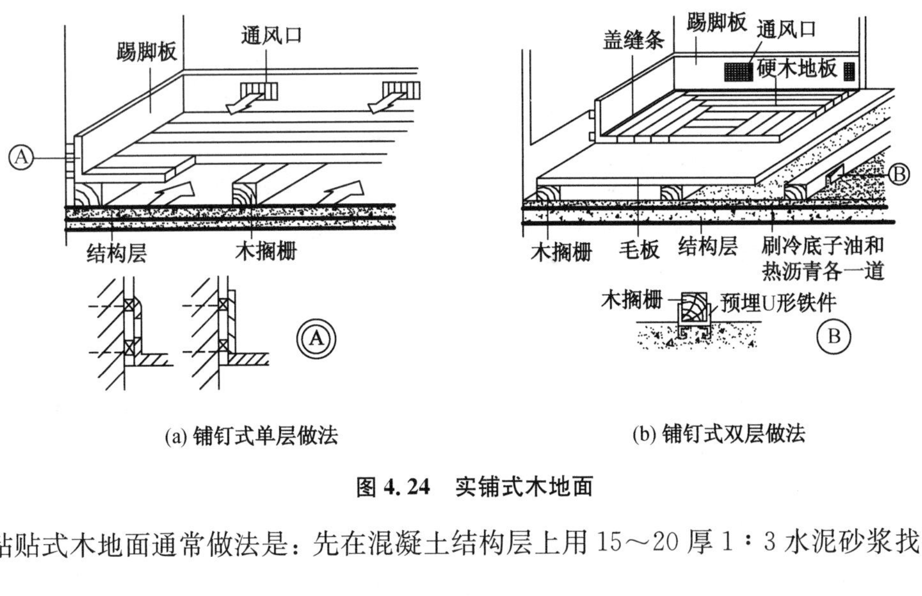

图 4.24　实铺式木地面

粘贴式木地面通常做法是：先在混凝土结构层上用 15～20 厚 1∶3 水泥砂浆找平，上面刷冷底子油一道用于防潮，然后用石油沥青、环氧树脂、乳胶等胶粘材料将木地板粘贴在找平层上。常用木地板为拼花小木块板，长度不大于450 mm，构造做法如图4.25所示。如果是软木地面，粘贴时应采用专业胶粘剂，做法与木地板面层粘贴固定相似。高级地面可先铺钉一层夹板，再粘贴软木面层。

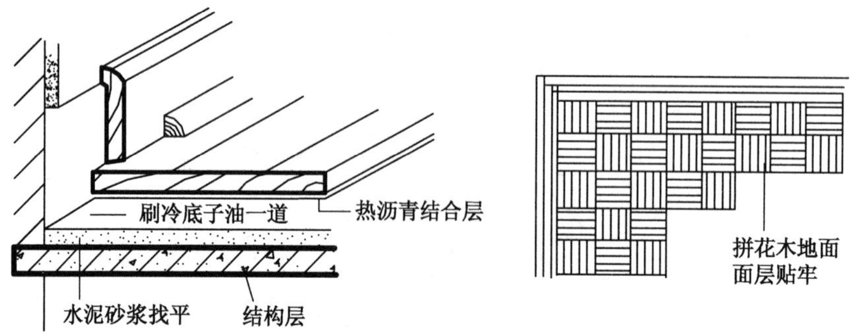

图 4.25　粘贴木地板

4.4.3　卷材地面

卷材地面是由成卷的材料粘贴而成的地面。常见的有塑料地板、橡胶地毡及各种地毯等。

1. 塑料地面

塑料地面是指用聚氯乙烯树脂塑料地板作为饰面材料铺贴的楼地面。塑料地板色泽显眼、花纹美观、装饰效果好，且具有良好的保温、防水等性能，因而广泛使用于住宅、旅店客房及办公场所。其做法是将卷材干铺或用黏结剂粘贴到找平层上。如图4.26所示。

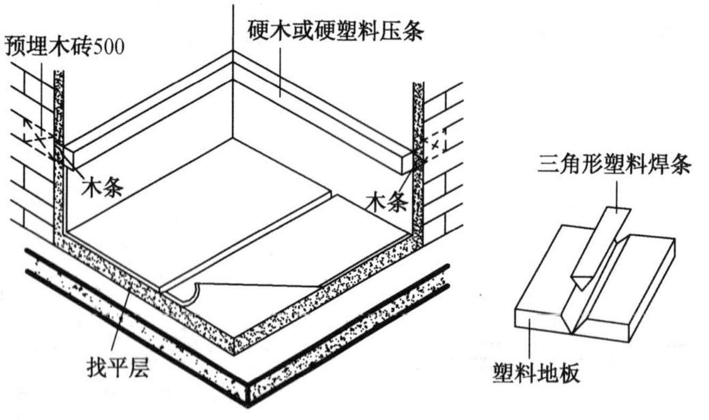

图 4.26　塑料地面

2. 橡胶地毡

橡胶地毡是以橡胶粉为基料，加入其他填充料制成的卷材。它耐磨、防滑、绝缘并富有弹性。橡胶地毡可以干铺，也可以用黏结剂粘贴在水泥砂浆找平层上。

3. 地毯地面

地毯是一种高级地面装饰材料。它分为纯毛地毯、化纤地毯、棉织地毯等。纯毛地毯柔软、温暖、舒适、豪华、富有弹性，但价格昂贵，易虫蛀霉变。化纤地毯经改性处理，可得到与纯毛相近的耐老化、防污染等特性，且价格较低，资源丰富，色彩多样，柔软质感好，因此化纤地毯已成为较普及的地面铺装材料。

地毯铺设可分为满铺与局部铺设两种。铺设方式有固定式与不固定式之分。不固定式铺设是将地毯直接敷在地面上，不需要将地毯与基层固定。固定式铺设是将地毯用黏结剂粘贴在地面上，或将四周钉牢。

4.4.4　涂料地面

涂料地面是在水泥砂浆或混凝土地面上涂刷溶剂性涂料或聚合物涂料形成面层的地面。涂料地面具有耐磨、防水、易清洁、干燥迅速的特点。涂层可制成各种色彩的图案，对改善水泥砂浆地面效果有较好的作用。

涂料类地面按施工方法可分为涂刷式地面和涂布地面。

涂刷式地面涂层较薄。构造做法为将原料按配比制成地面涂料后，用刷子涂刷若干层。常见的地面涂料有过氯乙烯地面涂料、苯乙烯焦油涂料等。

涂布地面根据胶凝材料可以分为两大类：一类是以单纯的合成树脂为胶凝材料的溶剂型合成树脂涂布材料，如环氧树脂涂布地面、不饱和聚酯涂布地面、聚氨酯涂布地面等。另一类是以水溶性树脂或乳液与水泥复合组成胶凝材料的聚合物水泥涂布地面，如聚醋酸乙烯乳液涂布地面，聚乙烯醇甲醛胶涂布地面等。溶剂型涂布材料具有良好的耐磨性、耐腐蚀性、抗渗性、弹韧性及整体性，但造价偏高，施工较复杂，适用于卫生间或耐腐蚀要求较高的地方，如实验室、医院手术室、食品加工厂等。水溶性涂布地面的耐水性优于单纯的同类聚合物涂布地面，同时黏结性、抗冲击性也优于水泥涂料，且价格便宜，施工方便，适用于一般要求的地面，如教室、办公室等。

涂布地面一般采用涂刮方式施工，对基层要求较高，基层必须平整、光洁、充分干燥。

4.5　阳台与雨篷

阳台和雨篷都属于建筑物上的悬挑构件。

阳台是连接室内的室外平台，悬挑于每一层的外墙上，它不仅向人们提供舒适的室外活动空间，而且可以改变单元式住宅带给人们的封闭感和压抑感，对建筑的立面处理也会产生一定的作用。

雨篷位于建筑物出入口的上方，主要目的是遮挡雨雪，给人们提供一个从室外到室内的过渡空间，同时还起到丰富建筑立面的作用。

4.5.1　阳台

1. 阳台的类型

阳台按其与外墙面的相对关系分为凸阳台、凹阳台、半凸半凹阳台及转角阳台；按施工方法可分为现浇阳台和预制阳台。如图 4.27 所示。

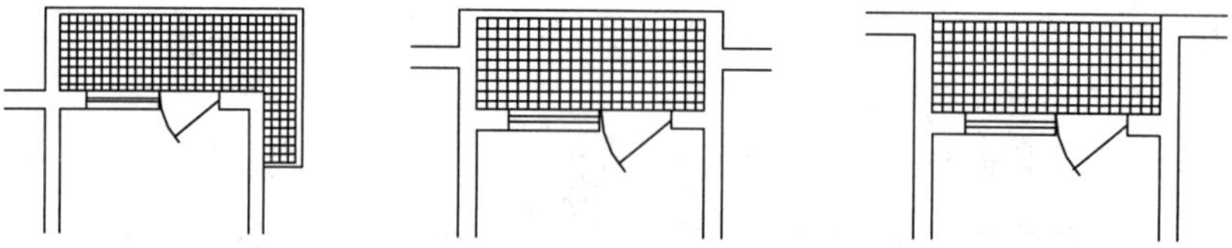

(a) 凸阳台(转角阳台)　(a) 半凸半凹阳台(中间阳台)　(c) 凹阳台(中间阳台)

图 4.27　阳台的类型

2. 阳台的结构布置

(1) 挑梁式

挑梁式即由横墙向外伸出挑梁，梁上搁置楼板，阳台荷载通过挑梁传给纵横墙，由压在挑梁上的墙体和楼板抵抗阳台的倾覆力矩。挑梁可与阳台一起现浇，也可预制，如图 4.28(a)所示。挑梁压入墙内的长度一般为悬挑长度的 1.5 倍左右。为美观起见，可在梁端部设面梁以遮挡挑梁头。

(2) 挑板式

挑板式是将楼板延伸挑出墙外，形成阳台板。由于阳台板与楼板是一整体，楼板的重量和墙的重量构成阳台板的抗倾覆力矩，保证阳台的稳定。挑板式阳台板底平整美观，如施工采用现浇工艺，还可将阳台平面制成多种形式，增加建筑形体美观。如图 4.28(b)所示。

(3) 压梁式

压梁式是将凸阳台板与墙梁整浇在一起，墙梁可用加大的圈梁代替。由于墙梁受扭，阳台悬挑长度一般在 1.2 m 以内。当梁上部的墙开洞较大时，可将梁向两侧延伸至不开洞部分，以确保安全。如图 4.28(c)所示。

(4) 搁板式

在凹阳台中，将阳台板搁置于阳台两侧凸出来的墙上，即形成搁板式阳台。阳台板型和尺寸与楼板一致，施工较方便。

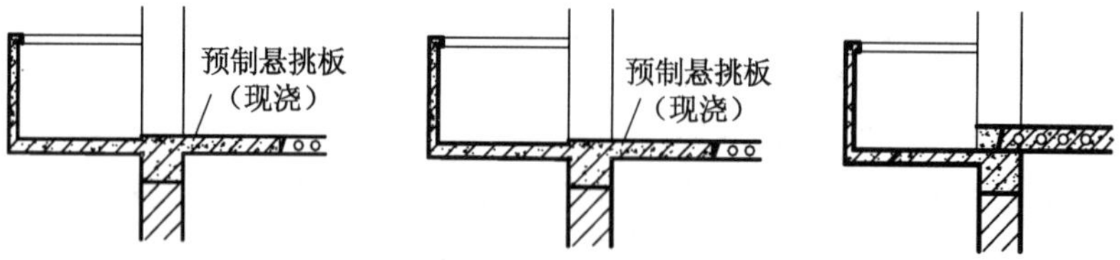

(a) 挑梁式　(b) 挑板式　(c) 压梁式

图 4.28　阳台的结构布置

3. 阳台的细部构造

(1) 阳台栏杆和栏板

阳台的栏杆和栏板是设置在阳台外围的垂直构件，主要供人们倚扶之用，以保障人身安全，同时栏杆对建筑物还起装饰作用。阳台的栏杆和栏板要有一定的安全高度，通常高于人体的重心，即净高不低于 1.05 m，高层建筑不低于 1.1 m；对空花栏杆要求其垂直之间的净距离不大于 130 mm。

阳台栏杆和栏板从材料上分，有金属栏杆、钢筋混凝土栏杆和栏板、砖砌栏板等；从形式上分，有空花式、实心式及二者组合三种形式。如图 4.29 所示。

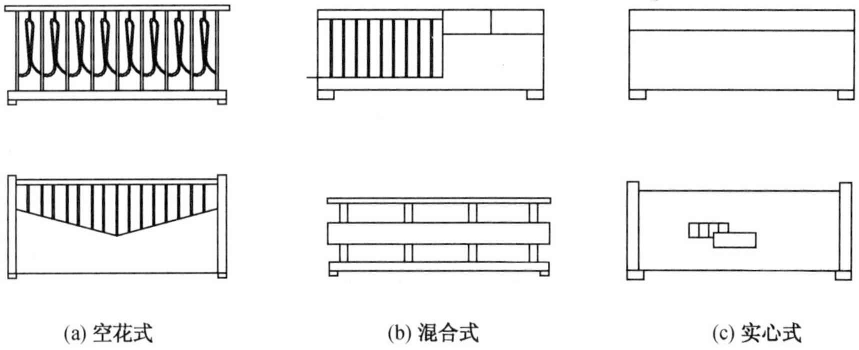

图 4.29　阳台栏杆形式

金属栏杆一般用方钢、圆钢、扁钢和钢管等制成，通常需做防锈处理。金属栏杆与阳台板的连接可采用在阳台板上预留孔洞，将栏杆插入，再用水泥砂浆浇筑的方法；也可采用阳台板顶面预埋通长扁钢与金属栏杆焊接的办法。如图 4.30 所示。

混凝土栏杆或栏板可预留钢筋与阳台板的预留钢筋及砌入墙内的锚固钢筋绑扎或焊接在一起；预制混凝土栏板也可顶埋铁件再与阳台板预埋钢板焊接，如图 4.30 所示。

砖砌体栏板的厚度一般为 120 mm，在栏板上部的压顶中加入 2ϕ6 通长钢筋，并与砌入墙内的预留钢筋绑扎或焊接在一起。扶手应现浇，亦可设置构造小柱与现浇扶手拉接，以增加砌体与栏板的整体性。

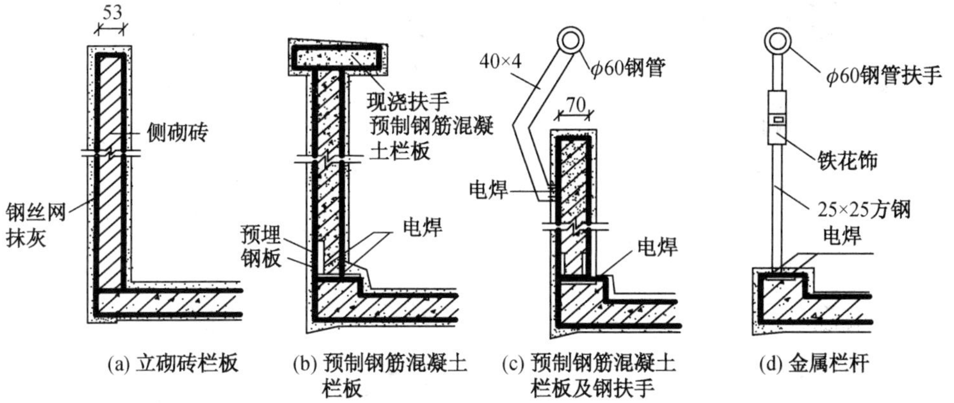

图 4.30　栏杆及扶手构造　单位：mm

阳台的扶手宽一般至少为 120 mm，当上面放花盆时，不应小于 250 mm，且外侧应有挡板。

(2) 阳台的排水

为防止雨水流入室内，阳台地面的设计标高应比室内地面低 30～50 mm。阳台地面向排水口做 1%～2%的坡度，防止雨水倒灌室内。阳台排水有外排水和内排水两种。外排水是在阳台外侧设置泄水管(俗称水舌)将水排出。泄水管为 ϕ40～ϕ50 的镀锌钢管或塑料管，挑出阳台栏板外面至少为 80 mm，以防落水溅到下面阳台。内排水适用于高层建筑或某些有特殊要求的建筑，其做法为在阳台内侧设置地漏和排水立管，将积水引入地下管网。

如图 4.31 所示。

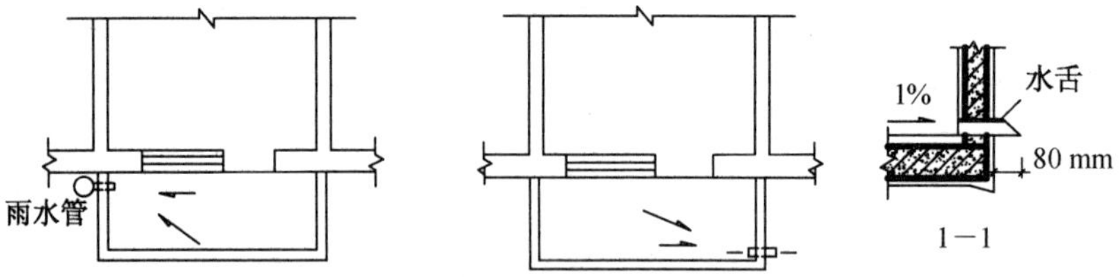

(a) 水落管排水　　(b) 排水管排水

图 4.31　阳台排水构造

4.5.2　雨篷

雨篷是建筑物入口处外门上部用于遮挡雨水，保护外门不受雨水侵害的构件。雨篷多为现浇钢筋混凝土悬挑构件，有板式和梁板式两种形式。板悬挑长度一般为 1～1.5 m；当挑出长度较大时，可做成挑梁式，为美观起见，可将挑梁上翻。雨篷在构造上要注意防倾覆和板面排水。图 4.32 为各类型雨篷。

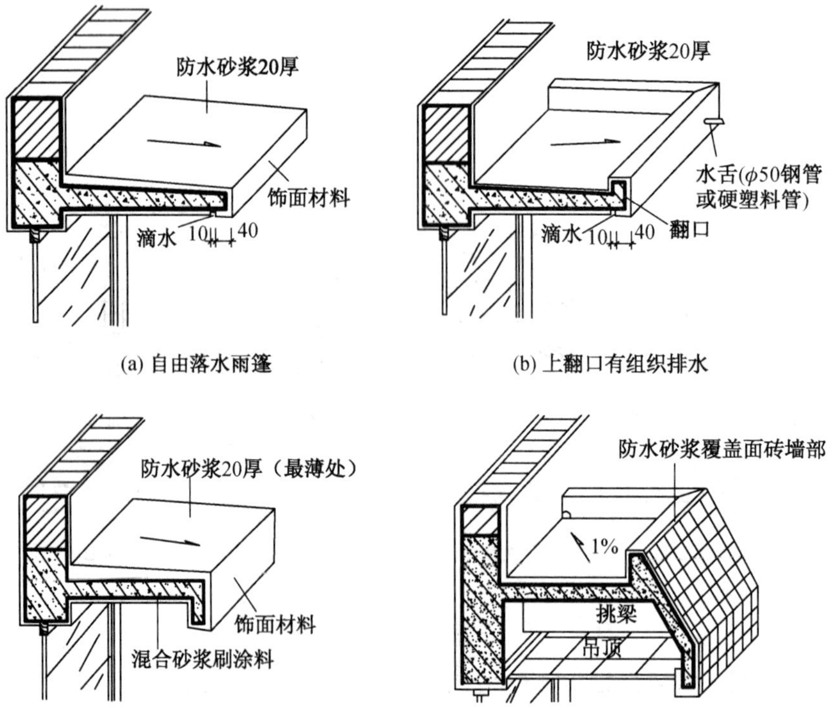

(a) 自由落水雨篷　　(b) 上翻口有组织排水

(c) 下翻口自由落水　　(d) 带吊顶下挑梁有组织排水

图 4.32　雨棚构造　单位：mm

【知识链接】

钢筋混凝土的裂缝控制问题是建筑工程中很重要的问题之一，现浇混凝土楼板裂缝是公认的建筑施工中最难解决的问题之一，这些裂缝不仅影响建筑物的美观，而且影响建筑物的使用功能，大大降低了房屋结构的耐久性；破坏结构的整体性、降低其刚度；引起钢筋腐蚀。

案例分析

斜向裂缝：多分布在房屋外墙转角所在房间的楼板上，裂缝一般成45°斜向，有时一只角同时出现两条裂缝，裂缝基本上为上下贯通。如某七层框架商住楼工程，结构总长度约为100 m，设有两道温度缝，其基础一侧为条形基础，其余为独立承台基础。在工程交接时后两个月左右突然发现在靠其中一条温度缝的一跨柱角楼板有45°裂缝，从三层至六层楼板每层均有3条，但均未贯穿楼板。

纵横向裂缝：主要表现为纵横向裂缝。如某教学楼，其现浇钢筋混凝土楼板大面积出现宽度0.1～0.3 mm不等的纵横向裂缝。

表面龟裂：此类裂缝主要表现在施工过程中产生的裂缝，容易控制与处理。如某在建工程，因板面面积大，在晚上浇混凝土，第二天早上派人浇水，但前面浇，后面就干掉，到中午时板面出现龟裂缝，用肉眼可辨识。

混凝土裂缝的控制措施：

(1) 优选水泥品种。混凝土结构引起裂缝的主要原因之一是由于水泥水化热的大量积聚致使混凝土出现早期升温及后期降温而产生的温差变化，为此，在施工中可采取一些措施，如选用矿渣水泥、粉煤灰水泥等低热水泥品种来配制混凝土。

(2) 控制材料的使用。根据施工的具体条件降低水灰比，减少水的用量，提高混凝土的密实度，可以减少混凝土的泌水、离析等现象，使混凝土的收缩变形减小。施工时尽可能选用良好的颗粒级配方案，用颗粒级配大的粗中砂来拌制混凝土，严格控制砂、石中的含泥量。另外，还应控制施工工期，尽量不要在高温季节施工，可减少温差应力对混凝土变形的影响。

(3) 提高操作水平。加强混凝土振捣，可以提高混凝土的密实性和抗拉强度；加强对混凝土成品的保护和养护，避免温差裂缝的产生；对已浇筑好的混凝土应在浇筑后12小时内及时做好浇水养护，以使混凝土有足够的湿度保持水化反应，并且连续养护日期一般不少于半个月。这样，不仅有利于混凝土在规定龄期内达到设计要求的强度，而且还可以在养护时降低混凝土的表面温度，减少混凝土内部的约束作用，防止收缩裂缝的产生。

(4) 控制钢筋位置。在绑扎构造钢筋时为防止钢筋走位，可以用一些技术措施进行控制，从而有效地控制和减少板面裂缝的发生。

【课后复习题】

一、填空

1. 楼板层通常由________、________、________组成。
2. 应用最广泛的预制装配式楼板为________。
3. 现浇水磨石地面为了美观及防止开裂，常用________或________分隔。
4. 预制板搁置在墙上时，应先在墙上铺设20厚的________。
5. 楼板层的面层即地面，主要起着保护楼板层、使用以及________作用。
6. 现浇钢筋混凝土楼板的制作工序是________、________、________、________。
7. 无梁楼板为增大柱对板的承托面积减小板跨，可在柱顶上加设________、________。
8. 雨篷在构造上需要解决好________和________两个问题。
9. 顶棚的类型有________和________。

二、选择

1. 轻钢龙骨纸面石膏板整体式吊顶的缺点是(　　)。

A. 造价高　　B. 整体性不好

C. 开孔不方便,不利于布置灯具　　D. 维修不方便

2. 以下(　　)不是压型钢板组合楼板的优点。

A. 省去了模板　　B. 简化了工序

C. 技术要求不高　　D. 板材易形成商品化生产

3. 现浇钢筋混凝土楼板的特点在于(　　)。

A. 施工简便　　B. 整体性好

C. 工期短　　D. 不需湿作业

4. 轻钢龙骨纸面石膏板整体式吊顶的主要优点是(　　)。

(1) 造价低　(2) 整体性好　(3) 板面不易开裂　(4) 维修方便

A. (1)(3)　　B. (2)(4)　　C. (1)(2)　　D. (2)(3)

三、判断

1. 楼板主要是隔绝空气传来的噪音。(　　)

2. 空心板的最大优点是隔音。(　　)

3. 槽形板倒置可以满足隔音和平整的要求。(　　)

4. 除首层地面外,楼板层一律不设保温层。(　　)

5. 常见的装配整体式钢筋混凝土楼板为叠合式构造做法。(　　)

四、简答

1. 简述地面按施工方法可分为哪些地面类型。

2. 简述顶棚的类型根据房间的使用要求可分为哪几类。

3. 简述现浇板式楼梯的做法及特点。

4. 用图表示现浇钢筋混凝土楼板层的基本组成。

5. 简述现浇钢筋混凝土楼板按结构布置方式不同,可分为哪几类。

6. 楼板层和地坪有什么共性?有哪些不同之处?

7. 什么叫井式楼板?

8. 简述雨篷的构造特点。

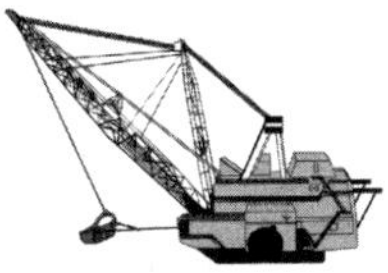

第 5 章

楼梯与电梯

建筑物的垂直交通设施主要有楼梯、电梯、自动扶梯及坡道等。其位置、数量、形式应符合有关规范和标准的规定，以满足人们垂直交通及紧急安全疏散的要求。

【本章任务】

某学生宿舍楼的层高为 3.3 m，楼梯间开间尺寸 4.0 m，进深尺寸 6.6 m。楼梯平台下作出入口，室内外高差 600 mm，试设计楼梯。

任务要求：

(1) 根据以上条件，设计楼梯宽度、长度、踏步数及其高宽尺寸。

(2) 确定休息平台宽度。

(3) 经济合理地选择结构支撑方式。

(4) 设计栏杆形式及尺寸。

【基本知识】

5.1 楼梯的组成、类型和设计要求

5.1.1 楼梯的组成

楼梯由楼梯梯段、楼梯平台、栏杆和扶手三部分组成，如图 5.1 所示。

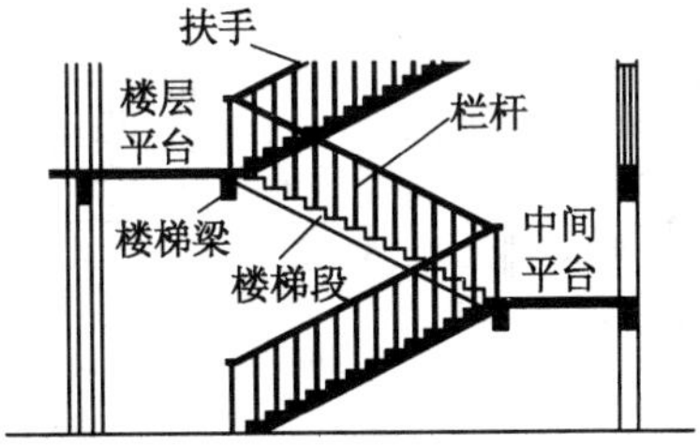

图 5.1 楼梯的组成

1. 楼梯梯段

楼梯梯段是楼梯的主要使用和承重部分。由若干个踏步构成。每个踏步一般由两个相互垂直的平面组成，供人们行走时脚踏的水平面称为踏面，与踏面垂直的平面称为踢面。踏面和踢面之间的尺寸关系决定了楼梯的坡度。为减少人们上下楼梯时的疲劳感及适应人们行走的习惯，一个踏步段的踏步数应以最多不超过 18 级、最少不少于 3 级为宜。

2. 楼梯平台

平台是连接两个楼梯段的水平构件，可以使人们在上楼时得到短暂的休息，故又称休息平台。平台有楼层平台和中间平台之分，与楼层标高一致的平台称为楼层平台，位于两个楼层之间的平台称为中间平台。

3. 栏杆和扶手

栏杆和扶手是设置在梯段和顶层平台边缘的构件，要求其必须坚固可靠，并有保证安全的高度。栏杆、栏板上部供人们用手倚扶的配件，称为扶手。

5.1.2 楼梯的类型

楼梯有多种形式。在选择时应依据建筑物及使用功能的不同而定。按照使用性质的不同可分为主要楼梯、辅助楼梯、疏散楼梯、消防楼梯等；按照所处位置的不同可分为室内楼梯和室外楼梯；按照所用材料的不同可分为钢筋混凝土楼梯、钢楼梯、木楼梯及组合材料楼梯；按照楼梯间平面形式的不同可分为开敞式楼梯间、封闭式楼梯间、防烟式楼梯间，如图 5.2 所示；按照其平面形式的不同可分为单跑直楼梯、双跑直楼梯、双跑平行楼梯、三跑楼梯、双合平行楼梯、双分平行楼梯、弧线楼梯、螺旋楼梯、转角楼梯、双分转角楼梯、交叉楼梯、剪刀楼梯等，如图 5.3 所示。

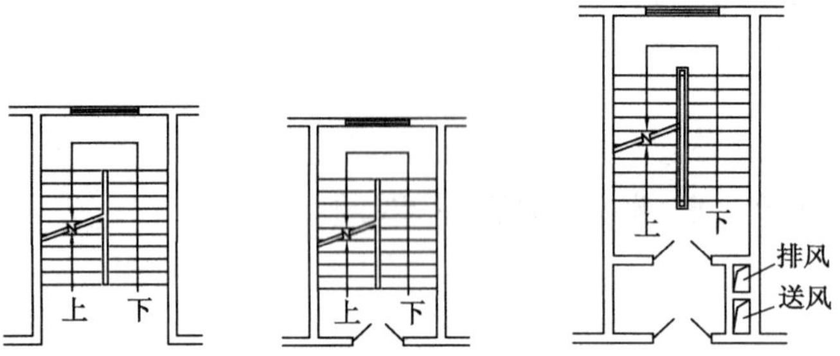

(a) 开敞楼梯间　(b) 封闭楼梯间　(c) 防烟楼梯间

图 5.2　楼梯间平面图

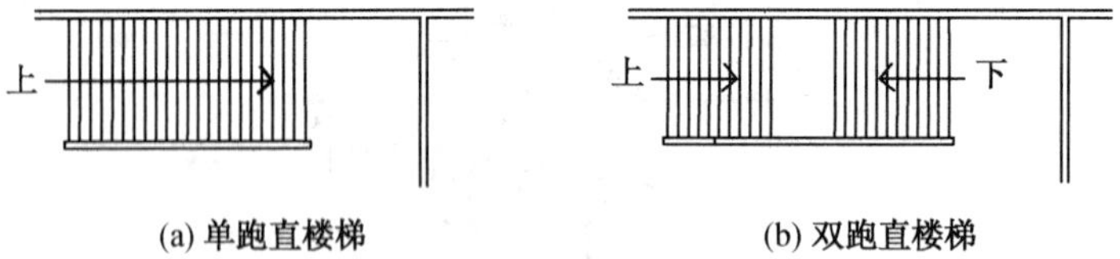

(a) 单跑直楼梯　(b) 双跑直楼梯

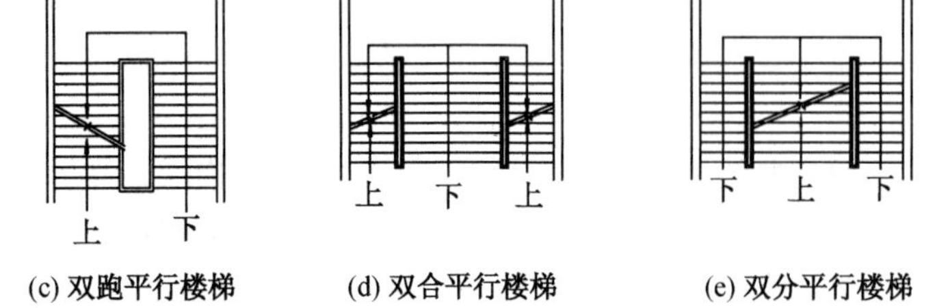

(c) 双跑平行楼梯　(d) 双合平行楼梯　(e) 双分平行楼梯

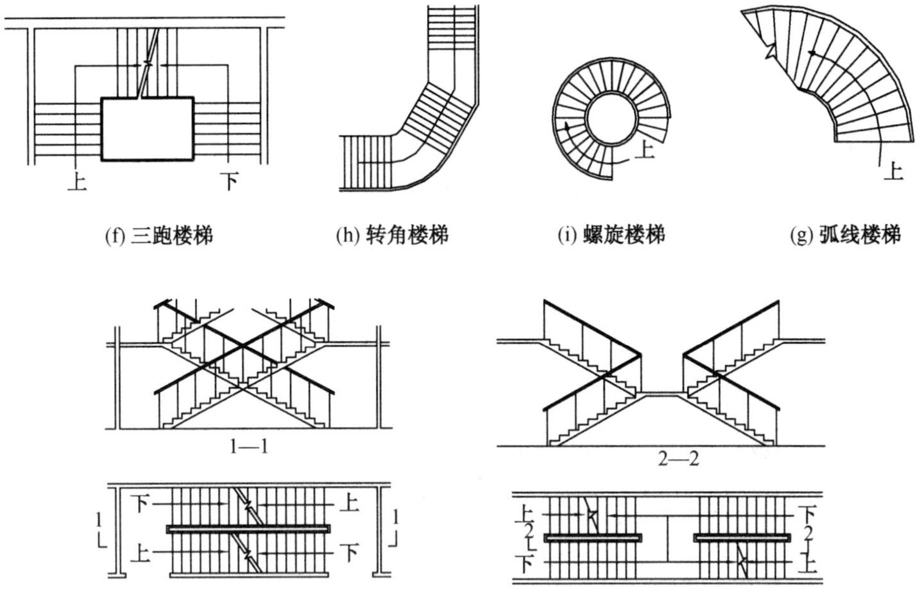

(f) 三跑楼梯　(h) 转角楼梯　(i) 螺旋楼梯　(g) 弧线楼梯

(i) 交叉楼梯　(j) 剪刀楼梯

图 5.3　楼梯的平面形式

5.1.3　楼梯的设计要求

楼梯作为建筑物的竖向交通设施，主要起联系上下层空间和紧急之用。因而楼梯的设计必须满足以下要求：

楼梯在建筑中的位置应明显，且有足够的宽度、适宜的坡度、通畅的流线，便于人们方便到达且行走舒适。

1. 楼梯要有足够的强度、刚度和稳定性。
2. 楼梯材料的选择要得当，构造措施和施工方法要合理。
3. 楼梯设计必须满足防火规范规定。楼梯间必须有良好的采光。
4. 在经济合理的情况下，兼顾环境对楼梯形式的艺术要求。

【任务要点提示】

1. 楼梯的类型，重点在按楼梯间的平面形式和楼梯的平面形式的划分。
2. 楼梯由楼梯段、楼梯平台及栏杆和扶手组成。
3. 楼梯的允许坡度为 23°～45°，适宜坡度 30°。

5.2　楼梯的尺度

5.2.1　楼梯段及平台宽度

1. 楼梯段的宽度

楼梯段的宽度应根据通行人流的股数、搬运家具及建筑的防火要求确定。通常情况下，作为通行用的楼梯，供单人通行时，其梯段的宽度应不小于 1100 mm；两股以上人流通过时，梯段的宽度按每增加一股人流增加 550 mm＋(0～150)mm 计算，其中 0～150 mm 为人在行进中的摆幅。

2. 平台宽度

为确保通过楼梯段的人流通行顺畅和搬运家具设施的方便，楼梯平台净宽不应小于梯段宽度且不小于 1.2 m。平台的净宽指扶手平台处外边缘的宽度。

5.2.2 楼梯的坡度

楼梯的坡度指梯段的斜率。用斜面与水平面的夹角表示。楼梯的坡度小，踏步相对就平缓，则行走较舒适，但占地面积大，会造成投资增加，对经济有影响；反之，行走会吃力。

楼梯的允许坡度范围在 23°～45°之间。通常情况下应将楼梯坡度控制在 38°以内；当坡度小于 20°时，采用坡道；当坡度大于 45°时，则采用爬梯。如图 5.4 所示。

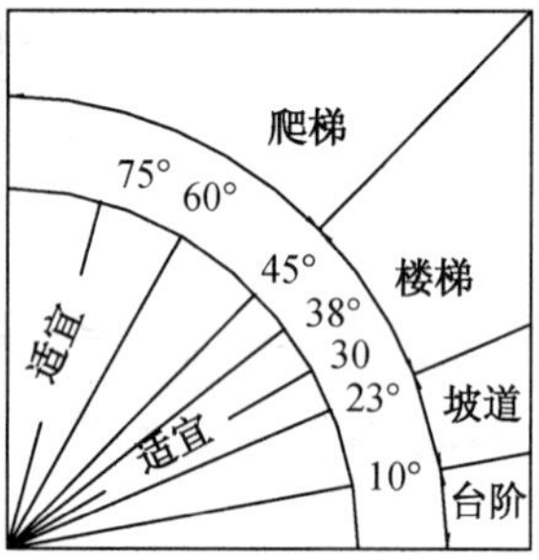

图 5.4 楼梯、爬梯、坡道的坡度范围

5.2.3 踏步尺寸

楼梯踏步由踏面和踢面组成。踏步尺寸包括踏步宽度和踏步高度，如图 5.5 所示。踏步的宽度和高度决定了楼梯的坡度，而梯段坡度的确定又限制了踏步尺寸的选择。

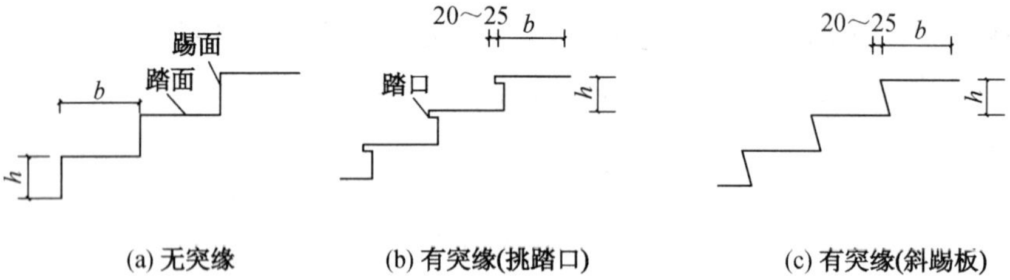

图 5.5 踏步尺寸 单位：mm

为保证人们行走时的舒适，踏面的宽度应以成年男子脚全部落到踏面为基准。计算踏步的高度和宽度可利用下面的经验公式：

$2h+b=s=600\sim620$ mm 式中：h——踏步高度，一般不应大于 180 mm；

b——踏步宽度；

s——跨步长度，600～620 mm(一般人的平均步距)。

常用的适宜踏步尺寸，见表 5－1。

表5-1　常用适宜踏步尺寸(mm)

名称	住宅	学校、办公楼	剧院、食堂	医院	幼儿园
踏步宽	250～300	280～340	300～350	300	260～300
踏步高	156～175	140～160	120～150	150	120～150

在设计踏步宽度时，当楼梯间深度受到限制，踏面宽度不能满足最小尺寸要求时，为保证踏面宽有足够尺寸而又不增加总进深，可采用出挑踏口或将踢面向外倾斜的方法(增加突缘)。一般踏口挑出长度不超过20～25 mm。如图5.5所示。

5.2.4　楼梯的净空高度

楼梯的净空高度包括楼梯段的净高和平台过道处的净高。楼梯段的净高是指梯段空间的最小高度，即踏步前缘至上方梯段下表面的垂直距离。平台过道处的净高是指平台过道地面至上部结构最低点(平台梁下表面)的垂直距离。平台过道处净高与人体尺度有关，为保证通行或搬运物件时不受空间高度影响，我国规定，楼梯段净高不应小于2.2 m，平台过道处净高不应小于2.0 m。起止踏步前缘与顶部凸出物内边缘线的水平距离不应小于0.3 m，如图5.6所示。

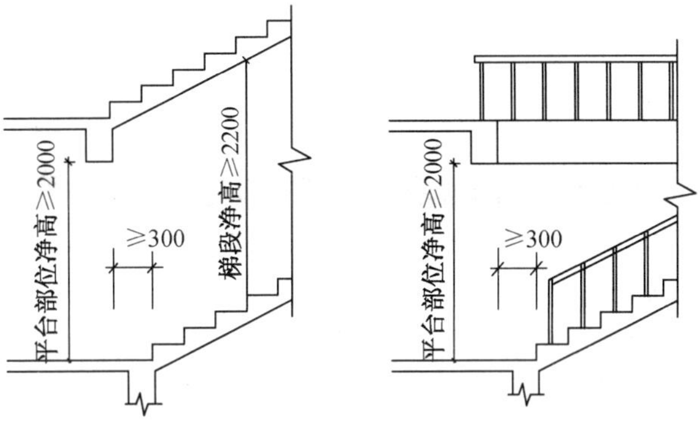

图5.6　梯段及平台部位净高要求　单位：mm

在住宅建筑中，房屋的层高往往较低，且常利用楼梯间作为出入口，因而，平台下通行时净高的设计非常重要。

当楼梯底层中间平台下做通道时，为实现下部净高≥2.0 m的要求，通常采用以下几种方法，如图5.7所示。

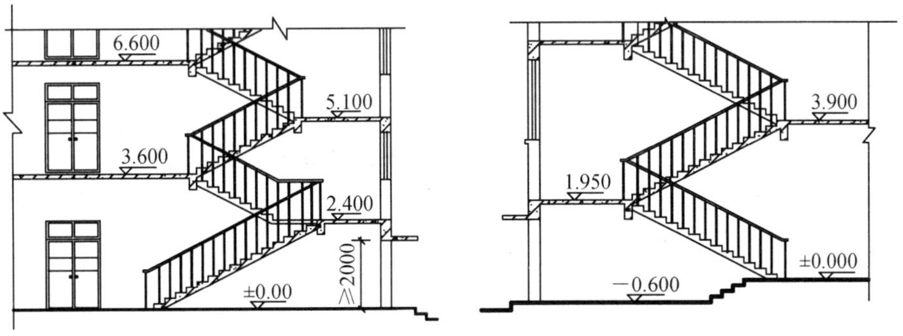

(a) 底层设计成长短跑

(b) 降低底层平台下室内地面标高

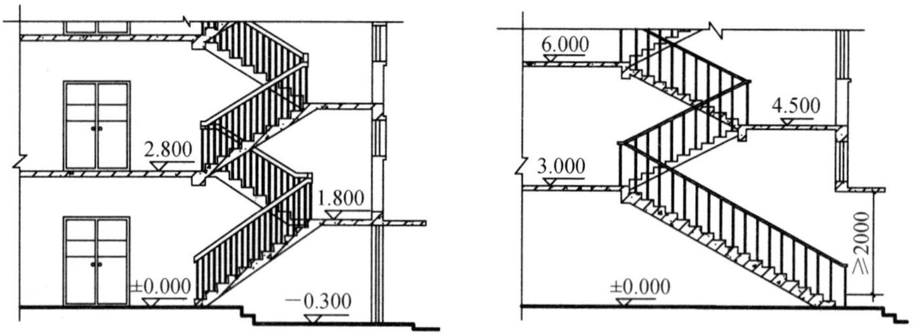

(c) a、b结合　　　　(d) 底层采用直跑梯段

图 5.7　平台下作出入口时楼梯净高设计方式　单位：mm

① 增加第一段楼梯的踏步数，将一层楼梯设计成长短跑。

② 降低底层中间平台下的地面标高，即将部分室外台阶移至室内。但应注意降低后的室内地面标高至少比室外地面高出一个台阶的高度（150 mm）；另外移至室内的踏步前缘线与上方平台梁的内缘线间的水平距离应≥500 mm。

③ 将以上两种方法结合，即增加第一梯段的踏步数又降低首层中间平台下的地面标高。

④ 将首层楼梯设计成直跑楼梯。

5.2.5　栏杆和扶手

楼梯栏杆扶手的高度指踏步前缘至扶手顶面的垂直距离。一般室内楼梯栏杆高度自踏步前缘线另起不宜小于 0.9 m；室外楼梯栏杆高度不应小于 1.05 m；高层建筑室外楼梯栏杆高度不应小于1.1 m。如果靠楼梯井一侧水平栏杆长度超过 0.5 m 时，其高度≥1.05 m。

楼梯栏杆应选用坚固、光滑、耐磨、美观的材料制作，并具有一定的强度和抵抗侧向推力的能力。同时，还应充分考虑到栏杆对建筑室内空间的装饰效果，应具有美观的形象。

【任务要点提示】

1. 楼梯段与平台的宽度须满足正常使用（上下人流及搬运物品）和紧急疏散的要求，注意《建筑设计防火规范》（GB 50016——2014）对楼梯总宽度的规定。

2. 踏步尺寸的设计。

3. 楼梯净空高度的规定；当建筑进门设在楼梯歇台下，净空高度不够时的解决办法。

4. 栏杆和扶手的设计要求。

5.3　现浇钢筋混凝土楼梯构造

现浇钢筋混凝土楼梯是指楼梯段和楼梯平台整体浇筑在一起的楼梯。其整体性好、刚度大、有利于抗震，且不需要大型起重设备，但现浇楼梯有施工进度慢、耗费模板多、施工程序较复杂的缺点。此类楼梯广泛应用于大量性建筑中。对形状复杂的楼梯如螺旋楼梯、弧形楼梯等采用现浇容易实现。

5.3.1　现浇钢筋混凝土楼梯的结构

现浇钢筋混凝土楼梯根据楼梯段的传力与结构形式的不同，有板式楼梯和梁式楼梯两种。

1. 板式楼梯

板式楼梯：将楼梯段作为一块整板斜搁在楼梯的平台梁上。平台梁的间距即为梯段板的跨度。如图 5.8 所示。对于板式楼梯，其特点是受力简单，底面平整光洁，施工方便；且当梯段板的跨度较大或梯段上的使用荷载较大时，都会使梯段板的截面高度增大，所以它适用于荷载较小、建筑层高较小的情况，如住宅、宿舍建筑。

(a) 不带平台板的梯段　　(b) 带平台板的梯段

图 5.8　现浇钢筋混凝土板式楼梯梯段

2. 梁式楼梯

梁式楼梯的踏步板搁置在斜梁上，斜梁由上下两端的平台梁支承。其荷载由踏步传给斜梁，斜梁将梯段板上的全部荷载传给平台梁。如图 5.9 所示。对梁式楼梯，其特点是传力较复杂，底面不平整，支模施工难度大，不易清扫，但可节约材料、减轻自重。所以它适用于荷载较大、梯段跨度较大的情况，如商场、教学楼等公共建筑。

梁式楼梯的斜梁做法有明步和暗步。从梯段侧面能看见踏步的称为明步，另一种做法是斜梁翻上到踏步板上面的称为暗步。暗步楼梯应用较广，因为这种做法易清除物品且能阻挡梯段侧面清洗踏步的脏水下落。如图 5.10 所示。

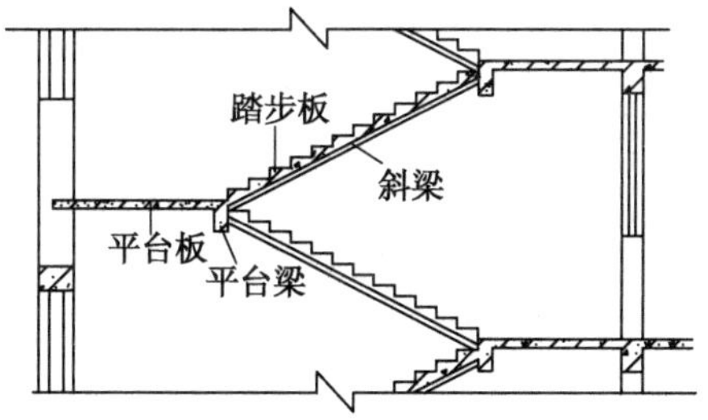

图 5.9　梁式楼梯

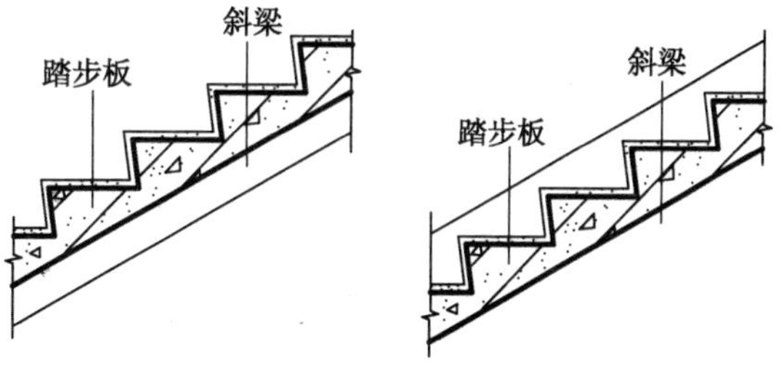

(a) 明步楼梯　　(b) 暗步楼梯

图 5.10　明步楼梯和暗步楼梯

【知识链接】

预制装配式钢筋混凝土楼梯：指构件在工厂预制生产，然后在工地安装组合而成的楼梯。其特点是施工速度快、节约模板、建筑工业化程度高，但有钢材用量较大、起重能力要求高的缺点。预制构件的型号有小型构件、大型构件两种。

1. 小型构件装配式楼梯

小型构件装配式楼梯是将踏步板与承重构件分开预制。构件的尺寸小、重量轻、便于安装，但存在着施工工序较多、施工进度较慢、湿作业较多的缺点。

小型构件装配式楼梯的支承方式主要有墙承式、悬挑式和梁承式三种。

2. 中型构件装配式楼梯

中型构件装配式楼梯一般是把楼梯段和平台板作为基本构件。构件的规格和数量少，装配容易，施工速度快。但需要有相当的吊装设备进行配合，适用于在成片建设的大量性建筑中使用。

3. 大型构件装配式楼梯

大型构件装配式楼梯，是把整个梯段和平台预制成一个构件。按结构形式不同，也有板式楼梯和梁板式楼梯两种。为减轻构件的重量，可以采用空心楼梯段。楼梯段和平台这一整体构件支承在钢支托或钢筋混凝土支托上。大型构件装配式楼梯，构件数量少，装配化程度高，施工速度快，但施工时需要大型的起重运输设备，主要用于大型装配式建筑中。

5.3.2 楼梯的细部构造

1. 踏步面层

楼梯踏面应平整耐磨，易于清扫及美观。踏面材料常采用水泥砂浆、水磨石、天然石材及铺地面砖等。通常情况下，公共建筑楼梯的踏步面层与走廊地面面层采用相同的材料。

为防止踏步面层光滑而造成行人跌滑，特别是在水磨石及天然石材等类光滑面层易造成危险，常常需在踏步接近踏口处做出略高于踏面的防滑条。防滑条的材料有多种，如水泥铁屑、金刚砂、金属条、马赛克等。构造如图 5.11 所示。

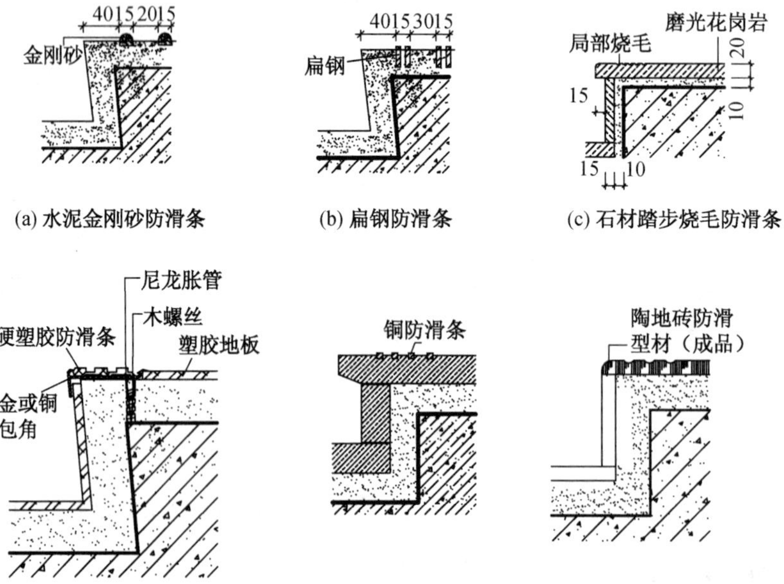

(a) 水泥金刚砂防滑条　(b) 扁钢防滑条　(c) 石材踏步烧毛防滑条

(d) 硬塑胶防滑条　(e) 石材踏步铜条防滑条　(f) 陶地砖成品防滑砖

图 5.11　踏步防滑构造　单位：mm

2. 栏杆和扶手

(1) 栏杆

① 栏杆形式

根据栏杆构造做法有空花栏杆、实心栏板和组合式栏杆。

空花栏杆：多用方钢、圆钢、钢管、扁钢及不锈钢等金属材料制作。可制成不同的图案，既起防护作用、又起装饰作用。住宅建筑和儿童使用的楼梯，栏杆的垂直构件之间的净间距不应大于 110 mm，并不易设横向花格，以防儿童攀爬。常见栏杆的形式如图 5.12。

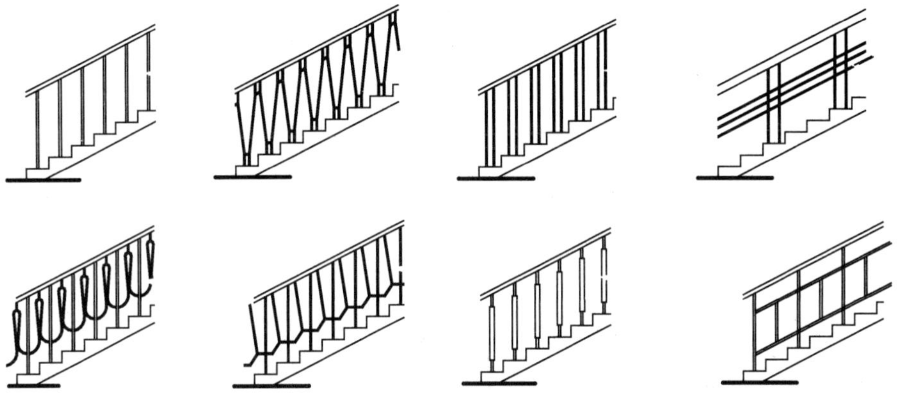

图 5.12　栏杆形式

栏板：多用钢筋混凝土板、砖砌体、有机玻璃、钢丝网等制作。钢筋混凝土及砖砌栏板多用于室外。砖砌栏板用普通砖立砌，为保证其稳定性，在栏板内每隔一段距离设构造柱，并与现浇混凝土扶手浇成整体。图 5.13 为常见的栏板构造

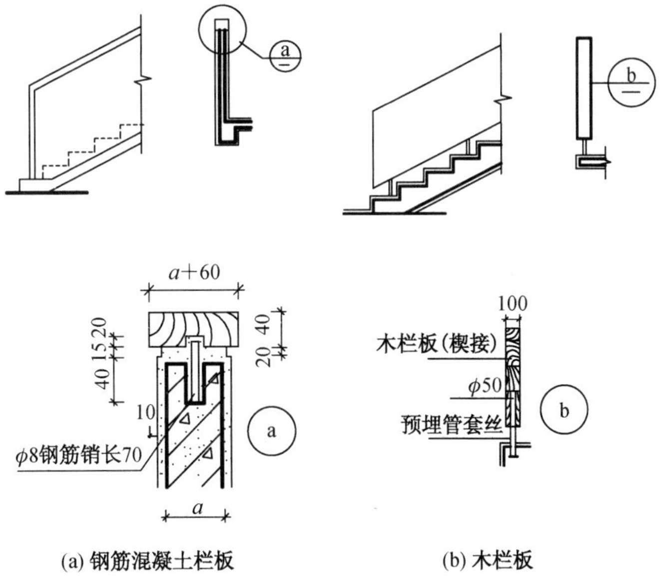

(a) 钢筋混凝土栏板　　(b) 木栏板

图 5.13　栏板构造　单位：mm

组合式栏杆：是以上两种栏杆形式的组合。空花部分一般用金属，栏板部分采用钢筋混凝土、砖、有机玻璃等。

② 栏杆与梯段和平台的连接

栏杆与梯段和平台的连接主要有以下三种方式：一是钢制栏杆与梯段中预埋的铁件焊接；二是将栏杆插入梯段上的预留孔中，然后用细石混凝土或砂浆捣实；三是先用电钻孔，然后用膨胀螺栓与栏杆固定牢固。如图 5.14 所示。

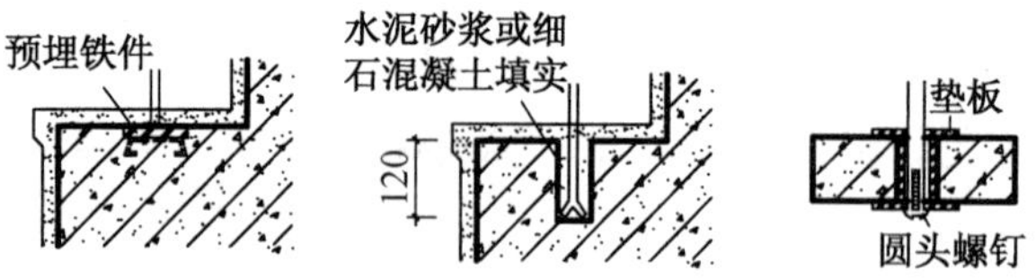

(a) 预埋铁件焊接　(b) 预留孔洞插接　(c) 螺栓连接

图 5.14　栏杆与梯段的连接

（2）扶手

楼梯扶手位于栏杆顶部或中部，其目的是供人们上下楼梯倚扶之用。扶手按材料分木扶手、金属扶手、塑料扶手或石材类扶手等，如图 5.15 所示。扶手顶面宽度不宜大于 90 mm。

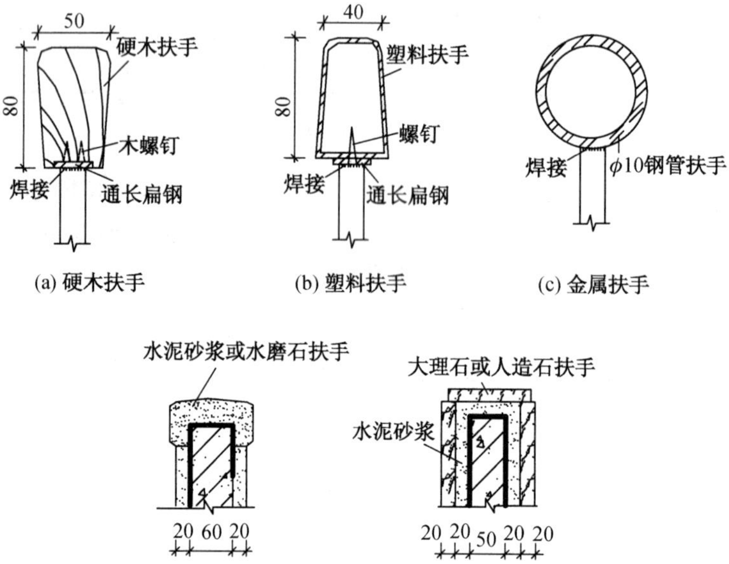

(a) 硬木扶手　(b) 塑料扶手　(c) 金属扶手

(d) 水泥砂浆(水磨石)扶手　(e) 天然石(或人工石)扶手

图 5.15　扶手的形式　单位：mm

通常情况下，木扶手用木螺丝通过扁铁与栏杆连接；塑料扶手和金属扶手通过焊接或螺钉连接；靠墙扶手由预埋铁脚的扁钢与木螺丝固定。如图 5.16 所示。

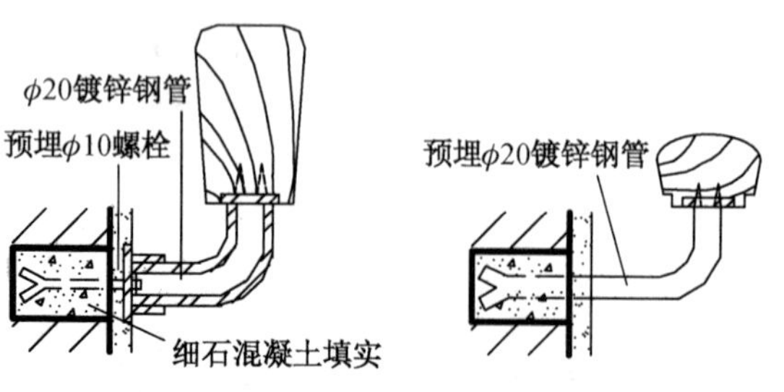

(a) 预埋螺栓　(b) 预埋连接件

图 5.16　靠墙扶手连接

上下梯段的扶手在平台转弯处通常存在高差，制作时应进行调整。当上下梯段在同一位置起步时，可把楼梯井处的横向扶手倾斜设置，连接上下两段扶手；如果把平台处栏杆外伸约 1/2 踏步或将上下梯段错开一个踏步，也可使扶手连接适宜，但这种方法栏杆占用平台尺寸较多，使楼梯的面积增加。如图 5.17 所示。

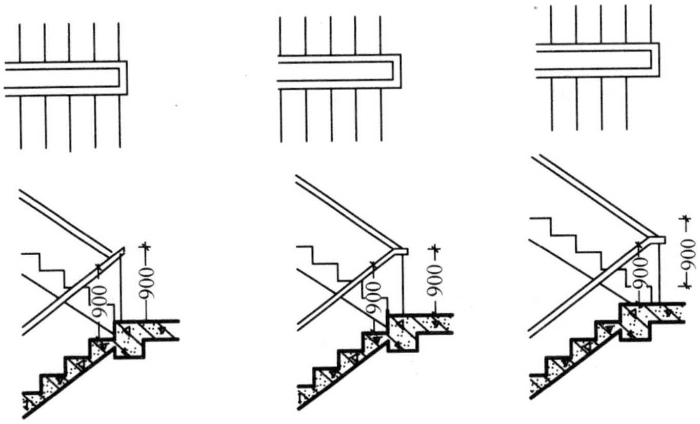

(a) 鹤颈扶手　(b) 栏杆扶手伸出踏步半步　(c) 上下行梯段错开一步

图 5.17　转折处扶手高差处理　单位：mm

【任务要点提示】

1. 楼梯选择现浇，梯段形式可选择梁板式结构或板式结构。
2. 楼梯踏步、栏杆、扶手的构造做法。
3. 楼梯间外墙开窗，门上应设雨篷。
4. 楼梯平面图中均以各层地面为准表示楼梯上下，并于上楼梯一边绘制剖切线。

5.4　台阶与坡道

台阶和坡道设在室外，是建筑入口与室外地面的过渡，在建筑入口处对立面有一定的装饰作用，因而必须予以一定重视。

5.4.1　台阶

台阶由踏步和平台组成。常见的形式有单面踏步、双面踏步、三面踏步、单面踏步带花池(花台)等，如图 5.18 所示。台阶坡度一般较楼梯平缓，每级踏步宽度为 300～400 mm，高度为 100～150 mm。为满足使用要求，平台的宽度应大于门洞口宽度，一般至少每边宽出 500 mm，平台深度不应小于 1.0 m。

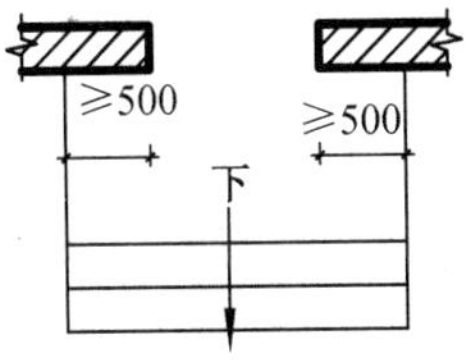

(a) 单面踏步

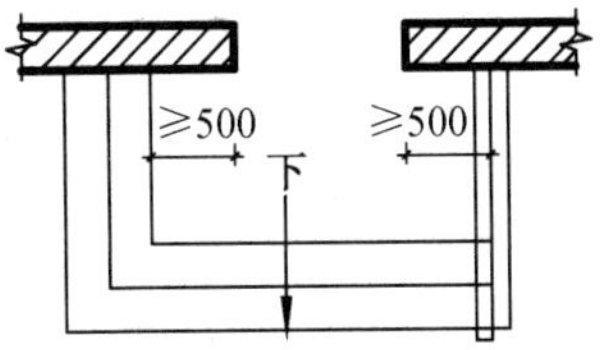

(b) 两面踏步

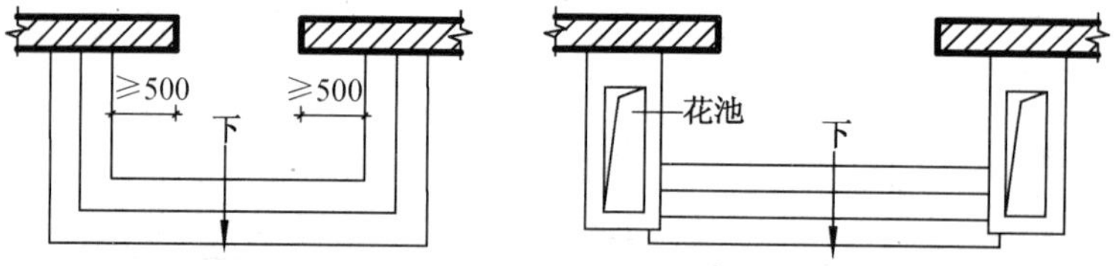

(c) 三面踏步　　(d) 带花池单面踏步

图 5.18　台阶的形式　单位：mm

台阶采用的材料应坚固耐磨，且有良好的抗冻性。常见的有水泥砂浆、混凝土、水磨石、缸砖、天然石材等。对冰冻地区要做好防滑处理。

台阶构造：由面层和结构层组成，图 5.19 为混凝土及石台阶构造。结构层应采用抗冻和防水性能好且材质坚实的材料。为防止台阶与建筑物间产生裂缝，宜在建筑主体完成且有一定的沉降后施工；对有特殊要求的台阶如行车要求，可在台阶中配置钢筋；在寒冷地区施工，为避免冻胀对台阶的影响，可先换去台阶下冻土再施工台阶；在一定情况下也可采用钢筋混凝土架空台阶。

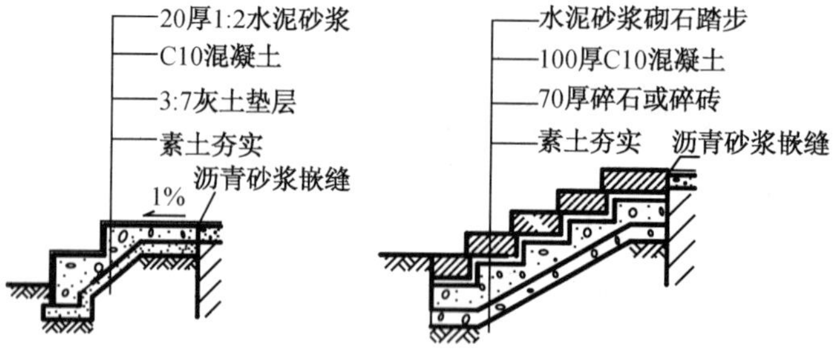

(a) 混凝土台阶　　(b) 石台阶

图 5.19　台阶构造

5.4.2　坡道

坡道按照其用途的不同，可以分成行车坡道和轮椅坡道两类。行车坡道一般布置在某些大型公共建筑的入口处，如：办公楼、旅馆、医院等。轮椅坡道是专供残疾人使用的设施。

坡道一般均采用实铺，构造要求与台阶基本相同。坡道材料常见的有混凝土、石块等，面层有水泥砂浆、水磨石等，且必须做防滑处理。其构造如图 5.20 所示。

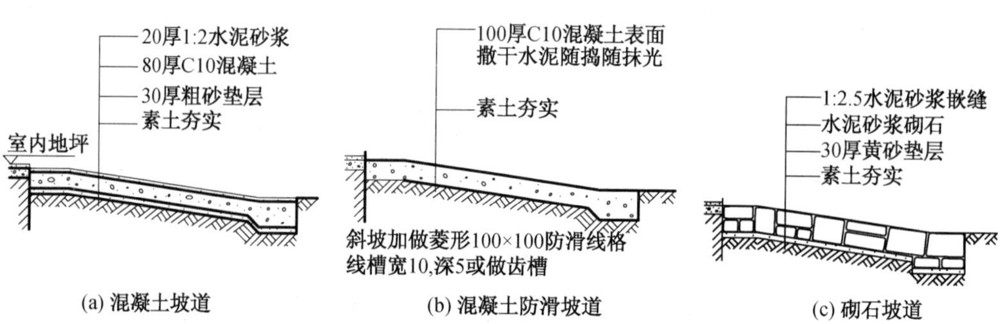

(a) 混凝土坡道　　(b) 混凝土防滑坡道　　(c) 砌石坡道

图 5.20　坡道构造　单位：mm

5.5　电梯与自动扶梯

电梯是多层及高层建筑中常用的垂直交通设备。电梯主要有客梯、货梯和专用电梯三种类型。

扶梯是人流集中的大型公共建筑中常用的建筑设备。主要作用为使用者方便上下和疏导人流。

5.5.1　电梯

电梯由电梯井道、电梯机房、轿厢、井道地坑及导轨支架等部分组成(图5.21)。其中轿厢是由电梯厂专业生产的,并由专业公司负责安装。电梯机房通常设在井道顶部,而在井道下部设地坑。

(1) 电梯井道

电梯井道是电梯轿厢运行的通道。井道内部设置电梯导轨、平衡配重、缓冲器等设备。不同用途的电梯,井道的平面形式不同,图5.22为客梯、病床梯、货梯的井道平面形式。

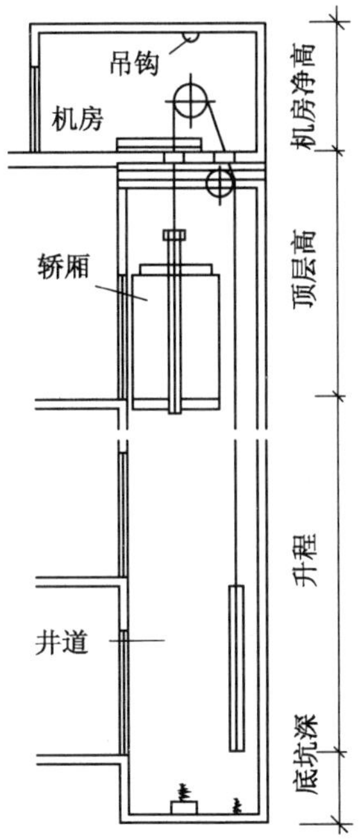

图5.21　电梯的组成示意图

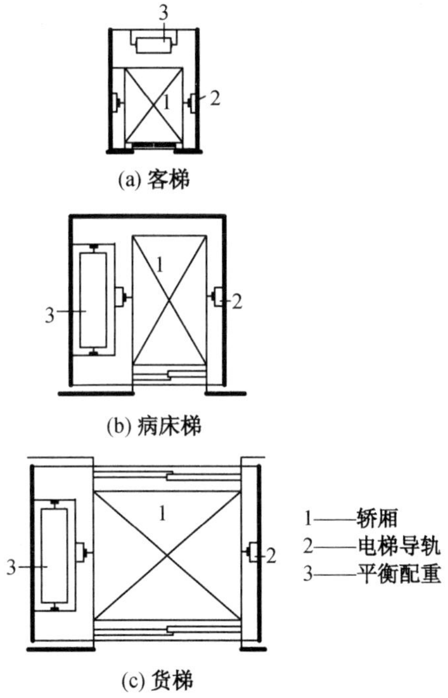

图5.22　电梯井道平面

电梯井道可以用砖砌筑,也可以采用现浇钢筋混凝土墙体。砖砌井道一般每隔一段应设置钢筋混凝土圈梁,供固定导轨等设备用。

电梯井道必须做好防火、隔声、通风及检修。井道的防火一般为在井道壁采用钢筋混凝土材料,电梯门采用甲级防火门,使电梯井道形成封闭的空间,隔断火势的蔓延。井道的隔声可采用在机座下设弹性垫层或在紧邻机房的井道中设置夹层,以隔绝井道中传播气体噪音的途径。井道的通风可在地坑、井道中部和顶部设置,面积不小于

300 mm×600 mm。

井道的检修采用在上下部预留空间的方法，大小据电梯运行速度选用。

(2) 电梯机房

电梯机房一般设在电梯井道的顶部。其尺寸根据设备尺寸及管理和维修的要求确定。电梯机房的平面、剖面尺寸及内部设备布置、孔洞位置和尺寸目前均由电梯生产厂家给出。

(3) 井道地坑

井道地坑设在最底层平面标高以下，其空间的设置是考虑电梯停靠时需安装缓冲器的空间。

(4) 电梯轿厢及其他构件

轿厢一般采用金属框架结构，内部用光洁钢板作壁面与地面和不锈钢操纵板等，入口处采用钢材或其他材料制成的电梯门槛。导轨及导轨支架等不再详述。

5.5.2 自动扶梯

自动扶梯适用于有大量人流上下的公共场合。由电机驱动，踏步与扶手同步运转，可以正、反向运行，停机时可当作临时楼梯使用。其基本尺寸如图 5.23 所示。

自动扶梯的角度比较平缓，一般选用 30°，宽度有单人和双人两种。自动扶梯的载客能力较强，可达到每小时 4000～10000 人。其规格尺寸见表 5.2。

表 5.2 自动扶梯型号规格

梯形	输送能力(人/h)	提升高度(m)	速度(m/s)	扶梯宽度(mm)	
				净宽	外宽
单人梯	5000	3～10	0.5	600	1350
双人梯	8000	3～8.5	0.5	1000	1750

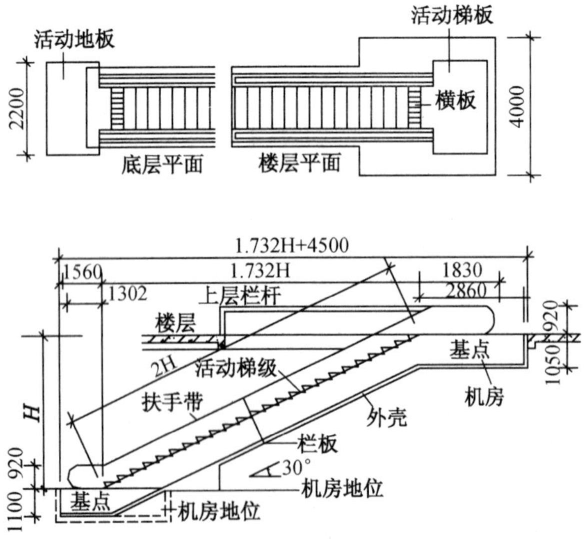

图 5.23 自动扶梯基本尺寸 单位：mm

【任务实施】

1. 绘制楼梯间顶层、标准层、底层平面图和剖面图，比例1∶50。

2. 绘制2～3个节点大样图，比例1∶10，反映楼梯各细部构造（踏步、栏杆、扶手等）。

3. 简要说明所设计方案及其构造做法特点。采用铅笔完成，要求字迹工整、布图均匀，线条应符合制图要求。完成一张2号图纸。

【课后复习题】

一、填空

1. 楼梯坡度以________左右为宜。

2. 现浇钢筋混凝土楼梯根据楼梯跑的结构来分类有板式和________两种。

3. 在室外台阶与出入口之间一般设有平台，平台表面比室内地面的标高略低________mm。

4. 楼梯休息平台深度一般应________梯段宽度。

5. 楼梯平台的主要作用是________和________。

6. 现浇钢筋混凝土楼梯按照其传力特点分为________楼梯和________楼梯两种结构形式。

7. 楼梯由________、________、________、________组成。

8. 楼梯按结构形式分有________和________两类。

二、选择

1. 楼梯梯段的长度不应大于(　　)。

A. 12级　　B. 13级　　C. 15级　　D. 18级

2. 下列材料中，不宜用于防滑条的为(　　)。

A. 金刚砂　　B. 缸砖　　C. 水磨石　　D. 钢板

3. 一般楼梯平台部分的净高应不小于(　　)mm。

A. 1800　　B. 2000　　C. 2200　　D. 2400

4. 一般楼梯梯段部分的净高不小于(　　) mm。

A. 1800　　B. 2000　　C. 2200　　D. 2400

5. 一般公共建筑梯段的最小宽度不应小于(　　)mm。

A. 1100　　B. 1000　　C. 900　　D. 1200

三、判断

1. 楼梯下设出入口，必须降低休息平台下的标高。(　　)

2. 楼梯(双跑)的进深主要取决于层高、踏步尺寸。(　　)

3. 公共建筑的楼梯梯段最小宽度不小于1200 mm。(　　)

4. 楼梯休息平台的进深必须大于梯段宽。(　　)

5. 楼梯平台下的最小允许净高为2 m。(　　)

6. 楼梯段的踏步级数最多不得超过18级，最少不得少于3级。(　　)

四、简答

1. 简述楼梯的构造设计要求。

2. 简述楼梯的组成。

3. 简述现浇梁式楼梯的特点。

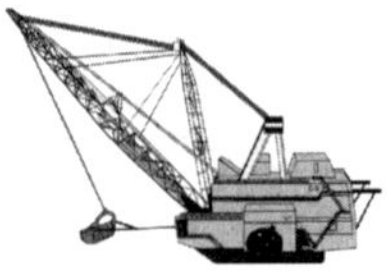

第 6 章 屋 顶

【本章任务】

某四层小学教学楼，其平面和剖面示意图如下。该教学楼教学区层高为 3.60 m，办公区层高为 3.30 m，教学区与办公区的交接处做错层处理。

1. 结构类型：砖混结构。
2. 屋顶类型：平屋顶。
3. 屋顶排水方式：有组织排水，檐口形式自定。
4. 屋面防水方案：卷材防水或刚性防水。
5. 降雨量按所在地区数据确定。

试进行该屋顶的排水组织设计、节点防水设计。单位：mm。

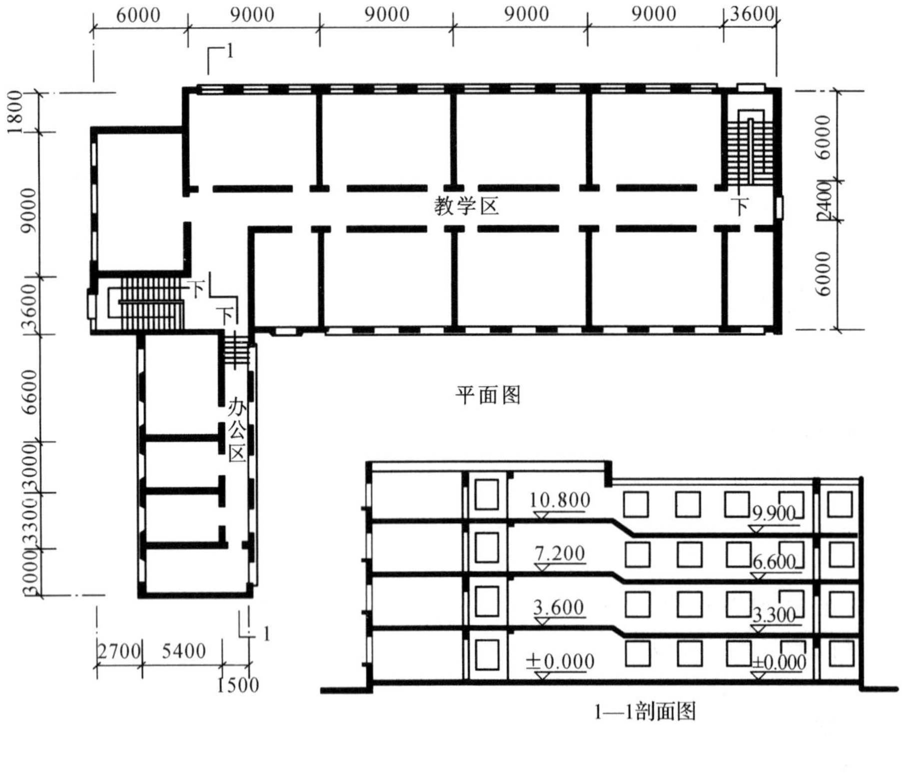

平面图

1—1剖面图

【基本知识】

6.1 概述

6.1.1 屋顶的作用和设计要求

屋顶是建筑物最上层起覆盖作用的外围护构件,用以抵抗雨雪、避免日晒等自然因素的影响。

屋顶由面层和承重结构两部分组成。它应该满足以下几点要求。

1. 承重要求:屋顶应能够承受积雪、积灰和上人所产生的荷载并顺利地传递给墙柱。

2. 保温要求:屋面是建筑物最上部的围护结构,他应具有一定的热阻能力,以防止热量从屋面过分散失。

3. 防水要求:屋顶积水(积雪)以后,应很快地排除,以防渗漏。屋面在处理防水问题时,应兼顾"导"和"堵"两个方面。所谓"导",就是要将屋面积水顺利排除,因而应该有足够的排水坡度及相应的一套排水设施。所谓"堵",就是要采用相应的防水材料,采取妥善的构造做法,防止渗漏。

屋面的防水等级分为四级,其划分方法见表6-1[《屋面工程技术规范》(GB 50345—2012)]。

表6-1　屋面防水等级和设防要求

项　目	屋面防水等级			
	Ⅰ	Ⅱ	Ⅲ	Ⅳ
建筑物类别	特别重要的民用建筑和对防水有特殊要求的工业建筑	重要的工业与民用建筑、高层建筑	一般的工业与民用建筑	非永久性的建筑
防水层耐用年限	25年	15年	10年	5年
防水层选用材料	宜选用合成高分子防水卷材、高聚物改性沥青防水卷材、合成高分子防水涂料、细石防水混凝土等材料	宜选用高聚物改性沥青防水卷材、合成高分子防水卷材、合成高分子防水涂料、高聚物改性沥青防水涂料、细石防水混凝土、平瓦等材料	应选用三毡四油沥青防水卷材、高聚物改性沥青防水卷材、合成高分子防水卷材、高聚物改性沥青防水涂料、合成高分子防水涂料、沥青基防水涂料、刚性防水层、平瓦、油毡瓦等材料	可选用二毡三油沥青防水卷材、高聚物改性沥青防水涂料、沥青基防水涂料,波形瓦等材料
设防要求	三道或三道以上防水设防,其中应有一道合成高分子防水卷材,且只能有一道厚度不小于2 mm的合成高分子防水涂膜	二道防水设防,其中应有一道卷材。也可采用压型钢板进行一道设防	一道防水设防,或两种防水材料复合使用	一道防水设防

4. 美观要求:屋顶是建筑物的重要装修内容之一。屋顶采取什么形式,选用什么材料和颜色均与美观有关。在解决屋顶构造做法时,应兼顾技术和艺术两大方面。

6.1.2 屋顶的类型

屋顶据其坡度和结构形式的不同分为平屋顶、坡屋顶和其他屋顶;据屋面防水材料的不同分为刚性防水屋面、卷材防水屋面、涂膜防水屋面、波形瓦屋面、压型金属板屋面等。

1. 平屋顶

屋面坡度≤10%的建筑屋顶为平屋顶,最常用的排水坡度为 2%~3%。图 6.1 为几种常见的平屋顶形式。平屋顶构造简单、节省材料,且可以利用做成露台、屋顶花园等。当屋顶为上人屋顶时,坡度为 1%~2%。

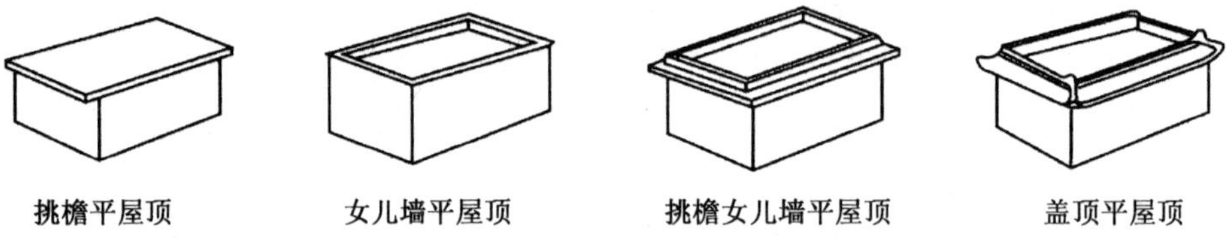

图 6.1 平屋顶的形式

2. 坡屋顶

坡屋顶是指屋面坡度较陡的屋顶,其坡度一般在 10%以上。

坡屋顶的常见形式有:单坡、双坡屋顶,硬山及悬山屋顶,四坡歇山及庑殿屋顶,圆形或多角形攒尖屋顶等。双坡屋顶有硬山和悬山之分,硬山指房屋两端山墙高于屋面,山墙封住屋面;悬山指屋顶的两端挑出山墙外面。古建筑中,常将屋面做成曲面,如卷棚顶、庑殿顶、歇山顶等形式,使屋顶外形更富有变化。图 6.2 为常见的坡屋顶。

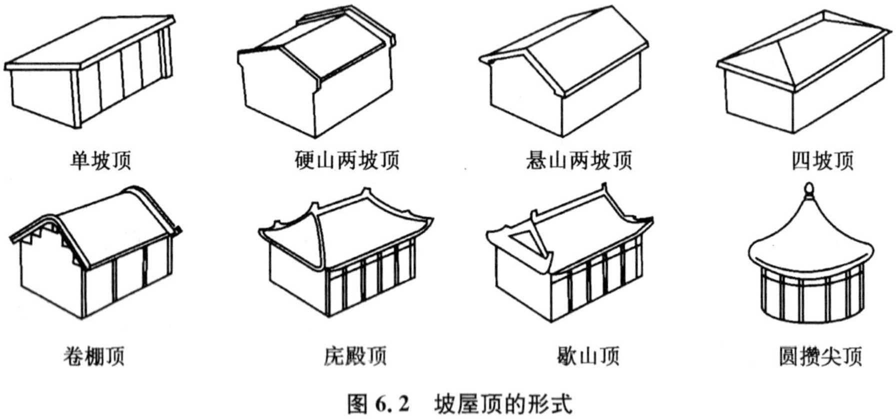

图 6.2 坡屋顶的形式

3. 其他屋顶

随着现代科学技术的发展,出现了许多新的屋顶结构形式,如拱结构屋顶、悬索结构屋顶、薄壳结构屋顶、网架结构屋顶等。这类屋顶多用于大跨度的公共建筑。图 6.3 为其他形式的屋顶。

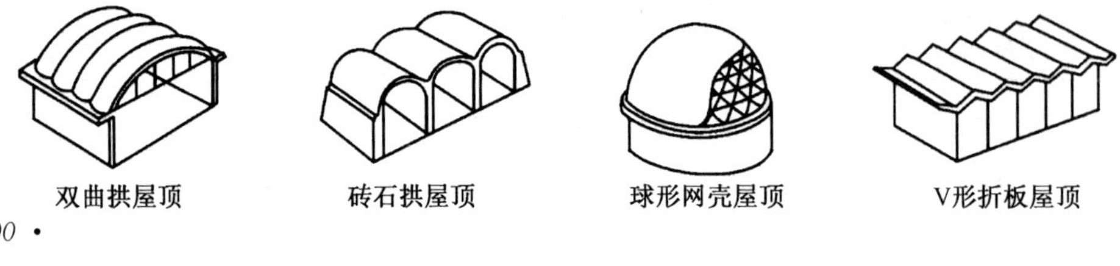

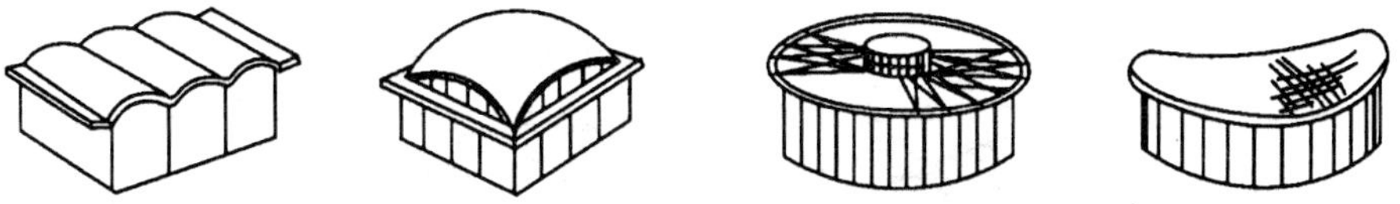

筒壳屋顶　扁壳屋顶　车轮形悬索屋顶　鞍形悬索屋顶

图 6.3　其他形式的屋顶

6.1.3 屋面坡度

屋面坡度的大小不仅与屋面材料的选用、屋顶形式、地理气候条件有关,还与屋顶的结构选型、构造方法、经济条件等多种因素有关。因此确定屋面坡度时要综合考虑各种因素。

1. 屋面坡度表示方法

常用的表示方法有角度法、斜率法和百分比法。斜率法以屋顶高度与坡面水平投影长度之比来表示;百分比法以屋顶高度与坡面水平投影长度的百分比来表示;角度法以倾斜面与水平面的夹角来表示。屋面坡度只选择一种方式进行表达即可。坡屋顶多采用斜率法,平屋顶多采用百分比法,角度法较少采用。如图 6.4 所示。

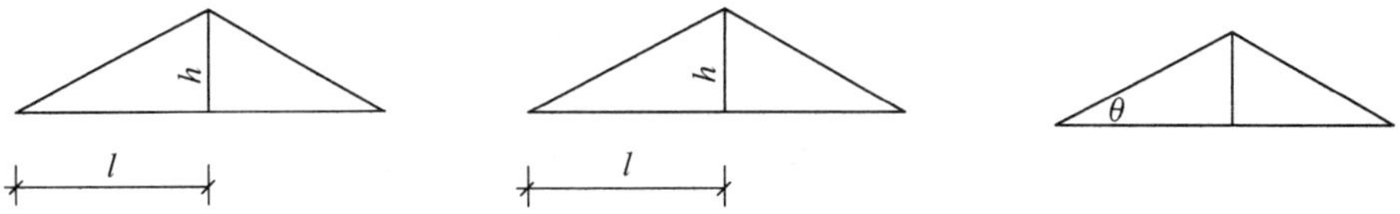

(a) 斜率法　屋面坡度为$h:l$

(b) 百分比法　屋面坡度 $i=\frac{h}{l}\times100\%$

(c) 角度法　屋面坡度为θ

图 6.4　屋面坡度表示方法

2. 屋面坡度影响因素

屋面坡度是为排水而设的,屋面坡度的大小取决于屋面防水材料和当地降雨量的大小,恰当的坡度既能满足排水要求,又可做到经济节约。一般情况下,屋面防水材料尺寸越小,接缝越多,则屋面缝隙渗漏的机会越大,设计时屋面的坡度就需加大;对整体防水屋面如卷材、混凝土防水屋面等,坡度可小些。另外对降雨量大的地区,屋面渗漏的可能性较大,屋面的坡度应适当加大,反之宜小。

3. 屋面坡度的形成方式

屋面坡度的形成方式有材料找坡和结构找坡两种。如图 6.5 所示。

材料找坡(亦称垫坡):是指屋面坡度由垫坡材料垫置而成。为了减轻屋面荷载,应选用轻质材料找坡,如水泥炉渣。找坡层的最薄处不应小于 20 mm。平屋顶材料找坡的屋面坡度宜为 2%～3%。

结构找坡(亦称搁置坡度):结构找坡是屋顶结构自身应带有排水坡度,平屋顶结构找坡宜为 3%。

材料找坡天棚面平整,容易保证室内空间的完整性,但增加屋面荷载;结构找坡,构造简单,不增加荷载,但天棚顶倾斜,室内空间不够完整。

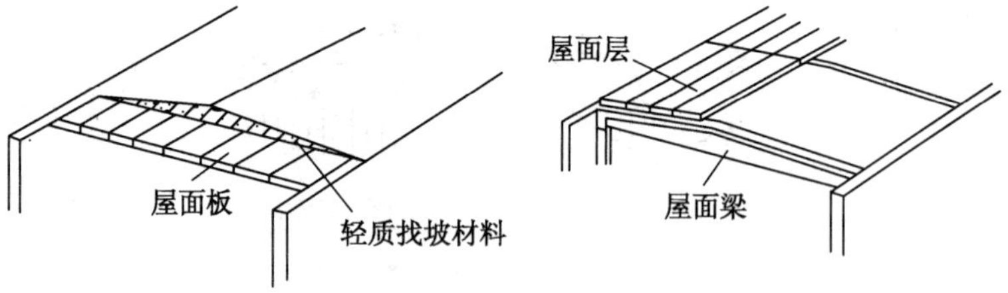

(a) 材料找坡　　(b) 结构找坡

图 6.5　屋面坡度的形成

6.1.4　屋面排水

1. 屋面排水方式

屋面排水方式分为有组织排水和无组织排水两大类。

无组织排水：是指屋面雨水直接从檐口滴落至地面的一种排水方式，因为不用天沟、雨水管等导流雨水，故又称自由落水。无组织排水构造简单、造价低廉，但雨水下落时对墙面和地面均有影响，常用于建筑标准较低的低层建筑或雨水较少的地区。

有组织排水：是指将屋面划分成若干个汇水区域，按一定的排水坡度雨水经由天沟、雨水管等排水装置被引导至地面或地下管沟的一种排水方式。有组织排水较无组织排水有明显的优点，但其构造复杂，造价较高。

有组织排水又分外排水和内排水，若雨水管置于室内称内排水，反之称外排水。外排水又分为：

挑檐沟外排水：屋面雨水汇集到悬挑在墙外的檐沟内，再由水落管排下。挑檐沟外排水方案时，水流路线的水平距离不应超过 24 m。

女儿墙外排水：特点是屋面雨水需穿过女儿墙流入室外的雨水管。

女儿墙外挑檐沟外排水：女儿墙挑檐沟外排水特点是在屋檐部位既有女儿墙，又有挑檐沟。

暗管外排水：暗装雨水管的方式，将雨水管隐藏在假柱或空心墙中。如图 6.6 所示。

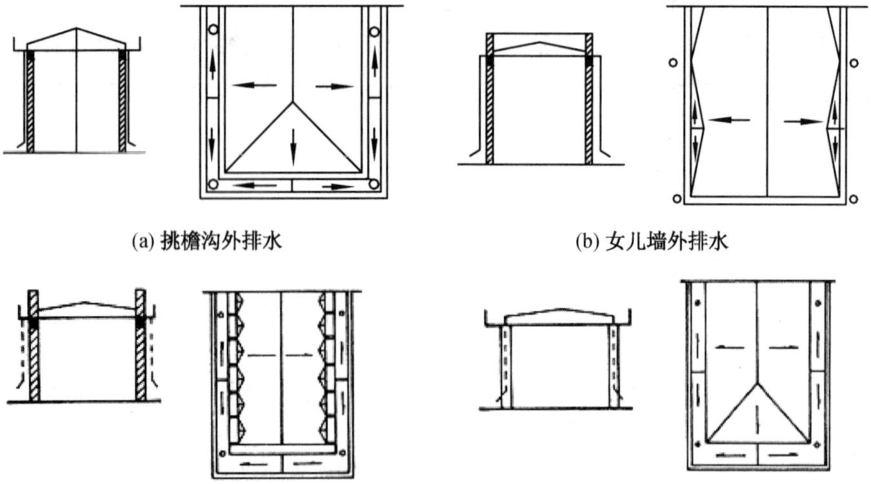

(a) 挑檐沟外排水　　(b) 女儿墙外排水

(c) 女儿墙外挑檐沟外排水　　(d) 暗管外排水

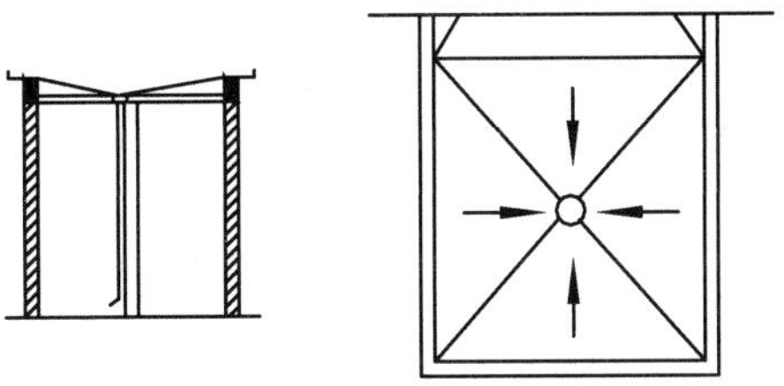

(e) 内排水

图 6.6　屋面有组织排水方式

2. 屋面排水组织设计

排水组织设计就是把屋面划分成若干个排水区，将各区的雨水分别引向各雨水管，使排水线路短捷，雨水管负荷均匀，排水顺畅。

进行屋顶排水组织设计时，须注意下述事项：

(1) 划分汇水区

划分汇水区的目的是为了合理地布置雨水管，一个汇水区的面积一般不超过一个雨水管所能负担的排水面积。每个雨水管的屋面最大汇水面积不宜大于 200 m^2。

(2) 确定排水坡面数量级排水坡度

一般情况下，进深小的房屋和临街建筑常采用单坡排水(屋面宽度不宜大于 12 m)，进深较大时宜采用双坡排水。坡屋面应结合建筑物造型选择单坡、双坡或四坡排水。

(3) 确定天沟断面大小及纵向坡度

天沟即屋面上的排水沟，位于檐口部位称檐沟。其作用是汇集屋面雨水，并将雨水迅速排出。天沟据屋面类型的不同有多种做法，如坡屋面中的槽形和三角形，平屋面中的矩形等。矩形天沟最为常见，一般用钢筋混凝土现浇或预制而成，其断面尺寸据降雨量和汇水面积而定，天沟的净宽不宜小于 200 mm，沟内纵坡坡向雨水口，坡度范围为 0.5%～1%，天沟纵坡最高处离天沟上口的距离不小于 120 mm。

(4) 确定雨水管的规格和间距

雨水管按材料不同有镀锌铁皮、塑料、石棉水泥和陶土等，目前常用的为镀锌铁皮管和 PVC 塑料管，其直径有 50 mm、75 mm、100 mm、125 mm 、200 mm 等，一般民用建筑雨水管直径为 100 mm，雨水管间距在 18～24 m 之间。图 6.7 为屋面的有组织排水设计示例。

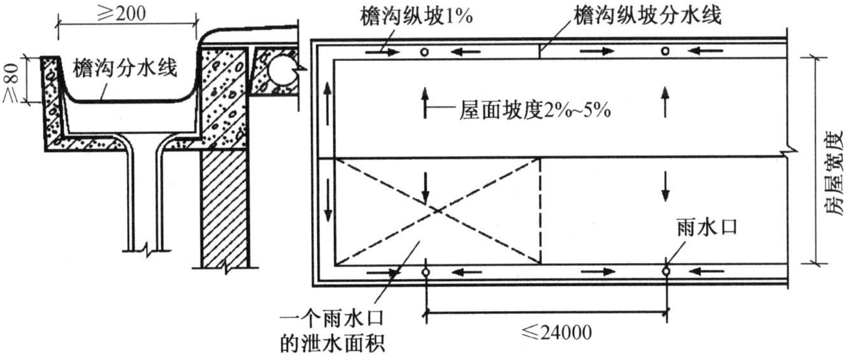

图 6.7　屋面排水组织示例　单位：mm

6.2 平屋顶的构造

平屋顶按屋面防水层材料的不同可分为刚性防水屋面、柔性防水屋面，柔性防水屋面又分为卷材防水和涂膜防水等多种做法。

6.2.1 刚性防水屋面

刚性防水屋面是指用细石混凝土做防水层的屋面。刚性防水屋面的主要优点是构造简单、施工方便、造价较低；缺点是易开裂，对气温变化和屋面基层变形的适应性较差。所以刚性防水多用于我国南方地区防水等级为Ⅲ级的屋面防水，也可用作防水等级为Ⅰ、Ⅱ级的屋面多道设防中的一道防水层。

1. 刚性防水层的构造

刚性防水屋面一般由结构层、找平层、隔离层和防水层组成。刚性防水屋面应尽量采用结构找坡。如图6.8所示。

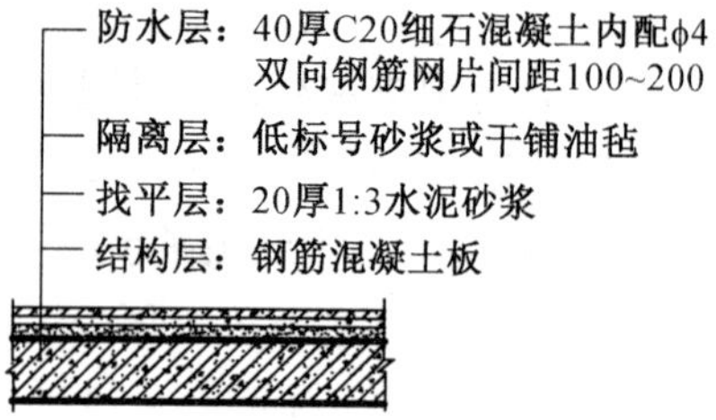

图 6.8 混凝土刚性防水屋面构造

(1) 结构层：要求具有足够的强度和刚度。通常情况下采用现浇或预制的钢筋混凝土屋面板，且形成一定的排水坡度。

(2) 找平层：当结构层为预制钢筋混凝土板时，其上应用1∶3水泥砂浆作找平层，厚度为20 mm。若屋面板为整体现浇混凝土结构时则可不设找平层。

(3) 隔离层：隔离层位于防水层与结构层之间，其作用是减少结构变形对防水层的不利影响。可采用铺纸筋灰、低标号砂浆，或薄砂层上干铺一层油毡等做法。当防水层中有膨胀剂时，其抗裂性能较好，也可不做隔离层。

(4) 防水层：由于普通混凝土中多余水分在硬化时会逐渐蒸发，形成很多空隙和毛细管网，成为屋面渗水的通道。因此，刚性防水屋面通常采用掺入适量外加剂(膨胀剂、减水剂、防水剂等)、强度不低于C20整体现浇的细石混凝土，为提高其抗裂能力，同时配置直径为ϕ4～ϕ6、间距100～200 mm的双向钢筋网片。由于裂缝易出现在面层，所以钢筋网片布置在中上部位。

2. 刚性防水屋面的细部构造

刚性防水屋面的细部构造包括：分格缝、泛水、檐口、雨水口等。

(1) 分格缝：是设置在屋面上的变形缝，也称分仓缝。设置分格缝的目的：一是防止温度变化而引起屋面防水层产生不规则裂缝；二是防止在荷载作用下，屋面板产生挠曲变形而将防水层拉坏。设置一定数量的分格缝可将单块混凝土防水层的面积减小，从而减少其因伸缩和翘曲变形，可有效地防止和限制裂缝的产生。分格缝的位置如图6.9所示，分格缝应设在变形敏感的部位，如屋面板的支承端、屋面转折处、防水层与突出屋面结构的交接处等部位。分格缝的纵横间距应控制在6 m以内，缝处的钢筋网片应断开。分格缝的宽度一般为20～40 mm，缝

图 6.9 分格缝位置

内不能用砂浆填实或有其他杂物，应用弹性材料如沥青麻丝嵌填，上用防水油膏嵌缝，也可用防水卷材盖缝。图 6.10 为分格缝构造。

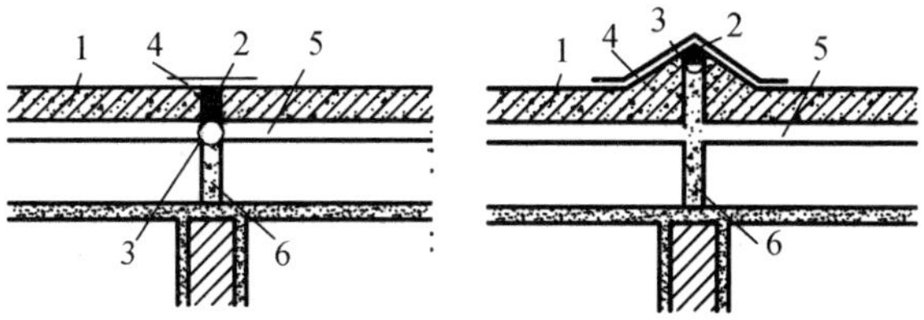

1 -刚性防水层；2 -密封材料；3 -背衬材料；4 -防水材料；5 -隔离层；6 -细石混凝土

图 6.10　分格缝构造　单位：mm

(2) 泛水：屋面与墙面交接处的防水构造叫泛水。泛水的高度一般不小于 250 mm。泛水应嵌入立墙上的凹槽内并用压条及水泥钉固定。泛水与屋面防水应一次做成，不留施工缝，转角处做成钝角或圆弧形，并与垂直墙之间设分格缝，另铺贴附加卷材盖缝。泛水收头做法如图 6.11 所示。

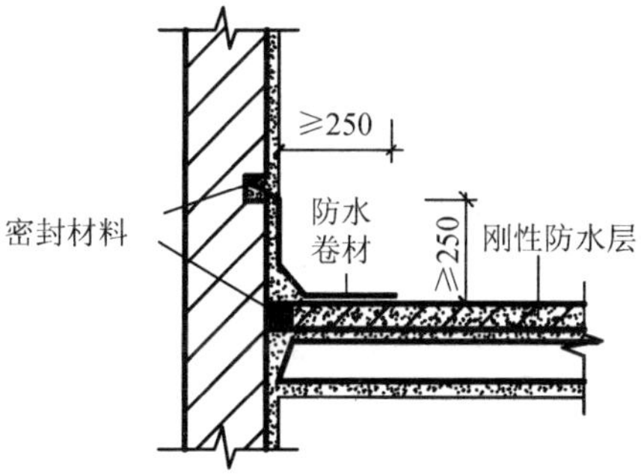

图 6.11　刚性防水屋面泛水构造　单位：mm

(3) 檐口：刚性防水屋面檐口形式有自由落水挑檐口、挑檐沟檐口和女儿墙外排水檐口等，其构造做法如图 6.12 所示。

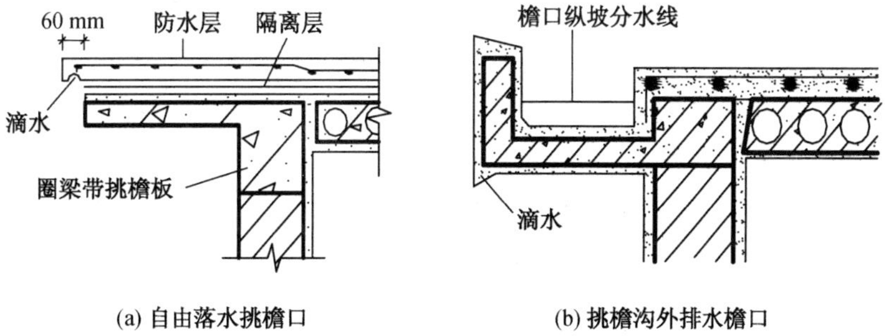

(a) 自由落水挑檐口　　(b) 挑檐沟外排水檐口

图 6.12　刚性防水屋面檐口构造

(4) 雨水口：雨水口分直管式和弯管式两种。直管式用于天沟(或檐沟)，弯管式用于女儿墙外排水。如图 6.13 所示。

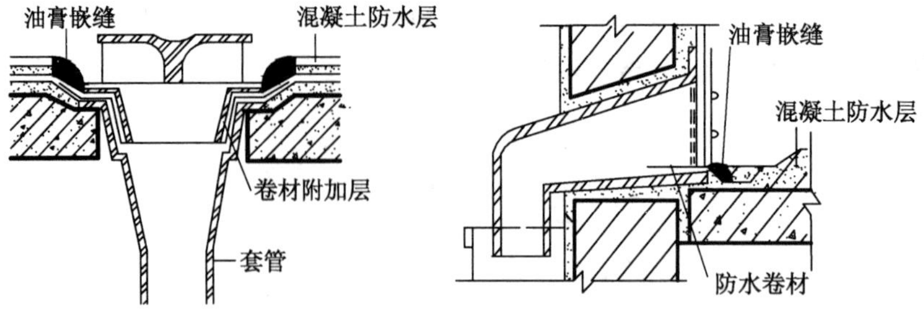

(a) 直管式雨水口　　(b) 弯管式雨水口

图 6.13　刚性防水屋面雨水口构造

6.2.2　柔性防水屋面

卷材防水屋面是以防水卷材和黏结剂分层粘贴在屋面上，形成一个封闭的覆盖层，以此防水的屋面。这种防水屋面具有一定的延伸性，能适应温度变形。

卷材防水屋面所用卷材有沥青类卷材、高聚物改性沥青类卷材、高分子类卷材等。这些防水材料的施工方法和要求虽有差异，但在构造做法上仍以油毡屋面防水处理为基础，所以下面以油毡防水屋面为例叙述其防水构造。图 6.14 为卷材防水屋面构造组成。

1. *卷材防水屋面的构造层次*

卷材防水屋面的基本构造层次由结构层、找平层、结合层、防水层和保护层等组成，图 6.15 为油毡防水屋面的构造组成。

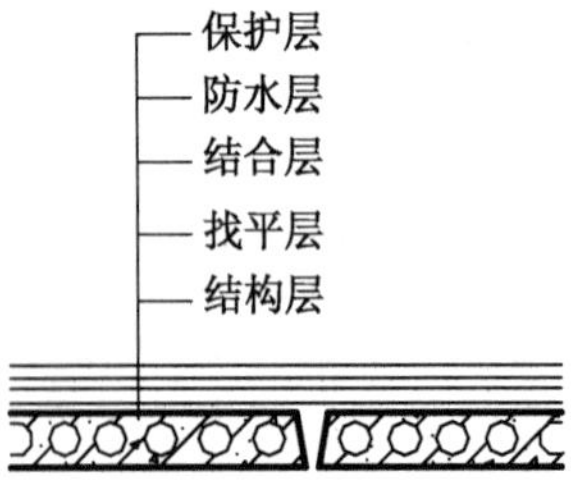

图 6.14　卷材防水屋面构造组成

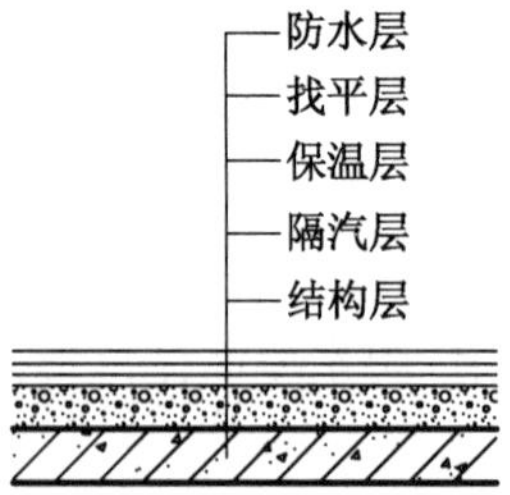

图 6.15　油毡防水屋面的构造组成

(1) 结构层：多为刚度好，变形小的各类钢筋混凝土屋面板。

(2) 找平层：找平层一般采用 1∶3 水泥砂浆或 1∶8 沥青砂浆，为防止找平层变形开裂而波及卷材防水层，宜在找平层中留设分格缝。分格缝的宽度一般为 20 mm，纵横间距不大于 6 m。分格缝上面应覆盖一层 200～300 mm 宽的附加卷材，用黏结剂单边点贴。

(3) 结合层：为使沥青胶和找平层黏结牢固，先在找平层上刷一道即能渗入水泥砂浆找平层又能与沥青胶黏结的沥青溶液(俗称冷底子油)作结合层。冷底子油是用煤油或汽油作为溶剂将沥青稀释而成，喷涂时不用加热，在常温下施工。

(4) 防水层：油毡防水层是由油毡和沥青胶交替黏结而成的整体防水覆盖层。一般平屋面铺两层油毡，在油毡与找平层间、卷材间、上层表面共涂刷三层沥青黏结，通称二毡三油。在重要部位或严寒地区，通常做三毡四油。

高聚物改性沥青防水卷材的铺贴方法有冷粘法及热熔法两种。冷粘法是用胶粘剂将卷材粘贴在找平层上，或利用某些卷材的自黏性进行铺贴。

高分子卷材防水层(以三元乙丙卷材防水层为例)。

三元乙丙是一种常用的高分子橡胶防水卷材,其构造做法是:先在找平层(基层)上涂刮基层处理剂如CX-404胶等,要求薄而均匀,待处理剂干燥不粘手后即可铺贴卷材。卷材一般应由屋面低处向高处铺贴,卷材可平行或垂直于屋脊方向铺贴。

卷材铺贴一般有垂直屋脊和平行屋脊两种做法,无论哪种做法都要有足够的搭接长度,上下搭接80～120 mm,左右应逆当地主导风向铺贴,相互搭接100～150 mm,多层铺设时,上下层的接缝应错开,每层沥青胶的厚度要控制在1～1.5 mm以内,防止厚度过大而发生龟裂。另外,为保证卷材屋面的防水效果,要求基层干燥,且要防止室内水蒸气透过结构层渗入卷材,因为水蒸气在太阳辐射下会汽化膨胀,从而导致防水层出现鼓泡、皱折和破裂,造成漏水。所以,工程上常把第一层卷材与基层采用点状或条状粘贴,如图6.16所示。留出蒸汽扩散间隙,再将蒸汽集中排除。

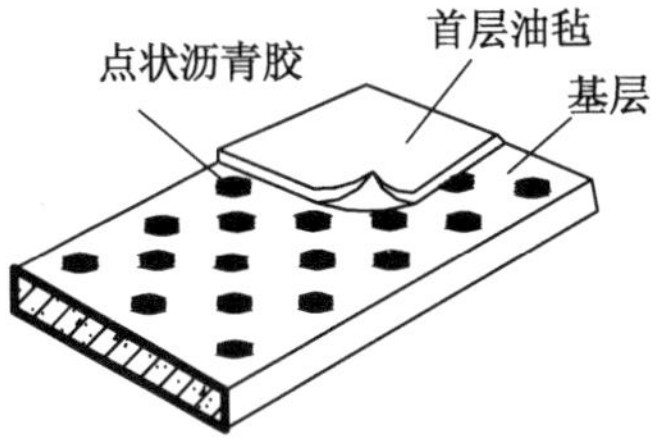

(a) 点状粘贴

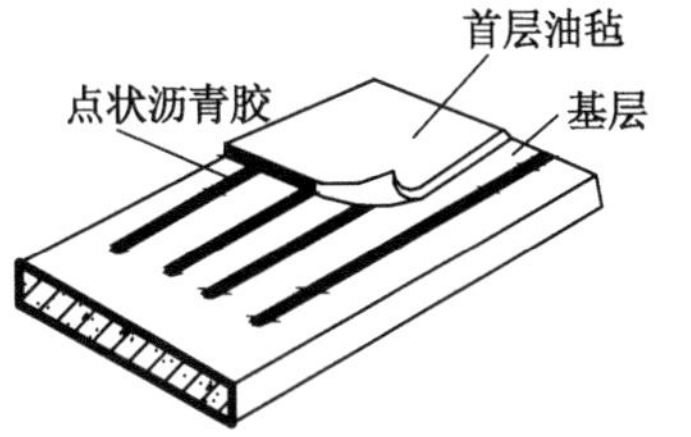

(b) 条状粘贴

图6.16 基层与卷材间的蒸汽扩散层

(5) 保护层:屋面保护层的做法,分不上人屋面和上人屋面两种。

不上人屋面保护层:当采用油毡防水层时,可在最上面的油毡上用沥青胶满粘一层3～6 mm粒径的石子(俗称绿豆砂);或用铝银粉涂料做保护层,它是用铝银粉、清漆、熟桐油和汽油调配而成,直接涂刷在油毡表面,形成一层银白色薄膜,其反射太阳辐射性能好,重量轻,造价低,效果良好。

上人屋面保护层:可在防水层上浇筑30～40 mm厚的细石混凝土面层作为保护层,其细部构造与刚性防水屋面基本相同;或采用20 mm厚水泥砂浆结合层上铺贴缸砖、混凝土预制板或大阶砖等块材作保护层,也可将块材面层架空铺设,以利通风。

2. 卷材防水屋面的细部构造

卷材防水屋面的细部构造包括:泛水、天沟、檐口、雨水口、变形缝等部位。

(1) 泛水

泛水指屋顶上沿着所有垂直面所设的防水构造,其做法及构造要点如下:

① 将屋面的卷材防水层继续铺至垂直面上,其上再加铺一层附加卷材,泛水高度不得小于250 mm。

② 屋面与垂直面交接处应将卷材下的砂浆找平层抹成直径不小于150 mm的圆弧形或45°斜面。

③ 做好泛水上口的卷材收头固定。

泛水收头应根据泛水高度和泛水墙体材料的不同选用相应的收头密封形式。

① 墙体为砖墙时,卷材收头可直接铺压在女儿墙压顶下,压顶应做防水处理;也可在砖

墙上留凹槽，卷材收头应压入凹槽内固定密封；凹槽距屋面找平层最低高度不应小于250 mm，凹槽上部的墙体亦应做防水处理，如图6.17所示。

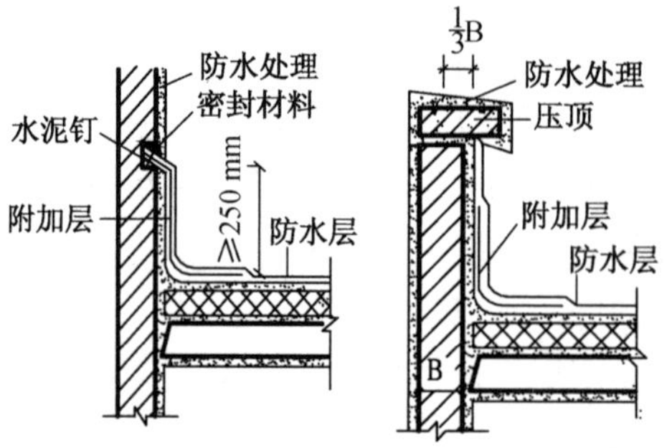

图6.17　砖墙卷材泛水收头

② 墙体为混凝土时，卷材的收头可采用金属压条钉压，并用密封材料封固，如图6.18所示。

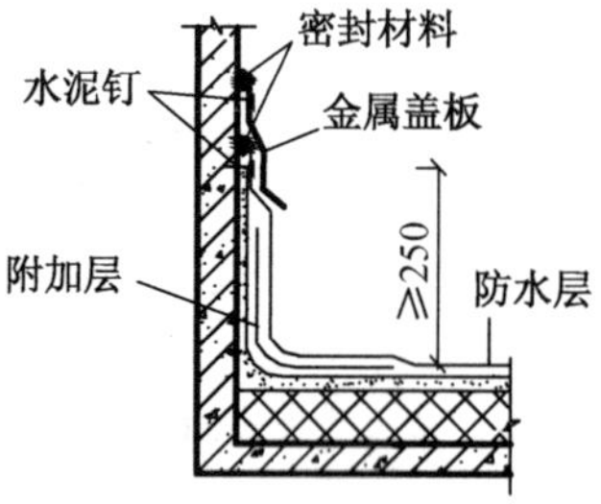

图6.18　混凝土墙卷材泛水收头

(2) 檐口

油毡防水屋面的檐口有无组织排水挑檐口和有组织排水挑檐沟、女儿墙等檐口。女儿墙檐口的做法同泛水做法。对自由落水檐口，一般在800 mm范围内卷材采用满贴法，卷材收头处固定密封，如图6.19所示。对于带挑檐沟的檐口，构造的要点是：

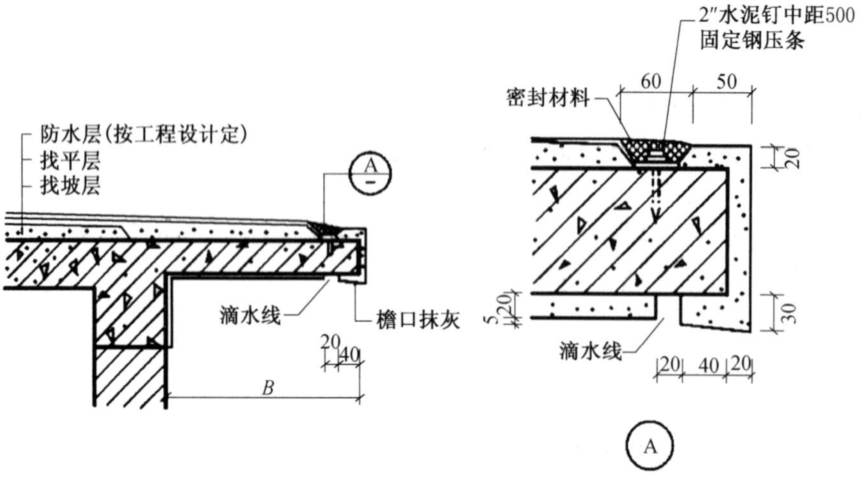

图6.19　无组织排水檐口　单位：mm

① 沟加铺1～2层附加卷材；

② 内转角部位的找平层应做成圆弧形或45°斜面；

③ 为了防止檐沟壁面上的卷材下滑，应做好收头处理。其檐沟口处的卷材收头应固定密封，如图6.20所示。

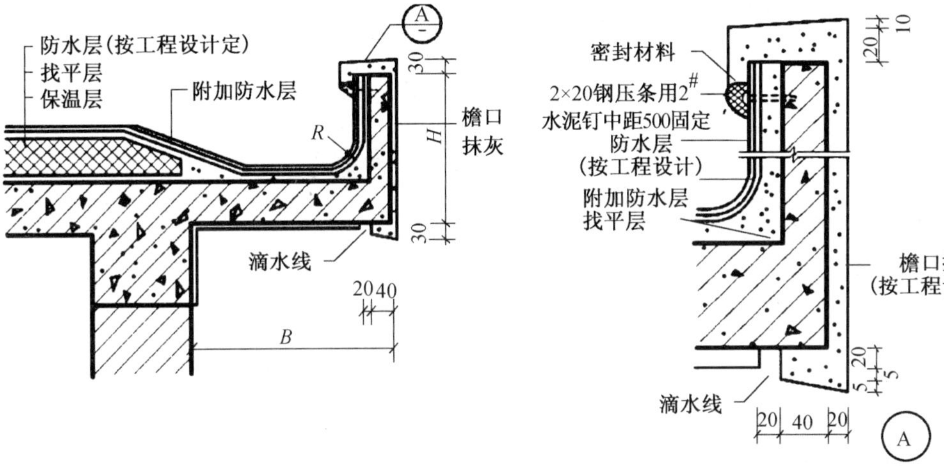

图6.20 挑檐沟檐口构造 单位：mm

(3) 天沟

屋面上的排水沟称为天沟，有两种设置方式：

① 三角形天沟

女儿墙外排水的民用建筑采用三角形天沟的较为普遍。

② 矩形天沟

多雨地区或跨度大的房屋常采用断面为矩形的天沟。天沟处用专门的钢筋混凝土预制天沟板取代屋面板。

(4) 雨水口

柔性防水屋面的雨水口常见的有直管式和弯管式两种。直管式雨水口为防止其周边漏水，应加铺一层卷材并贴入管内100 mm，雨水口上用定型铸铁罩或铅丝球罩住，其构造如图6.21所示。弯管式雨水口防水层应铺入雨水口内壁四周不小于100 mm，并安装铸铁篦子以防杂物流入造成堵塞，其构造如图6.22所示。

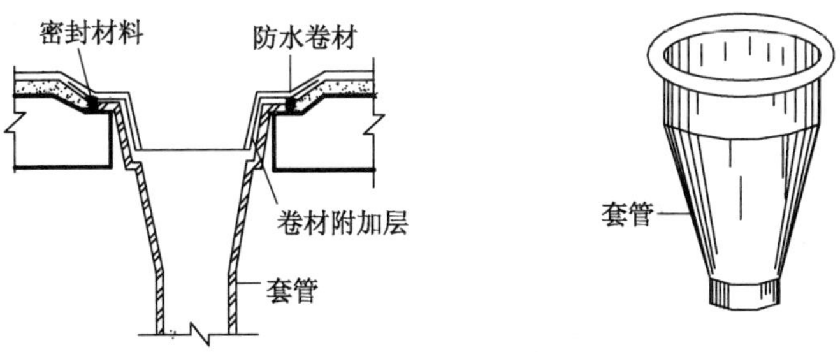

图6.21 直管式雨水口 单位：mm

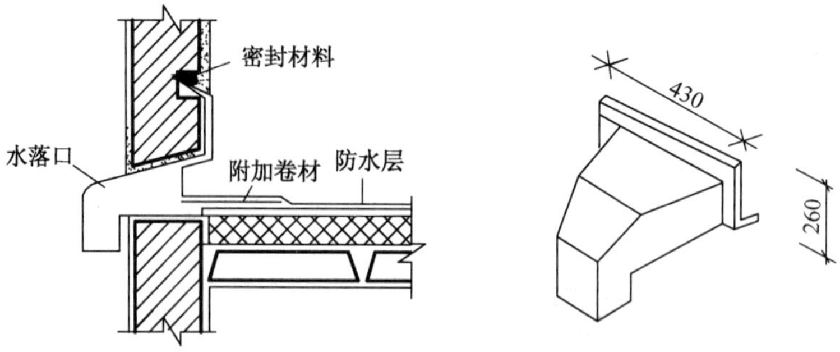

图 6.22　弯管式雨水口　单位:mm

6.2.3　平屋顶的保温与隔热

1. 平屋顶的保温

(1) 屋面保温材料

保温材料应具有吸水率低,导热系数较小,并具有一定的强度的性能。屋面保温材料一般为轻质多孔材料,分为三种类型:

① 松散保温材料。堆积密度应小于 300 kg/m^3,导热系数应小于 0.14 W/(m·K),常用的有膨胀蛭石(粒径 3～15 mm)、膨胀珍珠岩、矿棉、炉渣等。

② 整体保温材料。常用水泥或沥青等胶结材料与松散保温材料拌和,整体浇筑。如水泥炉渣、沥青膨胀珍珠岩、水泥膨胀蛭石等。

③ 板状保温材料。如加气混凝土板、泡沫混凝土板、膨胀珍珠岩板、膨胀蛭石板、矿棉板、岩棉板、泡沫塑料板、木丝板、刨花板、甘蔗板等。

(2) 保温层的设置

根据保温层在屋顶各层次中的位置不同,有以下几种情况:

① 正铺保温层,即在防水层和结构层间设置保温层。此做法施工方便,还可利用保温层进行屋面找坡,目前应用最为广泛。如图 6.23 所示。

② 倒铺保温层,即保温层设在防水层之上,其构造层次为保温层、防水层、结构层,如图 6.24 所示。这种方式的优点为防水层被覆盖在保温层下不受气候条件变化的影响,使用寿命得到延长。这种屋面保温材料应选择憎水性材料,如聚氨酯泡沫塑料板等。在保温层上应设保护层,以防止表面破损及延缓保温材料的老化过程。

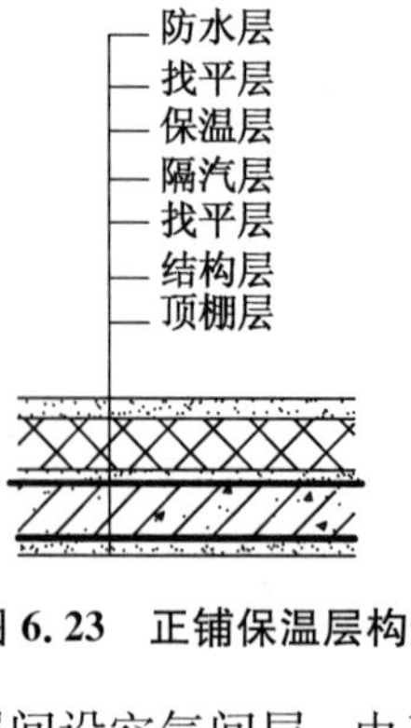

图 6.23　正铺保温层构造

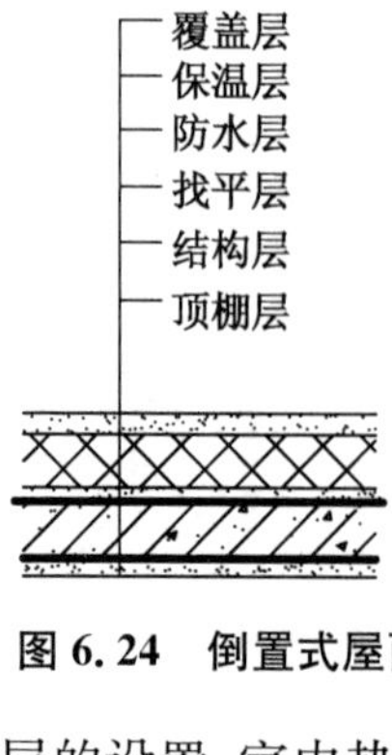

图 6.24　倒置式屋面

③ 防水层与保温层间设空气间层:由于空气间层的设置,室内热量不能直接影响屋面

防水层，通常称作冷屋顶保温体系。平屋顶和坡屋顶均可采用此法。这种屋顶有利于室内渗透至保温层的蒸汽和保温层内散发出的水蒸气顺利排出，并可防止内部产生凝结水，带走太阳辐射热散发的热量。平屋顶的冷屋面保温常用垫块架空预制板，形成空气间层，再在上面做找平层和防水层。为使空气间层通风流畅，在檐口部分应设通风口。如图6.25所示。

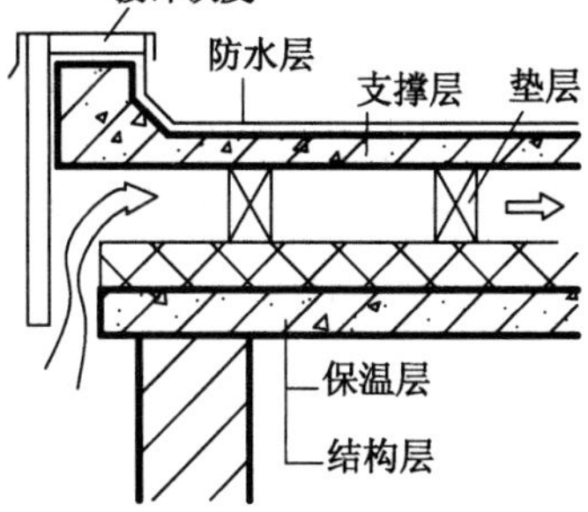

图6.25 檐口进风口

④ 保温层与结构层结合，有三种做法，一种是保温层设在槽形板的下面；一种是保温层放在槽形板朝上的槽口内；还有一种是将保温层与结构层融为一体。如图6.26所示。

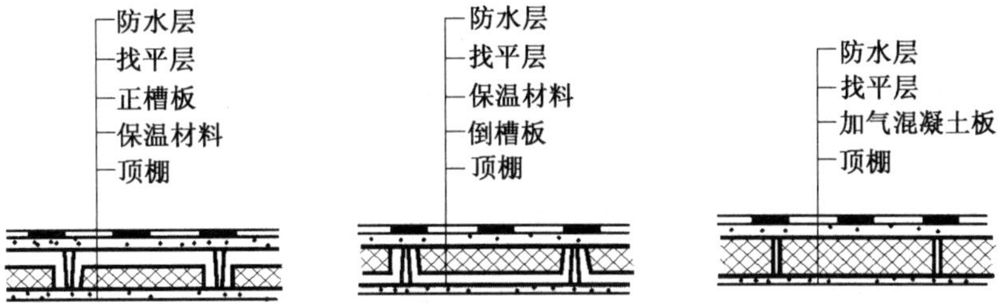

(a) 保温层设在槽形板下　(b) 保温层设在槽形板上　(c) 保温层与结构合为一体

图6.26 保温层与结构层结合

(3) 隔气层的设置

当在防水层下设置保温层时，为了防止室内湿气透过结构层进入屋面保温层而使保温材料受潮，影响保温效果，需在保温层下设置隔气层。隔气层的做法有：热沥青两道、一毡二油及改性涂料等。如图6.23所示。

2. 平屋顶的隔热

在气候炎热地区，夏季太阳辐射使屋面温度剧烈升高，为减少传进室内的热量和降低室内的温度，屋面需采取隔热措施，其常用方法有：

(1) 蓄水隔热：利用水的蓄热性、热稳定性和传导过程的时间延迟性来达到隔热目的。在太阳辐射下，内表面比外表面温度升高的时间要晚3～5 h。但在晚间气温降低后，屋顶蓄有的热量开始向室内散发，故这种屋顶不适合于夜间使用的房屋。如图6.27(a)所示。

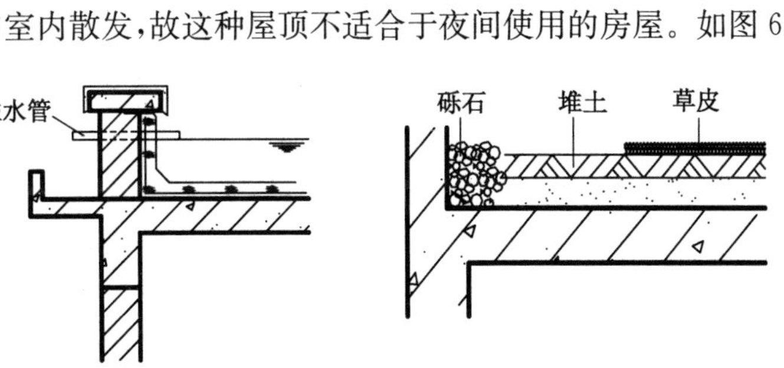

(a) 蓄水屋面　(b) 植被屋面

图6.27 实体材料屋面构造

(2) 通风隔热：在屋顶设置通风的空气间层，形成通风层屋面，如图6.25所示。一般空气间层的位置可以设在结构层的下面或顶棚上面。

(3) 植被屋面：在屋面防水层上覆盖种植土，种植绿色植物，用以吸收阳光和遮挡阳光，达到降温隔热作用，同时还可美化环境，净化空气。但增加了屋顶荷载，结构处理较复杂。如图 6.27(b)所示。

(4) 反射降温隔热：在屋顶用浅颜色的砾石、混凝土做面层，或在屋面刷白色涂料，可将大部分太阳辐射热反射出去，达到降低屋顶温度的目的。

6.3 坡屋顶的构造

6.3.1 坡屋顶的组成

坡屋顶的构造包括两大部分：一部分是由屋架、檩条、屋面板组成的承重结构；另一部分是由挂瓦条、油毡层、瓦等组成的屋面面层。根据使用要求不同，有时需设顶棚、保温层或隔热层等。

承重结构：主要承受作用在屋面上的各种荷载并传递到墙或柱上，承重结构一般由椽子、檩条、屋架及大梁等组成。

屋面：位于屋顶的最上面，直接承受风、雨、雪、太阳辐射等自然因素的影响。由屋面覆盖材料和基层材料组成，如屋面板、挂瓦条等。

顶棚：是屋顶下部的遮盖部分，可使室内上部平整，有一定的反射光线和装饰作用。

保温或隔热层：与平屋顶相似，可设在屋面层或顶棚处。

6.3.2 坡屋顶的承重体系

坡屋顶的承重体系有横墙承重、屋架承重和梁架承重等。

横墙承重：当横墙间距较小且具有分隔和承重功能时，可将横墙上部砌成三角形，将檩条直接支承在横墙上，这种承重方式叫横墙承重，如图 6.28 所示。这种做法在开间一致的横墙承重的建筑中经常采用。做法是将横向承重墙的上部按屋顶要求的坡度砌筑，上面铺钢筋混凝土屋面板或加气混凝土屋面板；也可以在横墙上搭檩条，然后铺放屋面板，再做屋面。这种做法通称“硬山搁檩”。硬山承重体系将屋架省略，其构造简单，施工方便，因而采用较多。

屋架承重：将屋架搁置在纵向外墙或柱上，屋架上架设檩条承受荷载，这种承重方式叫屋架承重，如图 6.29 所示。屋架的形式有：

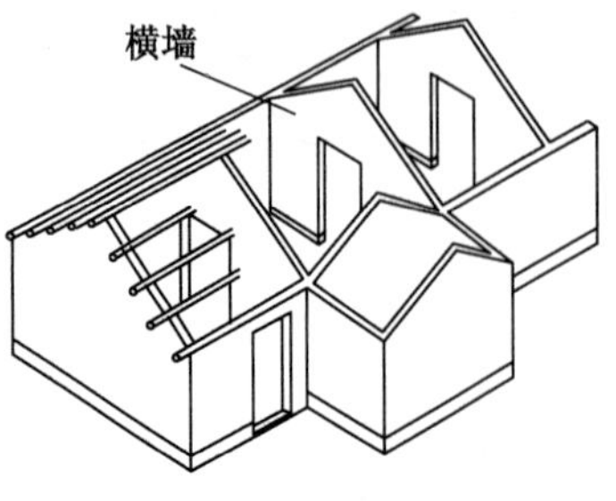

图 6.28　横墙承重

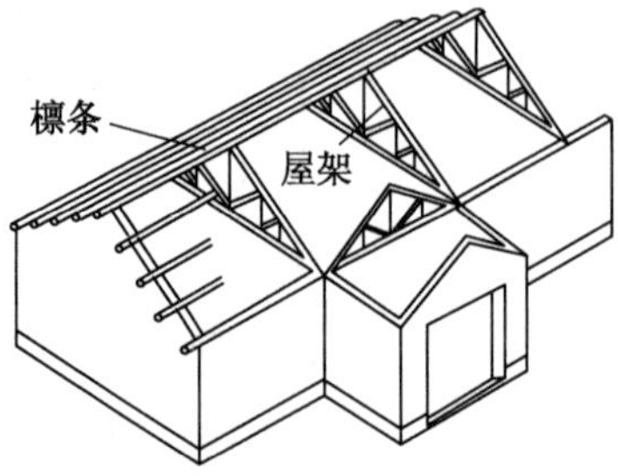

图 6.29　屋架承重

(1) 人字木屋架

这种屋架适合有内墙或内部柱子的建筑物，支点的间距(跨度)应在 4～5 m 之间，屋架间距应在 2 m 以内。这种屋架没有下弦杆件，不能从下弦直接做吊顶。

(2) 三角形木屋架

三角形木屋架是常用的一种屋架形式，适合于跨度在 15 m 及 15 m 以下的建筑物。木屋架的高度与跨度之比约为 1/4～1/5，木材的断面可以用圆木或方木，断面尺寸为b＝120～150 mm，h＝180～240 mm。这种屋架可以做成两坡顶和四坡顶。这种屋架应用较广泛。

(3) 钢木组合屋架

这种屋架是将木屋架中的受拉杆件采用钢材代替，这样可以充分发挥钢材的受力特点，在构造上是合理的。这种屋架适用于跨度在 15～20 m、屋架的间距不大于 4 m 的建筑物。高度与跨度的比值为 1/4～1/5。

(4) 钢筋混凝土组合屋架

这种屋架是采用钢筋混凝土与型钢两种材料组成的。上弦及受压杆件均采用钢筋混凝土，下弦及受拉杆件均采用型钢。这种屋架适用于 12～18 m 跨度的建筑。

梁架承重：也称木构架，是我国传统的屋顶结构形式。由柱和梁组成排架支承檩条，并利用檩条及连系梁，使整个房屋形成一个整体骨架，墙只起围护和分隔作用，其抗震性能较好，如图 6.30 所示。

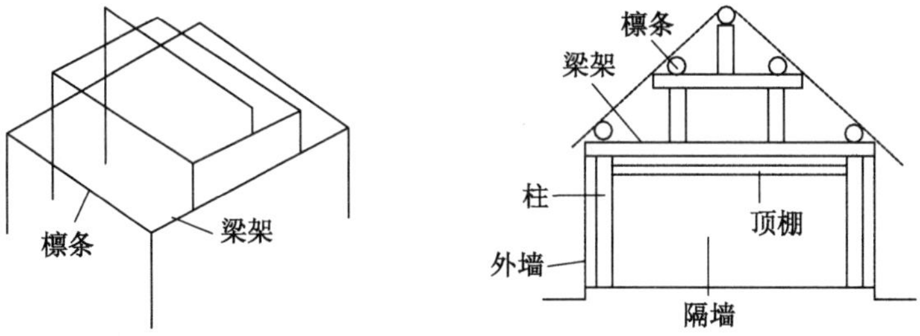

图 6.30　梁架承重

6.3.3　坡屋顶的屋面

根据坡屋顶防水材料的不同，常见的坡屋顶屋面有平瓦屋面、小青瓦屋面、波形瓦屋面、构件自防水屋面、平板金属板和草顶、灰土顶屋面等。

1. 平瓦屋面

平瓦一般由黏土烧制而成，又称机制平瓦。近年来由于保护耕地，大多数地区已禁用，目前有水泥平瓦、陶瓦等替代品。平瓦尺寸一般为(190～240)mm×(380～450)mm，厚20 mm。为防止下滑，瓦背面设有挂钩，可以挂在挂瓦条上。平瓦屋面有以下几种铺法：

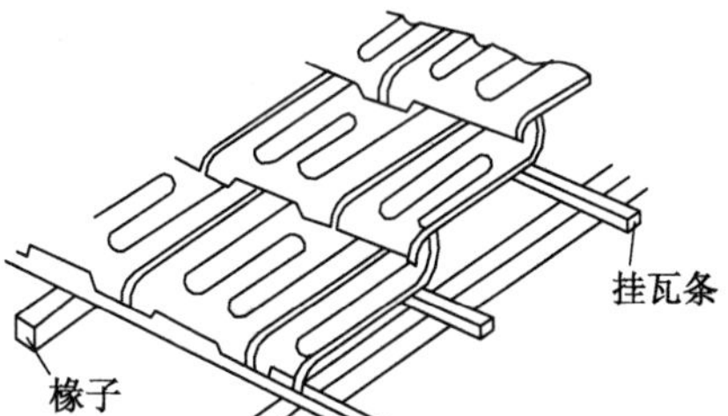

图 6.31　冷摊瓦屋面

(1) 冷摊瓦屋面：其做法是在椽条上钉挂瓦条后直接挂瓦，如图 6.31 所示。木椽条截面尺寸一般为 40 mm×60 mm 或 50 mm×50 mm，其间距为 400 mm

左右。挂瓦条断面尺寸一般为 30 mm×30 mm，中距 330 mm。这种屋面构造简单，经济，但雨雪易从瓦中飘入。

(2) 木望板瓦屋面：其做法是在椽条上铺一层 15～20 厚的木板(称望板)，板上平行于屋脊铺一层油毡，并用板条钉牢，如图 6.32 所示。板条应顺着屋面流水的方向，以便使少量从瓦缝中渗下的雨水排出，因此也叫顺水条。在顺水条上平行于屋脊方向再钉挂瓦条挂瓦。这种做法比冷摊瓦屋面的防水、保温效果好，但耗用木材多、造价高。

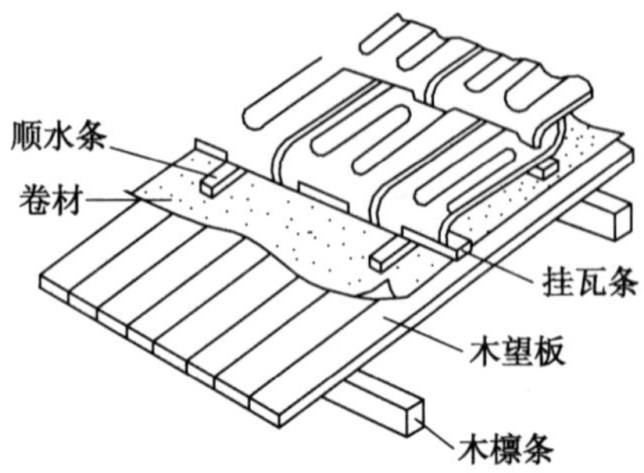

图 6.32 木望板瓦屋面

(3) 钢筋混凝土挂瓦板平瓦屋面：其做法是将预应力或非预应力钢筋混凝土挂瓦板搁置在横墙上或屋架上，其上直接挂瓦，如图 6.33 所示。钢筋混凝上挂瓦板具有椽条、望板、挂瓦条三重作用。钢筋混凝土挂瓦板的基本形式有双 T、单 T 和 F 形三种。在板的根部留有泄水孔，以便将渗漏下的雨水排除。

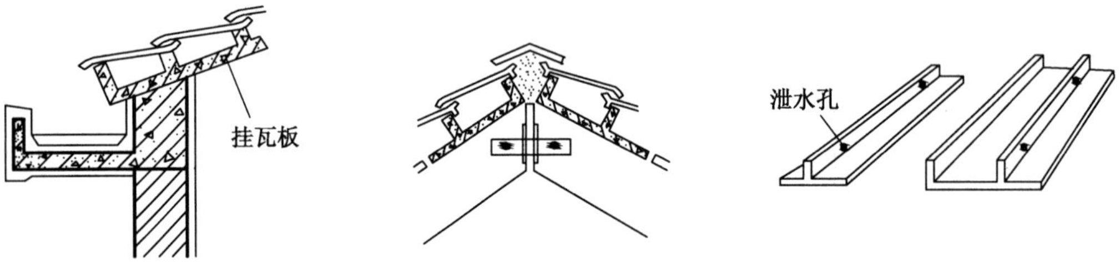

(a) 檐口节点　(b) 屋脊节点　(c) 挂瓦板

图 6.33 钢筋混凝土挂瓦板平瓦屋面

2. 波形瓦屋面

波形瓦可用石棉水泥、塑料、玻璃钢、木纤维或金属等材料制成，其中尤以石棉水泥瓦应用最广。它具有厚度薄、质量轻、施工简便等优点，但容易脆裂，保温隔热性能较差，多用于对室内温度要求不高的房屋中。石棉水泥瓦有大、中、小三种规格。石棉水泥瓦因其自身刚度大，尺寸也较大，故可直接铺钉在檩条上，檀条间距，视瓦长而定。铺设时，每张瓦至少跨三根檀条，上下搭接长度不小于 100 mm，左右两张之间大波和中波瓦至少应搭接半个波，小波至少搭接一个波。如图 6.34 所示。

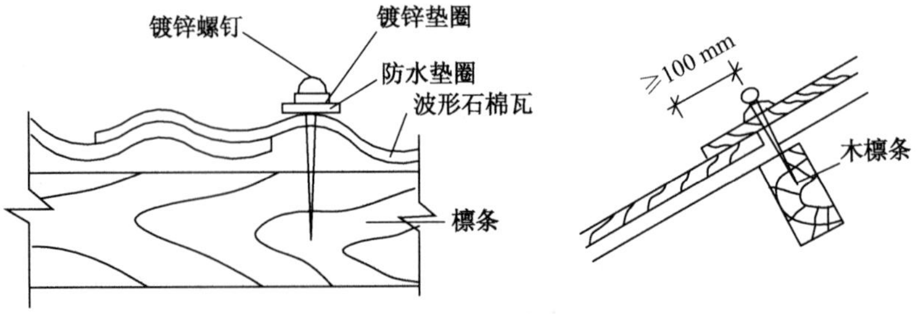

(a) 上下瓦搭接　(b) 相邻瓦搭接

图 6.34 石棉水泥瓦屋面

3. 小青瓦屋面

目前在我国有些地区传统民居中仍多采用小青瓦屋面。小青瓦断面呈弧形，平面形状一头较窄，尺寸规格各地不统一。一般采用木望板、苇箔等做基层，上铺灰泥，灰泥上再铺瓦。

4. 彩色压型钢板瓦

是目前推广采用的一种新型防水材料，有彩色压型钢板波形瓦和压型 V 或 W 形瓦两类。其施工很方便，用自攻螺丝钉、拉铆钉或专用连接件固定在檩条上即可。

6.3.3　坡屋顶的细部构造

1. 檐口构造

檐口构造又分为纵墙檐口和山墙檐口。

纵墙檐口：根据构造方法不同，纵墙檐口有挑檐和封檐两种形式，挑檐有砖挑檐、挑檐木挑檐、屋面板挑檐、椽子挑檐及挑檩檐口等形式，如图 6.35 所示。当将檐墙砌出屋面形成女儿墙包檐口构造，如图 6.36 所示。

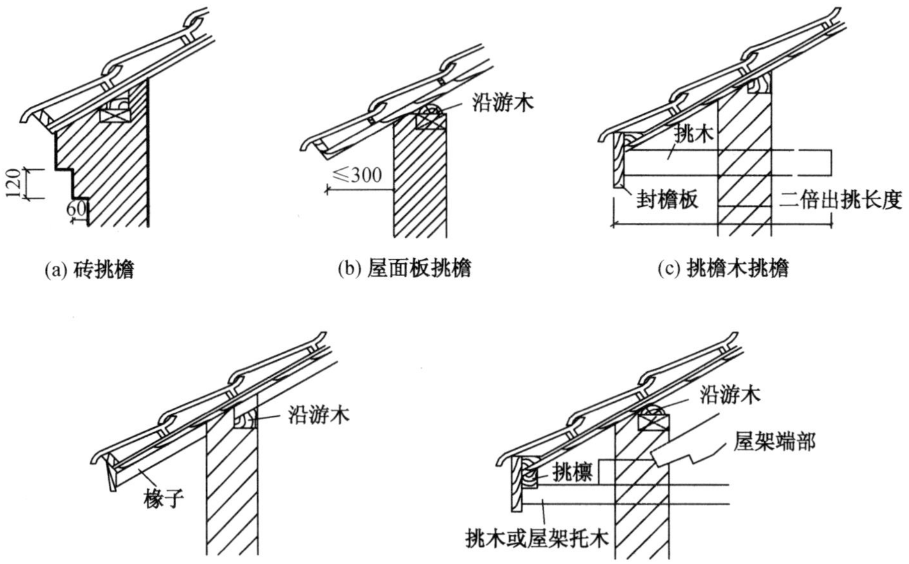

图 6.35　平瓦屋面纵墙檐口构造

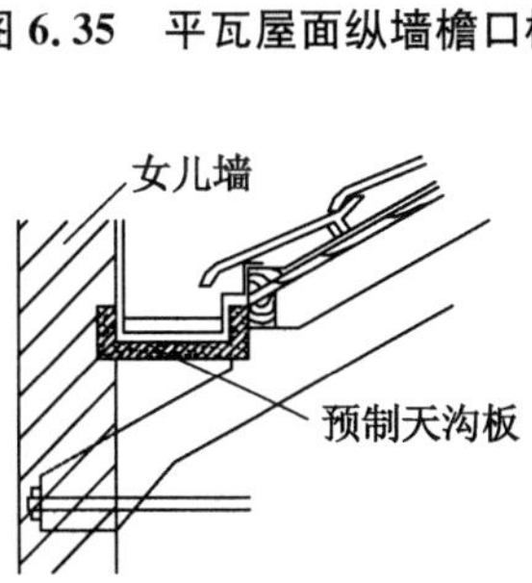

图 6.36　包檐口构造

2. 山墙泛水构造

坡屋顶山墙有硬山、悬山两种形式。图 6.37 为硬山檐口构造，将山墙升起包住檐口，女儿墙与屋面交接处做泛水处理，同时女儿墙顶应做压顶板，以保护泛水。图 6.38 为悬山檐口构造，可用檩条外挑形成悬山，也可用混凝土板出挑。

图 6.37　硬山檐口构造

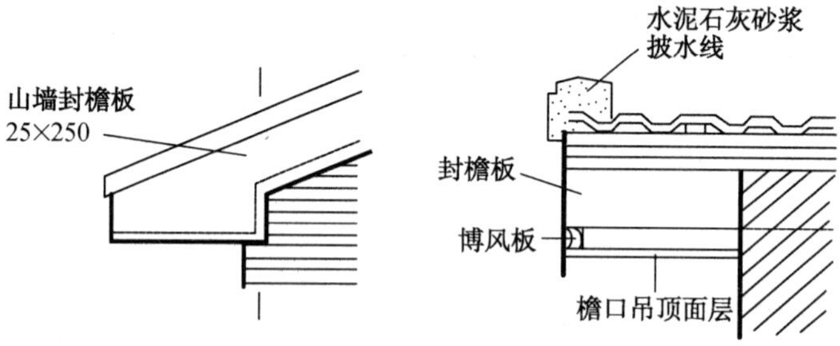

图 6.38　悬山檐口构造　单位：mm

3. 天沟和斜天沟构造

在等高跨或高低跨相交处，常常出现天沟，两个相互垂直的屋面相交则形成斜沟。天沟和斜沟应有足够的断面，上口宽度不宜小于 300～500 mm，一般用镀锌铁皮铺于木基层上，且伸入瓦片下至少 150 mm。高低跨和封檐天沟若采用镀锌铁皮防水层时，应从天沟内延伸至立墙形成泛水。其做法如图 6.39 所示。

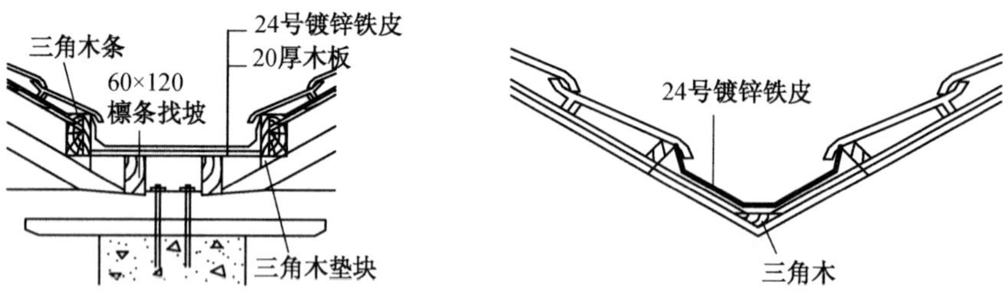

(a) 矩形天沟　　(b) 三角形天沟

图 6.39　坡屋顶斜天沟构造　单位：mm

6.3.4　坡屋顶的保温与通风隔热

1. 坡屋顶的保温

坡屋顶的保温层有两种情况。一是不设顶棚的坡屋顶的保温，即将保温层设在屋面层中，在屋面层中设保温层或用屋面兼作保温层，如草泥、麦秸泥等作为保温层，这样做比较经济；也可将保温材料填充在檩条之间或在檩条下钉保温板材料。另一种是对有顶棚的屋面，可将保温层设在吊顶上，一般在吊顶的次搁栅上铺板，上设保温层，保温材料可选用无机散状材料，如矿渣、膨胀珍珠岩、膨胀蛭石等，也可选用地方材料，如糠皮、锯末等有机材料，下面需铺一层油毡作隔气层。如图6.40所示。

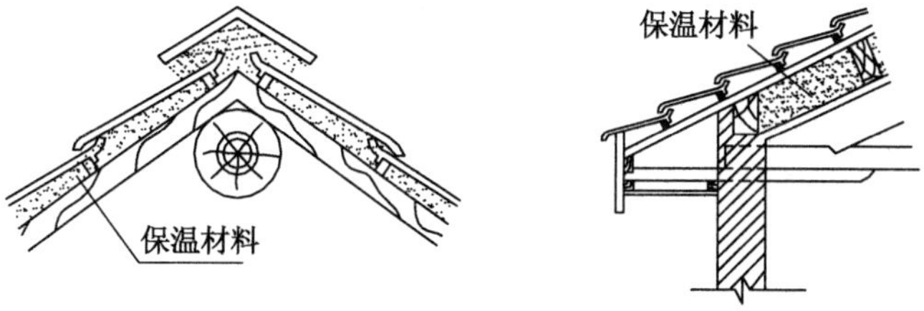

(a) 瓦材下面设保温层　(b) 檩条间设保温层

图6.40　坡屋顶保温构造

2. 坡屋顶的通风隔热

在炎热地区，坡屋顶可做成双层，在檐口处设进风口，屋脊处设排风口，利用屋顶内外的热压差和迎背风面的压力差，组织空气对流，形成屋顶的自然通风，带走室内的辐射热，改善室内气候环境，如图6.41所示。

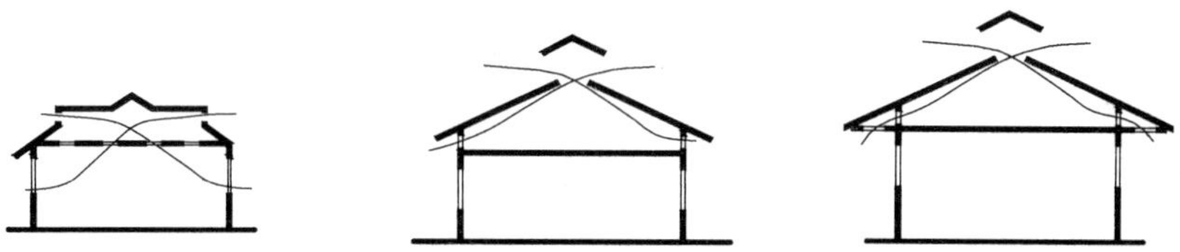

(a) 在顶棚和天窗设通风孔　(b) 在外墙和天窗设通风孔　(c) 在山墙及檐口设通风孔

图6.41　坡屋顶通风示意

【知识链接】

新型屋面材料简介

坡屋顶的面材除水泥瓦外，还有以下瓦材。

1. 彩色水泥瓦

彩色水泥瓦的外形尺寸为420 mm×330 mm，颜色有玛瑙红、素烧红、金橙黄、翠绿、孔雀蓝、古岩灰、仿珠黑等。

这种瓦适用于屋面坡度在22.5°～80°之间，最小屋面坡度为17.5°。当屋面坡度在22°～35°时，檐口瓦应用钉子固定，上部瓦根据地区风力大小决定钉子的比率。底部用挂瓦条或$\phi 2$双股铜丝绑扎；当屋面坡度在35°～55°时，每块瓦都必须用钉子钉牢；当屋面坡度在55°以上时，除钉接外，还应用搭扣勾牢。

2. 彩色油毡瓦

彩色油毡瓦一般为厚4 mm，长1000 mm，宽333 mm，用钉子固定油毡瓦片。

这种瓦适用于屋面坡度≥1/3的屋面；如用于屋面坡度1/5～1/3时，油毡瓦的下面应增设有效的防水层；屋面坡度<1/5时，不宜采用油毡瓦。

3. 小青瓦

小青瓦有底瓦、盖瓦、筒瓦、滴水瓦、谷瓦等。

小青瓦在多雨地区使用时，底瓦和盖瓦一般应搭七露三、一般地区应搭六露四。

4. 琉璃瓦

琉璃瓦分平瓦和筒瓦两类。平瓦有S形瓦、平板瓦、波形瓦及空心瓦等，色彩有铬绿、橘黄、橘红、玫瑰红、咖啡绿、湖兰、孔雀蓝和金黄等。

5. 彩色压型钢板波形瓦

彩色压型钢板波形瓦用0.5～0.8 mm厚镀锌钢板冷压成仿水泥瓦外形的大瓦，横向搭接后中距1000 mm，纵向搭接后最大中距为400×6 mm，挂瓦条中距400 mm。

这种瓦采用自攻螺钉或拉铆钉固定于Z型挂瓦条上，中距500 mm。

6. 压型钢板

压型钢板一般为0.4～0.8 mm彩色压型钢板制成，断面有V型、长平短波和高低波等多种断面。

这种瓦的宽度为750～900 mm，檩条一般采用乙形。

7. 玻璃纤维增强聚酯波形瓦

玻璃纤维增强聚酯波形瓦俗称玻璃钢。形状为波形，色彩有淡蓝色、淡绿色、乳白色等，使用时应注意左右、上下搭接。

【任务实施】

绘制该小学教学楼屋顶平面图和屋顶节点详图。

（一）屋顶平面图（比例1∶200）

1. 画出各坡面交线、檐沟或女儿墙和天沟、雨水口和屋面上人孔等，刚性防水屋面还应画出纵横分格缝。

2. 标注屋面和檐沟或天沟内的排水方向和坡度值，标注屋面上人孔等突出屋面部分的有关尺寸，标注屋面标高（结构上表面标高）。

3. 标注各转角处的定位轴线和编号。

4. 外部标注两道尺寸（即轴线尺寸和雨水口到邻近轴线的距离或雨水口的间距）。

5. 标注详图索引符号。

6. 注写图名和比例。

（二）屋顶节点详图（比例1∶10或1∶20）

1. 檐口采用女儿墙外排水或内排水构造。

2. 画出高低屋面之间的立墙与低屋面交接处的泛水构造。

3. 雨水口构造：雨水口的形式、雨水口处的防水处理。

4. 刚性防水屋面分格缝构造。

5. 注明各细部做法，标注有关尺寸，标注详图符号和比例。

（三）工作任务参考资料

1.《建筑设计规范》。

2.《房屋建筑制图统一标准》。

【课后复习题】

一、填空

1. 屋顶的形式可分为三大类：________、________、________。

2. 坡屋顶按承重结构分：________、________、________、________。

3. 屋面排水方式有________和________两种

4. 屋面雨水口的位置均匀布置。一般民用建筑不宜超过________m。

5. 平屋顶按屋面防水材料不同，可分为柔性防水屋面、刚性防水屋面和________防水屋面。

6. 平屋顶排水坡度有________和结构找坡两种做法。

7. 刚性屋面分仓缝的控制面积为________m^2。

8. 刚性防水屋面对________和温度变化比较敏感，会引起刚性防水层开裂。

9. 屋面泛水是指____，泛水应有足够的高度，最小为________mm。

10. 刚性防水屋面是指用____，其防水层采用____。

二、选择

1. 泛水系屋面防水层与垂直墙交接处的防水处理，其高度应不小于(　　)。

A. 120　　B. 180　　C. 200　　D. 250

2. 硬山屋顶的做法是(　　)。

A. 檐墙挑檐　　B. 山墙挑檐

C. 檐墙包檐　　D. 山墙封檐

3. 屋面排水区一般按每个雨水口排除(　　)屋面(水平投影)雨水来划分。

A. 100～120 m^2　　B. 150～200 m^2

C. 120～150 m^2　　D. 200～250 m^2

4. 平屋顶采用材料找坡的形式时，垫坡材料不宜用(　　)。

A. 水泥炉渣　　B. 石灰炉渣

C. 细石混凝土　　D. 膨胀珍珠岩

5. 屋面防水采用以导为主，以堵为辅的屋面是(　　)。

A. 柔性屋面　　B. 刚性屋面

C. 拒水粉屋面　　D. 小青瓦屋面

三、判断

1. 屋面排水的搁置坡度也称结构找坡。(　　)

2. 为了防止不规则裂缝，适应屋面变形，不管什么屋面防水层都要做分仓缝。(　　)

3. 屋面覆盖材料面积小、厚度大时，这类屋面的排水坡度可以小一些。(　　)

四、简答

1. 简述屋顶的作用。

2. 简述平屋顶的隔热措施。

3. 简述檩式木结构坡屋顶的支承结构形式有哪几种。

4. 简述刚性防水屋面的概念及其优缺点。

5. 简述平屋顶的排水方式。

6. 什么叫有组织排水？简述其优缺点及适用范围。

7. 在柔性防水屋面中，设置隔气层的目的是什么？隔气层常用的构造做法是什么？

8. 为什么要在刚性屋面的防水层中设分格缝？分格缝应设在哪些部位？

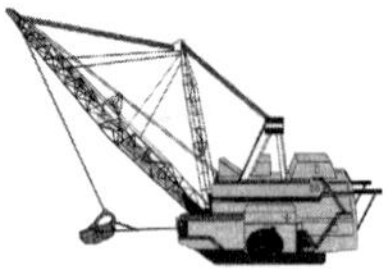

第 7 章
门　窗

【本章任务】

某办公楼 2～3 层平面图如下，根据图纸内容，结合本章所学设计该建筑门窗，要求：

① 设计门窗尺寸、开启方式、材料，列门窗列表；

② 在平面图上补齐门窗尺寸。

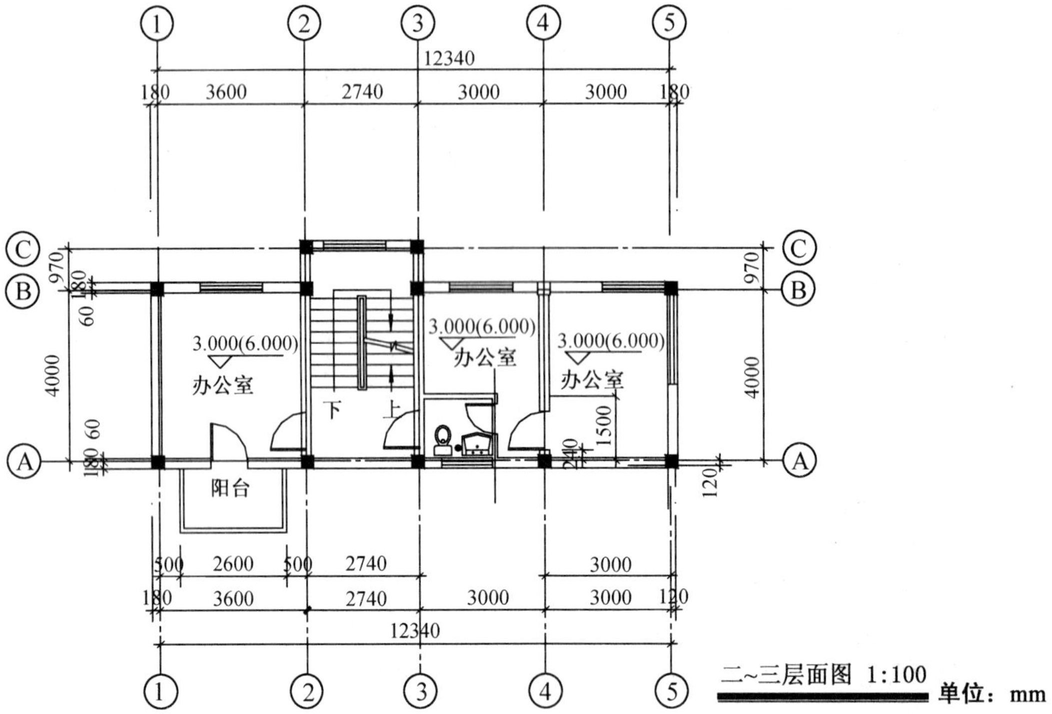

7.1　概述

门和窗是房屋的重要组成部分。门的主要作用是供交通出入、分隔空间、疏散、采光和通风；窗的主要作用是采光和通风。在不同使用条件下，它们还具有保温、隔热、防火、防水等围护作用；同时门窗又是建筑物的外观和室内装饰的重要组成部分。

7.1.1　门的类型与组成

1. 门的类型

(1) 按材料可分为木门、钢门、铝合金门、塑料门、铝塑门等。

(2) 按开启方式可分为平开门、弹簧门、推拉门、折叠门、转门等，如图 7.1 所示。

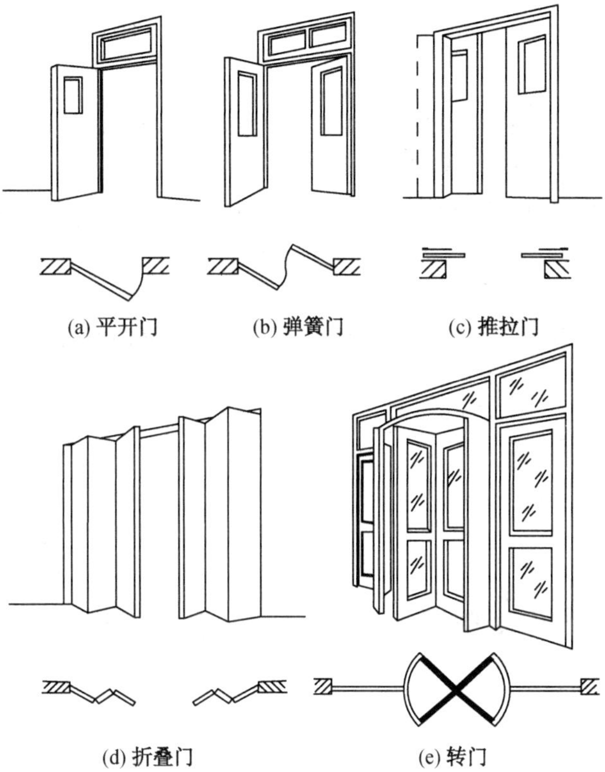

图 7.1　门的开启方式

平开门：是水平开启的门，其铰链安在门扇的一侧与门框相连。有单扇、双扇或多扇组合等形式，分内开和外开两种。平开门构造简单，开启灵活，安装维修方便，是房屋建筑中使用最广泛的一种形式。

弹簧门：也是水平开启的门，但采用弹簧铰链，可内外弹动，自动关闭。适用于人流较多，需要自动关闭的场所。为避免逆向人流相互碰撞，一般门上都安装有玻璃。弹簧门使用方便，但关闭不严密，密闭性稍差。

推拉门：该门沿设置在门上部或下部的轨道或滑槽左右滑移。有普通推拉门、电动及感应推拉门等。推拉门占用空间少，但有关闭不严密、空间密闭性不好的缺点。

折叠门：是由多个较窄的门扇相互间用铰链连接而成的门，开启后，门扇可折叠在一起，一般在公共建筑中作分隔空间用。

转门：由三或四扇门连成风车形，固定在中轴上，可在弧形门套内旋转。转门因对隔绝室外气流有一定作用，可作为寒冷地区公共建筑的外门，但不能作为疏散门。如设置在疏散口时，应在其旁边另设疏散门。

另外还有上翻门、卷帘门、升降门等。

(3) 按功能分可分为保温门、隔声门、防火门、防盗门等。

2. 门的组成

门主要由门框、门扇、腰窗、五金零件及附件组成。门框又称门樘，是门扇、亮子与墙的联系构件。由上框、中横框、中竖框组成，一般情况下不设下框(俗称门槛)。门扇按其构造不同有镶板门、夹板门、拼板门、玻璃门和纱门等类型。腰窗俗称亮子，在门的上方，主要作用是辅助采光和通风，有平开、固定及上、中、下悬等。五金零件是门的连接和定位构件。附件有贴脸板、筒子板等，根据要求增设。

3. 门的尺寸

门的尺寸应考虑人与设备等的通行要求、安全疏散要求及建筑造型和立面设计要求。

单扇门宽一般为 700～1000 mm，双扇门为 1200～1800 mm，当宽超过 2000 mm 时应为四扇门或双扇带固定扇的门。门洞宽度由门扇宽、门框及门框与墙间的缝隙尺寸构成。门洞高度无亮子时通常为 2100～2400 mm；有亮子时，门洞高度为 2400～2700 mm，亮子高度为 300～900 mm。在部分公共建筑和工业建筑中，按使用要求门洞高度可适当提高。

为方便使用，我国各地区按照建筑模数制和使用要求等均有各种门的通用图集，设计时可直接选用。

7.1.2 窗的类型与组成

1. 窗的类型

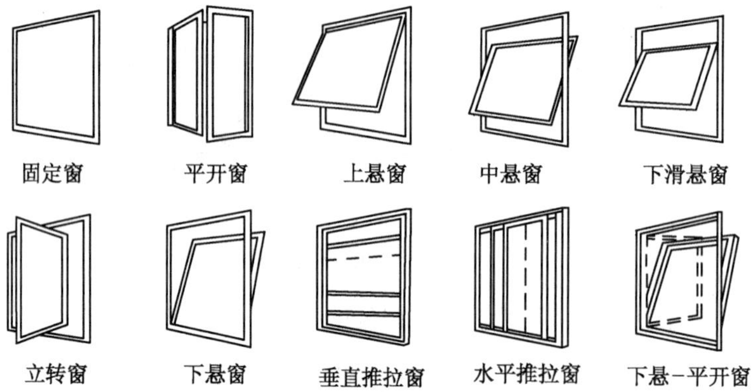

图 7.2 窗的开启方式

(1) 按材料可分为木窗、钢窗、铝合金窗、塑料窗、玻璃窗、铝塑等复合材料制成的窗。

(2) 按开启方式可分为固定窗、平开窗、悬窗、推拉窗、立转窗等，如图 7.2 所示。

固定窗：将玻璃直接安装在窗框上，不能开关，只供采光、日照和眺望用的窗。

平开窗：窗扇用合页与窗框侧边相连，可水平开启的窗。有内开和外开之分，目前最为常用。外开窗开启后，不占室内空间，但易受风雨侵袭，不易安装擦洗；内开窗的性能正好与之相反。平开窗构造简单，制作、安装和维修方便。

悬窗：悬窗的窗扇可绕水平轴转动，有上悬、中悬、下悬三种形式。上、中悬窗防雨效果好，有利于通风，尤其对高窗开启较方便。下悬窗防雨性能差，且开启占用室内空间，一般用于内门上的亮子。

推拉窗：分垂直推拉窗和水平推拉窗两种，其窗扇沿水平或竖向导轨或滑槽推拉。推拉窗不占用室内空间,窗扇及玻璃尺寸均比平开窗大,有利于采光,但通风面积受到限制。现常用于铝合金及塑料门窗上。

立转窗:是窗扇沿竖轴转动的窗。其优点是通风和采光效果较好,但安装纱窗不方便、密闭性较差。

另外,还有具遮阳、防晒及通风等多种功能于一体的百叶窗。

(3) 按窗的层数可分为单层、双层、三层及双层中空玻璃窗等形式。各地气候和环境不同,要求层数不同。

(4) 按镶嵌材料可分为玻璃窗、纱窗、百叶窗。

2. 窗的组成

窗主要由窗框、窗扇、五金零件及配件组成。窗框又称窗樘,一般由上框、下框、中框、中横框、中竖框及边框等组成;窗扇由上冒头、中冒头、下冒头及边梃组成。五金零件有铰链、风钩、插销、拉手、导轨、转轴和滑轮等。窗框与墙连接处,根据不同的要求,有时加设窗台板、贴脸、筒子板、窗帘盒等配件。如图 7.3 和图 7.4 所示。

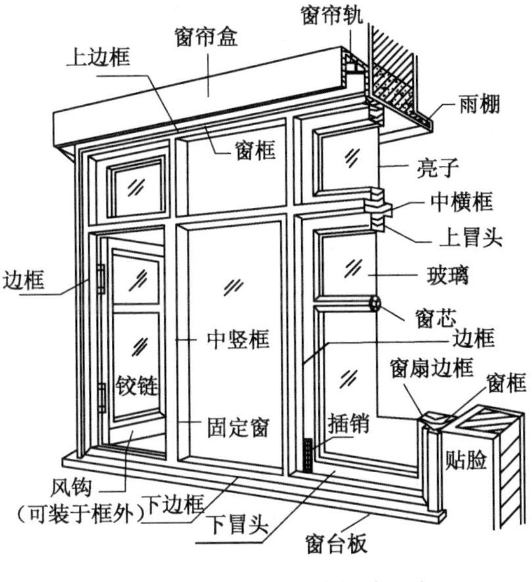

图 7.3 平开木窗的构造组成

3. 窗的尺寸

窗的尺寸要满足采光通风、结构构造、建筑造型和建筑模数协调的要求。目前我国各地标准窗基本尺度多采用 3M 的扩大模数。一般平开窗的窗扇高度为 800～1200 mm,宽度不宜大于 500 mm;上下悬窗的窗扇高度为 300～600 mm,中悬窗窗扇高不宜大于 1200 mm,宽度不宜大于 1000 mm;推拉窗高度不宜大于 1500 mm。

为方便使用,我国各地区按照建筑模数制和使用要求等均有各种窗的通用图集,设计时可直接选用。

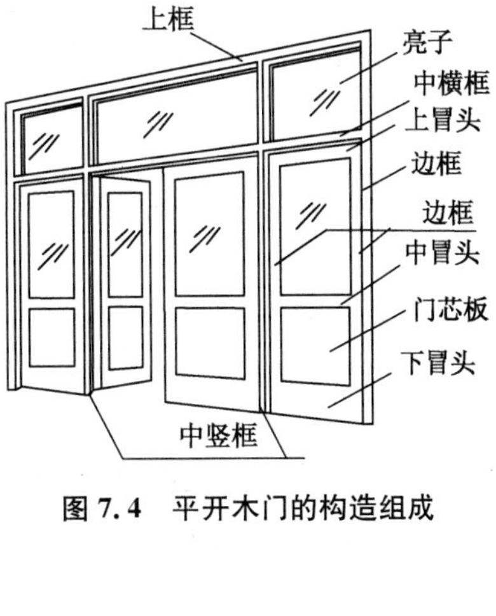

图 7.4 平开木门的构造组成

7.2 门的构造

7.2.1 木门的构造

1. 木门构造

(1) 门框

门框一般由边框和上框组成。当洞口尺寸较大、有多扇组合时还要增设中竖框和横框(档),外门有时还要加设下框,以防风、隔雨、挡水、保温、隔声等。平开木门框的断面形状与平开木窗相似,仅需根据门的尺寸和质量适当加大截面。

(2) 门扇

门扇常见的有镶板门(包括玻璃门、纱门)和夹板门等。

a. 镶板门

镶板门门扇由边梃、上冒头、中冒头、下冒头及门芯板组成。门芯板可采用木板、硬质纤维板、胶合板和玻璃等。当门芯板用玻璃代替时,则为玻璃门;用纱或百页代替时,则为纱门或百叶门。如图 7.5(a)所示。门芯板一般用 10～15 厚的木板拼装成整块镶入边梃和冒头中,板缝应结合紧密。门芯板的拼接方式有四种,如图 7.5(b),工程上常用高低缝和企口缝。门芯板的镶嵌方式如图 7.5(c)。玻璃与边框的镶嵌如图 7.5(d)。

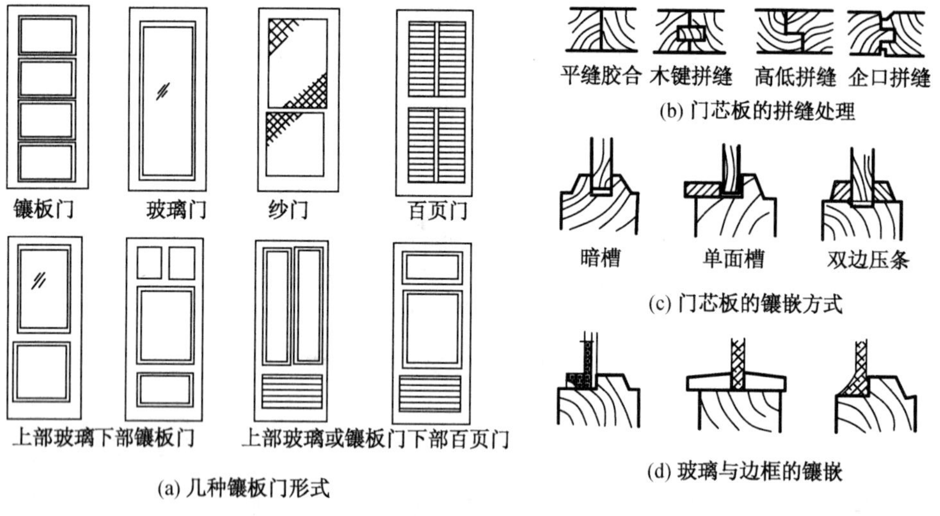

图 7.5 镶板门构造

b. 夹板门

夹板门是用断面较小的木料做成骨架,两面粘贴面板而成。其中骨架一般用(32～35)mm×(34～36)mm 木料做边框,内部为格形纵横肋条,如图 7.6 所示。肋距视木料尺寸而定,一般在 300 mm 左右。面板一般为胶合板、硬质纤维板或塑料板。为使骨架内的空气能上下对流,可在门扇的上部及骨架内设小通气孔。这种门用料少、自重轻、外形光洁、制造简单,常用于民用建筑的内门。

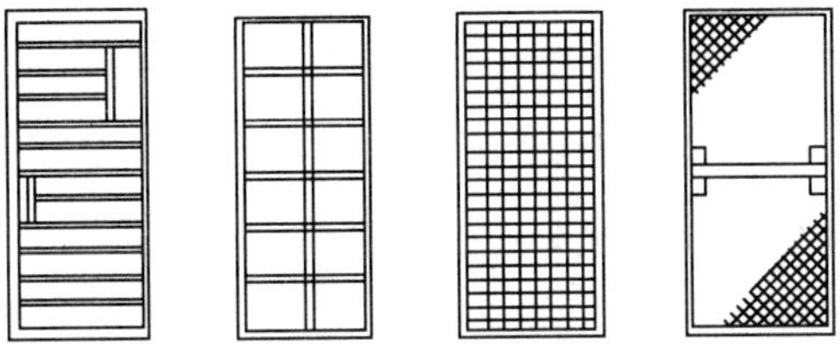

图7.6　夹板门骨架形式

(3) 腰窗

腰窗构造同窗构造，一般采用中悬开启方式，也可采用上悬、平开及固定窗等形式。

(4) 门的五金零件

门的五金零件主要有铰链、门锁、插销、拉手等，形式多种多样。在选型时，铰链需特别注意其强度，以防止变形影响门的使用。

2. 门框的安装

门框按施工方式不同可分为先立口和后塞口两种做法。对成品门，安装多采用后塞口法施工。

3. 门框与墙的关系

门框在墙洞中的位置有内平、居中、外平三种。框内平时，门扇开启角度最大，可以紧靠墙面，占用室内空间小，所以最常采用。对较大尺寸的门，为牢固地安装，多居中设置。门框与墙(柱面)的接触面、预埋木砖均需进行防腐处理。

7.2.2　其他材料门的构造

1. 铝合金门

铝合金门的特性与铝合金窗相似。其构造参照铝合金窗的构造做法。

2. 塑料门及彩板门

塑料门及彩板门的材料、施工方法及构造参照塑料窗及彩板窗的构造做法。

7.3　窗的构造

7.3.1　木窗的构造

1. 窗框

窗框(窗樘)由上下框、中框(中横档)、中竖框(中竖梃)及边框组成。

(1) 窗框的断面形式及尺寸

窗框的断面尺寸根据材料的强度和接榫的需要而定，一般单层窗断面尺寸为(40～60)mm×(70～95)mm；双层窗稍大些，一般为(45～60)mm ×(100～120)mm。

(2) 窗框的安装

窗框的安装有先立口和后塞口两种方式。先立口即在施工时，先将窗框立好，然后砌窗间墙。后塞口是在砌墙时先留出窗洞口，然后再安装窗框，此法施工时，洞口尺寸应比窗框尺寸大 10～20 mm。图 7.7 为窗的先立口安装示意图。

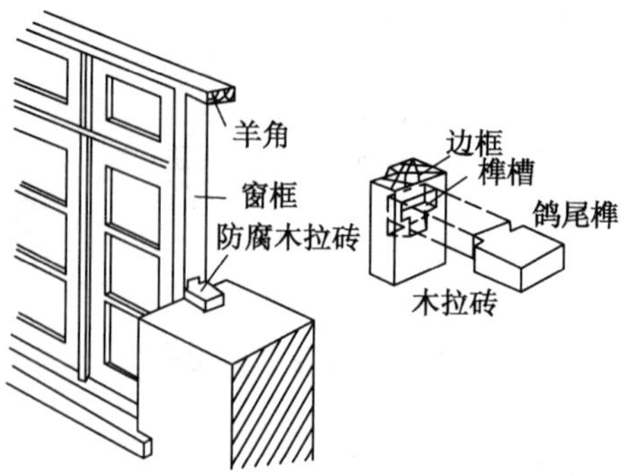

图 7.7　窗的先立口安装示意图

(3) 窗框与墙的关系

窗框在墙中的位置,有内平、外平和居中三种形式。当窗框与墙内平时窗框应凸出砖面20 mm,以便墙面粉刷后与抹灰面平。框与抹灰面交接处设贴脸板,避免风透入室内,且增加美观。当窗框与墙外平时,窗扇宜内开,靠室内一侧设窗台板,裁口在内侧,窗框留积水槽。窗框与墙居中时,应内设窗台板,外设窗台。其中,居中安装方式最为常见。

2. 窗扇

窗扇由上、下冒头、边梃和窗棂(窗芯)组成。常见的木窗扇有玻璃窗扇和纱窗扇,如图 7.8所示。

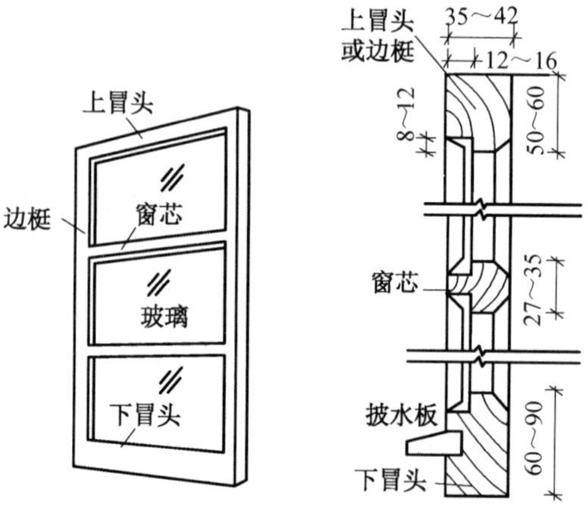

图 7.8　窗扇的组成及构造　单位：mm

(1) 玻璃窗扇

玻璃窗扇边梃、上冒头断面尺寸约为(35～42)mm×(50～60)mm,下冒头由于要承受窗扇重量,可适当加大。为镶嵌玻璃,在窗外侧要做裁口,其深度约为 10～12 mm。为使窗扇关闭严密,两扇窗的接缝处应做高低缝盖口,必要时加钉盖缝条。内开的窗扇为防雨水流入室内,在下冒头处设披水条,同时在窗框上设流水槽和排水孔。

玻璃的厚薄与窗扇分格大小有关。普通窗均采用无色透明的 3 mm 厚平板玻璃。当窗框面积较大时,可采用较厚的玻璃,还可根据不同要求,选择磨砂、压花、夹丝、吸热、有色等玻璃。窗玻璃一般先用小铁钉固定于窗扇上,再用油灰(桐油灰)镶成斜角形,必要时也可采用小木条镶嵌。

(2) 纱窗扇

由于窗纱较轻，纱窗框料尺寸较小，用小木条将窗纱固定在裁口内。

7.3.2　金属窗的构造

由于木门窗耗用木材较多，现逐渐被金属门窗取代，而金属窗常用的有钢窗和铝合金窗两种。钢窗由于其易受酸碱侵蚀，且加工和观感较差，目前已很少在民用建筑中使用，而铝合金窗因其重量轻、气密性和水密性好，隔音、隔热、耐腐蚀性能好、日常维护容易，且其色彩多样有良好的装饰效果，目前广泛应用于各类建筑中。其存在的主要不足是强度较低，如为平开窗时，尺寸过大易变形。

铝合金窗的类型较多，常用的有推拉窗、固定窗、悬挂窗等。各种窗构件都由相应的型材和配套零件及密封件加工而成。

铝合金窗按窗框厚度分系列区别其称谓，有55、60、70、90等系列。当采用平开窗时，40、55厚度系列型材其开启扇的最大尺寸分别为600 mm×1200 mm和600 mm×1400 mm；当采用推拉窗时，55、70、90厚度系列型材其开启扇的最大尺寸分别为900 mm×1200 mm、900 mm×1400 mm、900 mm×1800 mm。

铝合金窗构造如图7.9所示。

铝合金窗的安装：窗框与窗洞墙体的连接用塞口法。窗框与墙体的连接固定点，每边不得少于2点，且间距不得大于0.7 m。边框端部的第一个固定点距端部的距离不得大于0.2 m。门窗框固定好后，窗框与门窗洞四周的缝隙采用弹性材料填塞，如泡沫条、矿棉毡条等，应分层填补，外表留5～8 mm的槽口用密封膏密封。窗扇玻璃用橡皮压条固定在窗扇上，窗扇四周利用密封条与窗框保持密封。

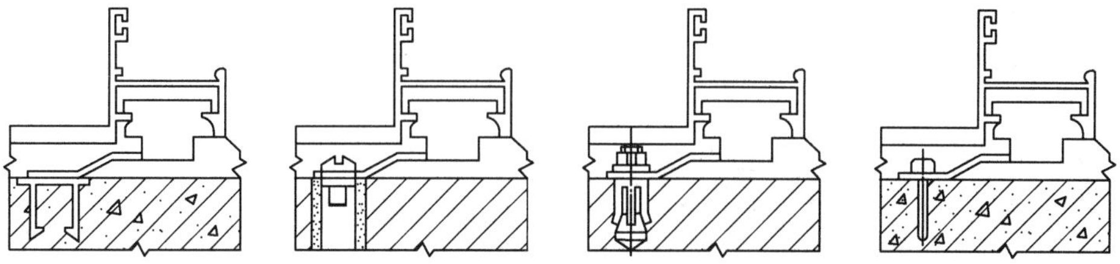

(a) 预埋件焊接连接　(b) 燕尾铁脚螺栓连接　(c) 金属胀锚螺螺栓连接　(d) 射钉连接

图7.9　铝合金窗构造

7.3.3　塑料窗的构造

塑料窗是以PVC工程塑料为原料，以专用挤压机具挤压形成空心型材作窗的框料而制成的窗。具有气密、水密、耐腐蚀、保温和隔声等性能较好的特点，且自重轻、阻燃、电绝缘性好、色泽鲜艳、安装方便、价格合理。

塑料门窗按其型材尺寸分50、60、80、90和100系列。各系列为型材断面的标志宽度。窗扇面积越大，其断面尺寸相应加大。塑料窗按开启方式分平开窗、推拉窗、旋转窗及固定窗等；按窗扇结构分为单玻、双玻、百叶窗和气窗等。

塑料门窗的构造与铝合金门窗相似。

【任务实施】

1. 根据房间的使用功能和尺寸，结合门窗尺寸模数规律，设计门窗尺寸，选择合适的门窗材料和开启方式。

2. 按 1∶50 的比例抄绘平面图，并根据设计尺寸，补齐图纸上的门窗尺寸。

【课后复习题】

一、填空

1. 最常见的木门开启方式为________。

2. 铝、塑窗框与墙体的连接，可采用在墙体内预埋钢板连接或采用________连接等。

3. 窗按照其开启方式主要可分为________、________、________、________四类。

4. 窗框与窗洞口的固定方式主要有两种，即________法和________法。

二、选择

1. 铝合金门窗中的 90 系列是指(　　)。

A. 20 世纪 90 年代标准　　B. 框宽(厚)90 mm

C. 洞口尺寸 900 mm　　D. 型材薄壁厚 9 mm

2. 在居住建筑中，室内卧室门的宽度一般为(　　)mm。

A. 700　　B. 800　　C. 900　　D. 1000

3. 在居住建筑中，使用最广泛的木门是(　　)。

A. 推拉门　　B. 弹簧门　　C. 转门　　D. 平开门

三、判断

1. 窗的有效采光面积如一般窗洞为 100%，则钢窗约为 74%～77%，木窗约为 56%～64%。(　　)

2. 从构造上讲，一般平开窗的窗扇宽度为 400～600 mm，高度为 800～1500 mm，腰头上的气窗高度为 300～600 mm。固定窗和推拉窗尺寸可以小些。(　　)

四、简答

1. 安装木门框有哪两种方法？构造要点是什么？

2. 门有哪几种开启方式？它们各有何特点及使用范围是什么？

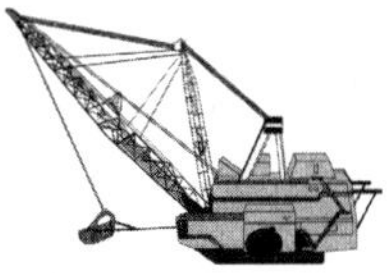

第 8 章 变形缝

建筑物由于受温度变化、地基不均匀沉降和地震等作用的影响,结构内部将产生附加应力和变形,造成建筑物开裂和变形,甚至引起结构破坏,影响建筑物的安全使用。为避免这种情况的发生,可采取如下措施:一是加强建筑物的整体性,使其具有足够的强度和刚度,以抵抗破坏应力和变形;二是事先在建筑物变形敏感的部位,将建筑构件垂直断开,以保证建筑物各部分自由变形,形成互不影响的刚度单元。这种单元之间设置的缝隙称为变形缝。

变形缝按其功能有:伸缩缝、沉降缝和防震缝。

【本章任务】

下图为天津市某单位办公楼,砖混结构,现浇钢筋混凝土楼板和屋面,左半部分办公区 4 层,右半部分会议、展示区 6 层,层高均为 3.6 m,地基均匀,采用条形基础,结合图纸和本章内容为该建筑设置变形缝,内容包括:

① 变形缝类型;

② 变形缝位置;

③ 变形缝宽度;

④ 变形缝断开的构件。

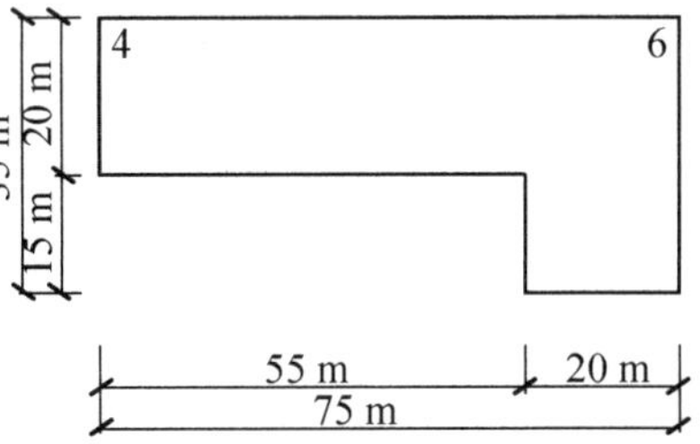

【基本知识】

8.1 伸缩缝

为预防建筑物因受到温度变化的影响而产生附加应力和变形,从而导致建筑物开裂(在较长较宽的建筑物中表现明显),通常沿建筑物长度方向每隔一定距离或在结构变化较大处预留一定宽度的缝隙,称为伸缩缝,也称温度缝。

伸缩缝要求将建筑物的墙体、楼板层、屋顶等地面以上的构件全部断开,基础部分因受温度变化影响较小,不必断开。

8.1.1 伸缩缝的设置原则

伸缩缝的间距与结构类型、所用材料、施工方法及当地温度变化情况有关。表 8－1 为钢筋混凝土结构的建筑物伸缩缝设置的最大间距。表 8－2 为砌体建筑伸缩缝的最大间距。

表 8－1 钢筋混凝土结构房屋伸缩缝的最大间距

结构类型		室内或土中(m)	露天(m)
排架结构	装配式	100	70
框架结构(框架-剪力墙结构)	装配式	75	50
	现浇式	55	35
剪力墙结构	装配式	65	40
	现浇式	45	30
挡土墙及地下室墙壁等结构	装配式	40	30
	现浇式	30	20

表 8－2 砌体建筑伸缩缝的最大间距

<table>
<tr><th>砌体类型</th><th colspan="2">屋顶或楼层结构类别</th><th>间距(m)</th></tr>
<tr><td rowspan="6">各种砌体</td><td rowspan="2">整体式或装配整体式钢筋混凝土结构</td><td>有保温层或隔热层的屋顶、楼层</td><td>50</td></tr>
<tr><td>无保温层或隔热层的屋顶</td><td>40</td></tr>
<tr><td rowspan="2">装配式无檩体系钢筋混凝土结构</td><td>有保温层或隔热层的屋顶、楼层</td><td>60</td></tr>
<tr><td>无保温层或隔热层的屋顶</td><td>50</td></tr>
<tr><td rowspan="2">装配式有檩体系钢筋混凝土结构</td><td>有保温层或隔热层的屋顶、楼层</td><td>75</td></tr>
<tr><td>无保温层或隔热层的屋顶</td><td>60</td></tr>
<tr><td>黏土砖、空心砖砌体</td><td colspan="2" rowspan="2">黏土瓦或石棉水泥瓦屋顶、木屋顶或楼层、砖石屋顶或楼层</td><td>100</td></tr>
<tr><td>石砌体</td><td>80</td></tr>
</table>

【任务要点提示】

1. 结合以上表格判断是否需要设置伸缩缝；
2. 根据建筑所处地域和功能，判定屋顶类型；
3. 假如需要设伸缩缝，应该设在哪里。

8.1.2 伸缩缝的构造

伸缩缝的宽度一般为 20～40 mm，通常采用 30 mm。

1. 墙体伸缩缝构造

根据墙体厚度、材料及施工条件不同，墙体伸缩缝可做成平缝、错口缝、企口缝等形式，如图 8.1 所示。为避免外界对室内的影响和室内使用要求以及考虑建筑立面处理的要求，伸缩缝应进行嵌缝和盖缝处理，缝内填沥青麻丝、油膏、橡胶条和泡沫塑料等弹性防水材料。当缝隙较宽时，缝口还应用镀锌铁皮、彩色钢板、铝皮等金属调节片做盖缝处理。如图 8.2

所示为内墙伸缩缝构造；图 8.3 为外墙伸缩缝构造。盖缝板条仅一侧固定，以保证结构在水平方向能自由伸缩。

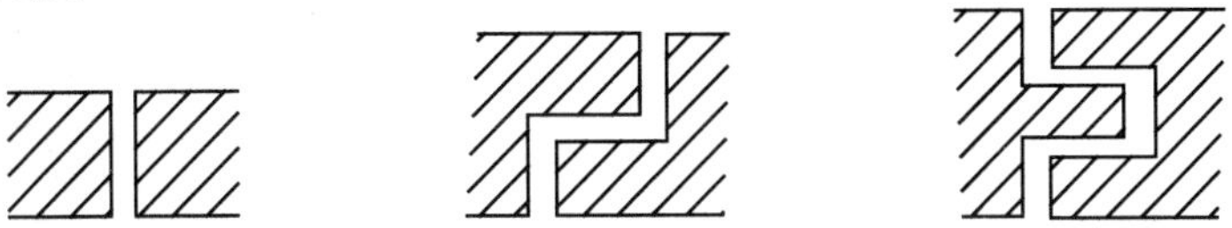

(a) 平缝　　(b) 错口缝　　(c) 凹凸缝

图 8.1　砖墙伸缩缝的截面形式

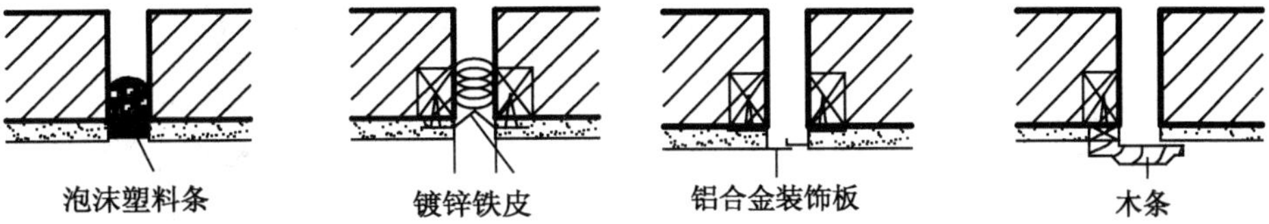

(a) 油膏嵌缝　　(b) 金属皮　　(c) 铝合金或塑铝装饰板式　　(d) 木条

图 8.2　内墙伸缩缝构造

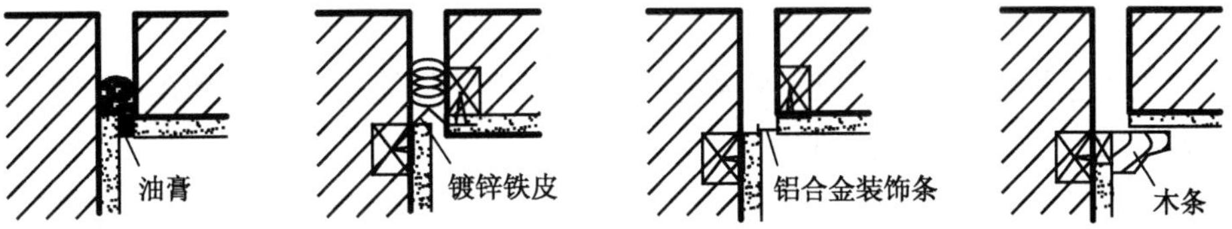

(a) 油膏嵌缝　　(b) 金属皮　　(c) 铝合金或塑铝装饰板式　　(d) 木条

图 8.3　外墙伸缩缝构造

2. 楼(地)板层伸缩缝构造

楼地面伸缩缝的处理应满足缝隙处理后地面平整、光洁、防滑等要求。其位置和缝宽与墙体、屋顶伸缩缝一致，缝内用油膏、沥青麻丝、橡胶等弹性材料做封缝处理，上面铺活动盖板或橡胶、塑料板等地面材料。顶棚的盖缝条也应单边固定，以保证构件能自由伸缩。如图 8.4 所示。

3. 屋面伸缩缝构造

屋面伸缩缝的处理应满足屋面防水构造和使用功能要求。其位置和缝宽与墙体、楼地面的伸缩缝一致。一般不上人屋面可在伸缩缝两侧加砌矮墙，并做好泛水处理。上人屋面多用油膏嵌缝并做泛水，图 8.5 为卷材防水屋面变形缝的平缝及高低缝构造示例。

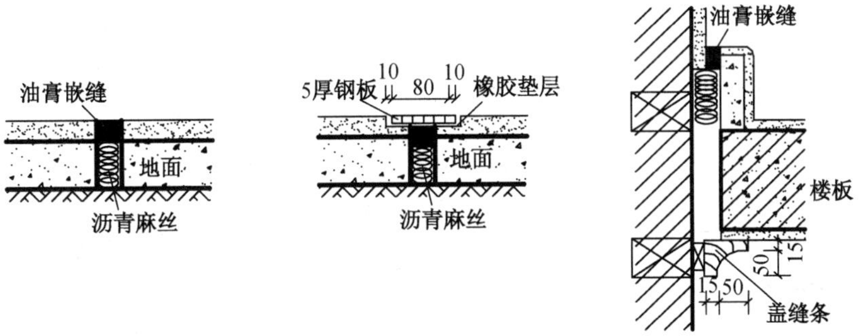

(a) 地面油膏嵌缝　　(b) 地面钢板盖缝　　(c) 楼板靠墙处变形缝

图 8.4　楼地板伸缩缝构造　单位：mm

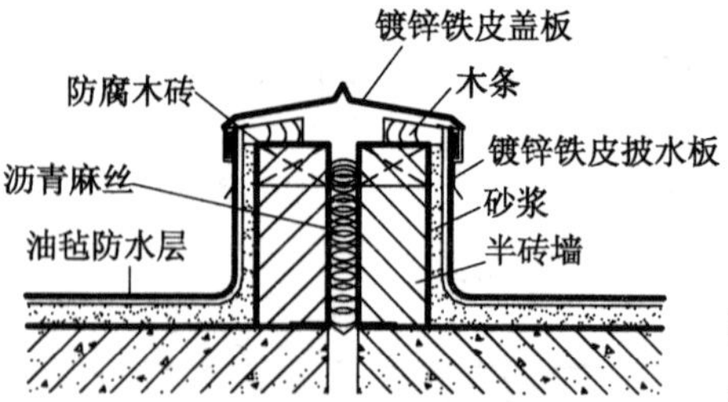

(a) 平接屋面变形缝

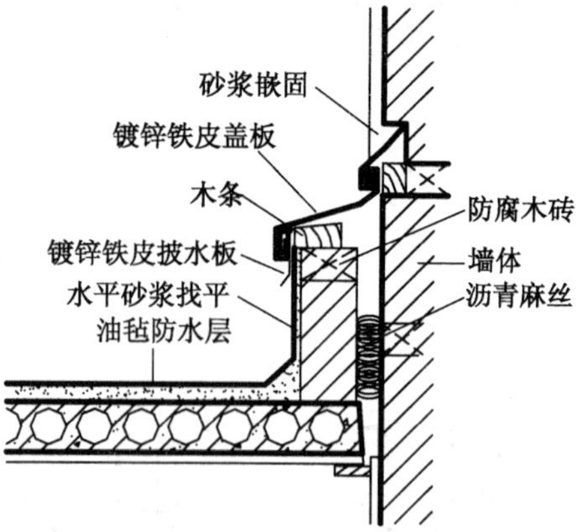

(b) 高低缝处变形缝

图 8. 5　卷材屋面伸缩缝构造

8.2　沉降缝

为预防建筑物各部分由于地基承载力不同或各部分荷载差异较大等原因引起建筑物不均匀沉降，从而导致破坏而设置的变形缝，称为沉降缝。

沉降缝要求将建筑物从基础到屋顶的构件全部断开，成为两个独立的单元，各单元能竖向自由沉降，互不影响。沉降缝可兼起伸缩缝的作用，而伸缩缝却不能代替沉降缝。

8.2.1　沉降缝的设置原则

当建筑物有下列情况时，均应考虑设置沉降缝：

(1) 当建筑物建造在地基承载力相差较大的地基土上时；

(2) 当建筑物相邻基础的宽度和埋深相差悬殊时；

(3) 当同一建筑物相邻两部分高差在两层以上或超过 10 m 时；

(4) 建筑物体形比较复杂，连接部位又比较薄弱时；

(5) 新建建筑物与原有建筑物相毗连时。

沉降缝的宽度与地基的性质和建筑物的高度有关，地基越软弱、建筑高度越大，沉降缝宽度应越大；反之，宽度则较小。不同地基条件下沉降缝的宽度如表 8－3 所示。

表 8－3　沉降缝的宽度

地基性质	建筑物高度(H)或层数	缝宽(mm)
一般地基	$H<5$ m $H=5\sim10$ m $H=10\sim15$ m	30 50 70
软弱地基	2～3 层 4～5 层 5 层以上	50～80 80～120 >120
湿陷性黄土地基	—	≥30～70

【任务要点提示】

1. 结合以上条件判断是否需要设置沉降缝；
2. 假如设置沉降缝，应该设在什么位置；
3. 缝宽是多少。

8.2.2　沉降缝的构造

1. 墙体沉降缝的构造

墙体沉降缝构造与伸缩缝构造基本相同，当兼起伸缩缝的作用时，沉降缝的盖缝条应满足水平伸缩和垂直沉降变形两方面的要求，如图8.6所示。

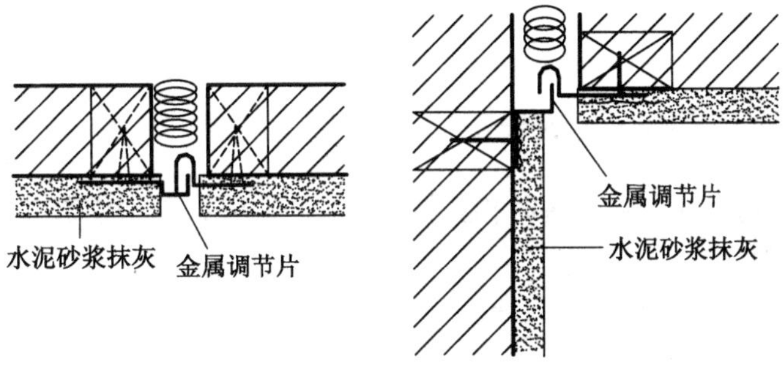

(a) 平直墙体　　(b) 转角墙体

图8.6　墙体沉降缝构造

2. 基础沉降缝的构造

基础部分沉降缝应沿基础断开，沉降缝应另外处理，常见的方式有悬挑式和双墙式。

(1) 悬挑式

为使沉降缝两侧结构单元能各自独立沉降，互不影响，可在缝的一侧做成挑梁基础。若在沉降缝的两侧设置双墙，则在挑梁端部增设横梁，在横梁上砌墙。此方案适用于两侧基础埋深相差较大或新建建筑与原有建筑相毗连的情况。如图8.7(a)所示。

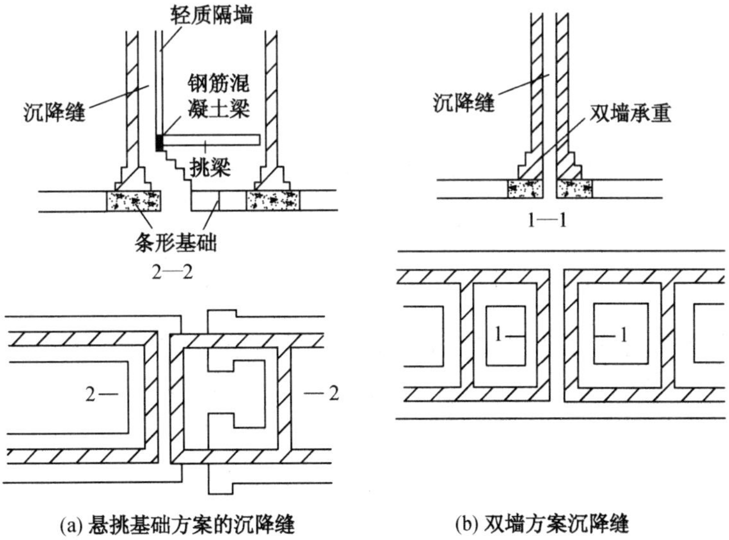

(a) 悬挑基础方案的沉降缝　　(b) 双墙方案沉降缝

图8.7　基础沉降缝处理示例

(2) 双墙式基础

在沉降缝两侧均设承重墙，墙下为各自独立的基础，保证每个结构单元有封闭连续的基础和纵横墙。这种结构整体性好，刚度大，但基础偏心受力，在沉降时会相互影响，如图8.7(b)所示。此基础处于偏心受压状态，地基受力不均匀，有可能向中间倾斜，只适用于低层、耐久年限短且地质条件较好的情况。如采用双墙基础交叉式基础方案，沉降缝两侧墙下均设置基础梁，基础放脚分别伸入另外一侧基础梁下，这种做法地基偏心将会大大改善，但施工难度大、工程造价较高。

3. 屋顶沉降缝构造

屋顶沉降缝处泛水金属调节盖缝铁皮或其他构件均应考虑沉降变形的要求，并利于维修，构造与伸缩缝相似。

8.3 防震缝

为了防止建筑物各部分在地震时相互拉伸、挤压或扭转，从而引起建筑物的破坏而设置的变形缝，称为防震缝。

防震缝应沿建筑物全高设置。一般情况下基础可不分开，但在平面复杂的建筑中，应将基础分开。

8.3.1 防震缝的设置原则

1. 对钢筋混凝土框架、框架-抗震墙结构与排架组成的框排架结构，有下列情况之一时，应设防震缝：

(1) 房屋贴建于框排架结构；

(2) 结构的平面布置不规则；

(3) 质量和刚度沿纵向分布有突变。

2. 防震缝的最小宽度应符合下列要求：

(1) 贴建房屋与框排架结构间：

6 度、7 度时　　60 mm；

8 度时　　70 mm；

9 度时　　80 mm。

(2) 框排架结构单元间，当结构高度在 15 m 以下时，可采用 100 mm；当结构高度超过 15 m 时，对 6 度、7 度、8 度和 9 度，分别每增高 5 m、4 m、3 m、2 m 时，缝宽增加 20 mm。

8.3.2 防震缝的构造

由于防震缝的宽度较大，在构造上应充分考虑盖缝条的牢固和适应变形的能力。如图8.8所示。

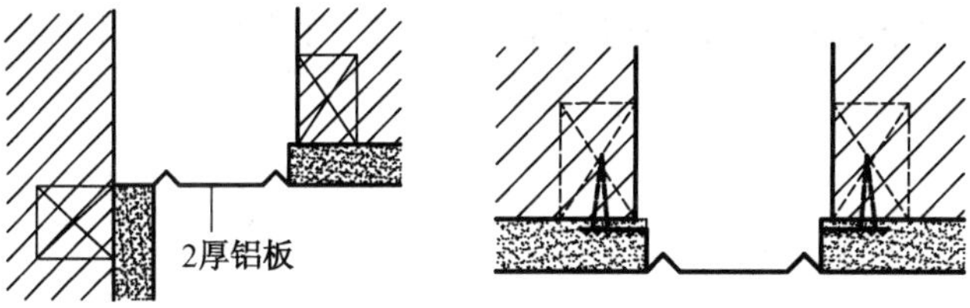

(a) 外墙防震缝构造

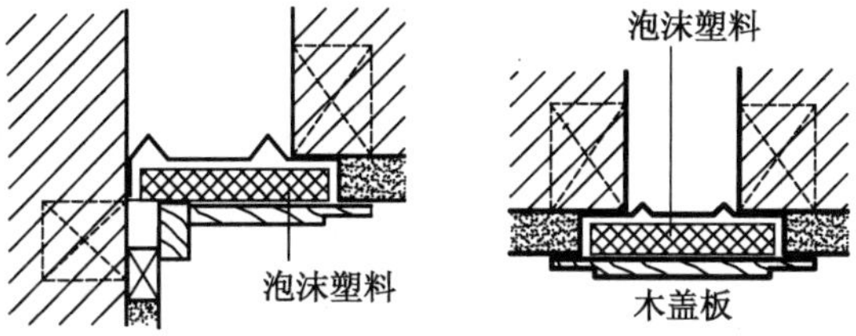

(b) 内墙防震缝构造

图 8.8　墙身防震缝构造

【任务要点提示】

1. 结合以上条件判断是否需要设置防震缝；

2. 假如设置防震缝，应该设在什么位置；

3. 缝宽是多少；

4. 查看《建筑抗震设计规范》(GB50011—2010)，确定建筑的抗震设防烈度。

【任务实施】

1. 按合适的比例抄绘图纸；

2. 在图纸上标注变形缝的位置、尺寸和类型；

3. 注意各种变形缝有没有可以合并的，如何合并。

【课后复习题】

一、填空

1. 变形缝包括__________、__________、__________。

二、选择

1. 同时新建房屋的相邻基础宜埋置在同一深度上，并设置(　　)。

A. 伸缩缝　　B. 沉降缝

C. 分格缝　　D. 防震缝

2. 当建筑物长度较大时，为防止温度效应，应设置(　　)。

A. 分格缝　　B. 防震缝

C. 沉降缝　　D. 伸缩缝

3. 在下列(　　)情况下，建筑物可不设置防震缝。

A. 高差大于两层　　B. 结构刚度差异较大

C. 建筑物长度较大　　D. 有错层

三、判断

1. 变形缝都是从地下基础、地面墙体直至屋顶全部断开的构造缝。　(　　)

2. 沉降缝是从地下基础、地面墙体直至屋顶全部断开的构造缝，而伸缩缝、防震缝只在地面上设置。 （　　）

四、简答

1. 变形缝的定义是什么？分为哪几类？各类之间的区别是什么？

2. 简述沉降缝的设置部位。

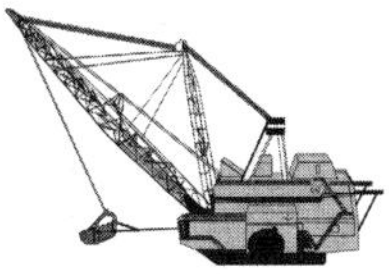

第9章 建筑工业化

建筑工业化是利用现代工业生产方式建造房屋。它是将大量性建造的房屋作为整套工业产品，根据使用要求、材料资源和技术经济条件，采用标准化设计，使建筑构配件实现成套配制，并用与其相适应的生产工艺、运输、吊装以及内外装修等工序，实现构配件的生产工厂化、产品定型化、安装机械化、管理科学化。因此建筑工业化包括设计标准化、施工机械化、生产工厂化、管理科学化。

发展建筑工业化，目前主要采用两种途径：一是发展预制装配式建筑。预制装配式建筑，就是在工厂或现场生产建筑构配件，用机械在现场进行安装的建筑。这种方法特点是：生产效率高、构件质量好、受季节影响小，可以均衡生产，但生产基地一次性投资大。二是全现浇和现浇与预制相结合的建筑。这类建筑主要有大模板建筑、滑升模板建筑及升板建筑等。其特点是生产基地一次性投资较前者少，且适应性强、节省运输费用、结构整体性好，但工期长、湿作业多等。

目前装配式建筑主要有砌块建筑、框架轻板建筑、装配式大板建筑、大模板建筑、盒子建筑等。

【本章任务】

1. 建筑工业化的意义和特征。
2. 工业化建筑体系类型。

【基本知识】

9.1 砌块建筑

砌块建筑指墙体由预制块材装配而成的建筑物。砌块可用混凝土或工业废料(炉渣、粉煤灰、煤矸石等)作为原料，它可以是实心或空心的。这种建筑的施工方法基本与砖混结构相同。

9.1.1 砌块类型

砌块类型较多，按用途分承重砌块和非承重砌块；按材料分普通混凝土砌块和轻骨料砌块(如煤矸石混凝土、陶粒混凝土、炉渣混凝土砌块)、加气混凝土砌块、粉煤灰砌块；按构造形式分实心砌块(无孔洞或孔洞率＜25%)和空心砌块(孔洞率大于≥25%)；按尺寸及质量分小型砌块(每块 20 kg 以下)、中型砌块(每块 350 kg 以下)、大型砌块(每块 350 kg 以上)。小型砌块可以用手工砌筑，施工条件完全与砖混结构一样。中型砌块采用轻便的中、小型起重运输设备施工，大型砌块则需要比较大型的调装设备。常用砌块类型及规格见表 9-1。

表 9－1　常用砌块类型及规格

	小型砌块	中型砌块	大型砌块	
分类		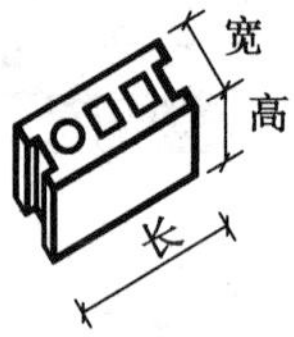	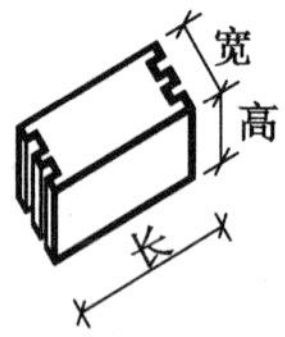	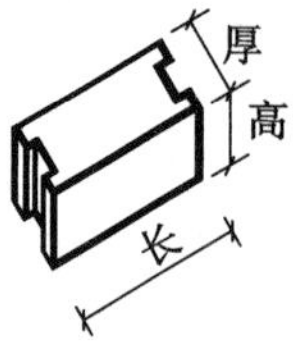
用料及配合比	C15 细石混凝土，配合比经计算与实验确定	C20 细石混凝土，配合比经计算与实验确定	粉煤灰：530～580 kg/m³ 石灰：150～160 kg/m³ 磷石膏：35 kg/m³ 煤渣：960 kg/m³	粉煤灰：68%～75% 石灰：21%～23% 石膏：4% 泡沫剂：1%～2%
强度(MPa)	MU3.5～MU5.0	MU5.0～MU7.5	MU15～MU20	MU7.5～MU10
规格 厚×高×长 (mm)	90×190×190 190×190×190 190×190×390	180×845×630 180×845×830 180×845×1030 180×845×1280 180×845×1480 180×845×1680 180×845×1880 180×845×2130	190×380×280 190×380×430 190×380×580 190×380×880	厚：200 高：600,700,800,900 长：2700,3000,3300,3600
最大块重量(kg)	13	295	102	650
使用情况	广州、陕西等地用于住宅建筑	浙江：用于3～5层宿舍和住宅	上海：用于4,5层宿舍和住宅	天津：用于4层宿舍、3层学校

9.1.2　砌块的构造

砌块墙体和砖墙一样，为了砌筑的需要，必须在多种规格的砌块间进行排列设计，将砌块彼此交搭进行砌筑，以保证有一定的整体性；因砌块尺寸比砖大，仅以砂浆来黏结不可能保证砌体的整体性，必须采取加固措施；砌块不能随意砍断，为了砌筑的需要，搭砌之前应先试摆，不够整砌块处，可用辅助砌块调节错缝，当不能满足错缝要求时，用普通砖补砌。因此砌块建筑应符合相应的排列原则和构造要求。

1. *砌块建筑的排列原则*

砌块墙在砌筑前应进行排列组合，砌块排列组合的原则为：排列力求整齐、具有规律性；纵横墙牢固组砌，提高墙体的整体性；上下皮砌块应错缝搭接，尽量减少通缝，保证墙体的强度和刚度；尽可能减少普通黏土砖补砌；为达到施工机械化，应充分利用吊装机械的设备能力，尽可能采用最大规格的砌块。

2. *砌块建筑的构造*

为保证砌块建筑拥有良好的整体性，除进行排列设计以外，还应采取如下一些构造措施：

(1) 砌块建筑在房屋四个大角、外墙转角、楼梯间四角设置构造柱或芯柱，芯柱用C15细石混凝土填入砌块孔中，并在孔中插入通长钢筋。见图9.1。

(2) 砌块建筑应每层楼设圈梁，加强墙体的整体性。圈梁通常和窗过梁合并，可现浇也可预制成圈梁砌块，圈梁断面尺寸应与砌块尺寸相协调，圈梁配筋按各地区的要求选用。

(3) 砌块砌缝可采用平缝、凹槽缝或高低缝等，见图9.2、图9.3。平缝制作简单，多用于水平缝，而凹槽缝灌浆方便，多用于垂直缝。缝宽根据砌块尺寸而定，一般小型砌块为10～15 mm，中型砌块为15～20 mm。砂浆强度由计算确定，一般不低于M5。

(4) 砌块砌体应分皮错缝搭接，如上下皮的搭接长度不能满足要求时，应在水平缝内设置不少于2ϕ4的焊接钢筋网片，网片两端均应超过该垂直缝，其长度不得小于300 mm。如图9.4所示。

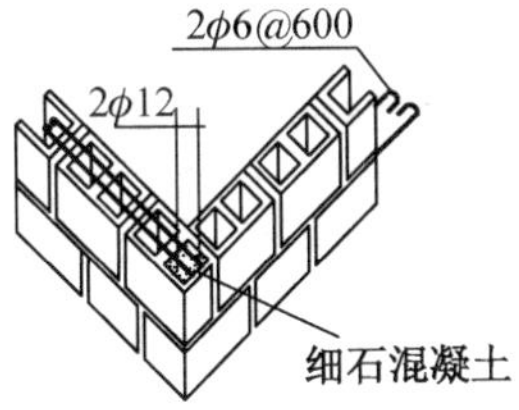

图9.1　砌块建筑构造柱

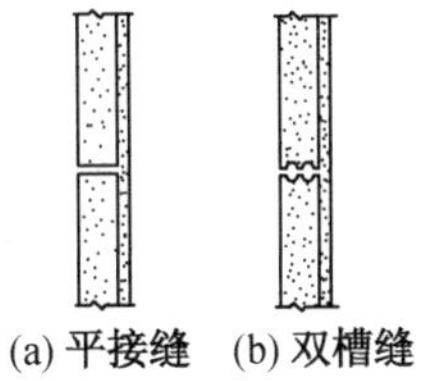

图9.2　砌块砌筑水平缝

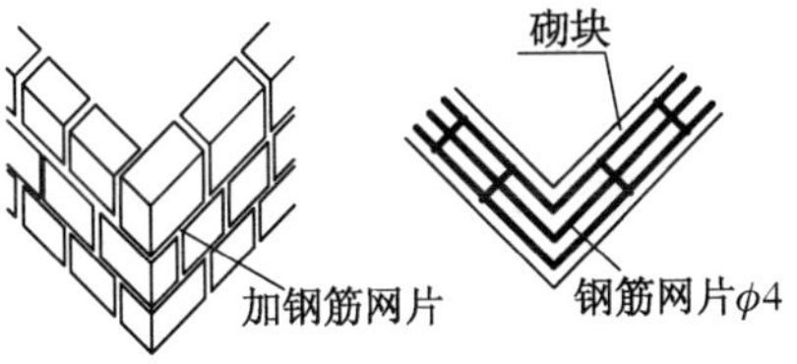

图9.3　砌块砌筑垂直缝

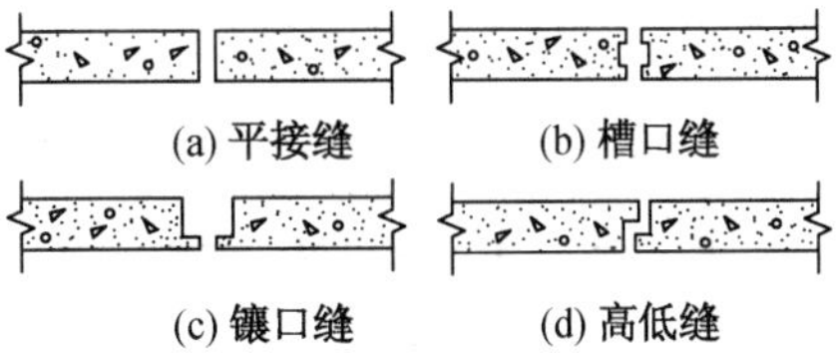

图9.4　钢筋网片

(5) 砌块建筑的外墙宜做外饰面，来提高防渗水能力和改善墙体的热工性能。

9.1.3　砌块建筑的优缺点和适用范围

砌块建筑的施工方法和混合结构施工方法相同，砌块建筑的优点为设备简单、施工速度较快、省人工、便于就地取材、能大量利用工业废料和造价低廉等。但是，砌块建筑还存在着强度低、容重大、湿作业多、墙体易裂缝等缺点。因此，砌块建筑一般适用于六层以下的住宅、学校、办公楼等建筑。

【任务要点提示】

1. 砌块建筑的构造要求。
2. 砌块建筑一般适用于六层以下的住宅、学校、办公楼等建筑。

9.2　框架板材建筑

框架板材建筑指由柱、梁和楼板组成的框架和墙板组成的建筑。它的基本特征是柱、梁和楼板组成的框架为承重骨架，墙板仅作为围护和分隔空间的构件，设计时应分别考虑。

9.2.1 框架结构分类

1. 按所用材料

框架按材料分钢框架和钢筋混凝土框架，其中钢筋混凝土框架是常用的结构类型，柱、梁和楼板均采用钢筋混凝土。钢框架在多、高层建筑中采用，柱、梁为钢材，楼板采用钢筋混凝土或钢板。

2. 按受力特点

框架按受力特点分横向框架、纵向框架和双向框架。在横向框架中横向梁为承重梁，纵向梁仅起联系、支撑的作用；在纵向框架中纵向梁为承重梁，横向梁仅起联系、支撑的作用；在双向框架中横向和纵向梁均为承重梁，共同起承重、联系、支撑的作用。见图9.5所示。

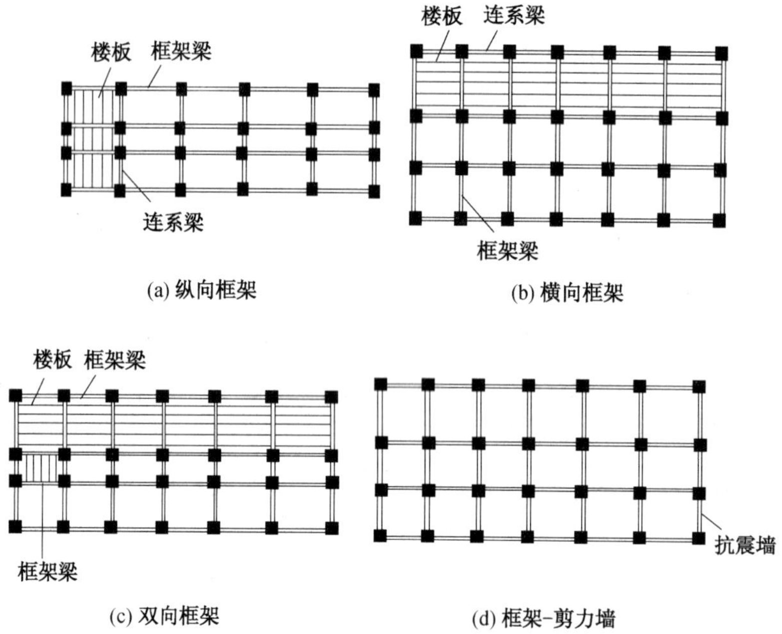

图 9.5 横向框架、纵向框架、双向框架及框架剪力墙

3. 按施工方法

框架按施工方法分全现浇、全装配和装配整体式三种。

4. 框架按承受水平力和竖向力的不同分纯框架和框架-剪力墙结构。

9.2.2 框架结构构件的连接

框架结构构件的连接主要包括梁与柱的连接、梁与板的连接和板与柱的连接。

1. 梁与柱的连接

梁与柱通常在柱顶进行连接，常用的连接方法有叠合梁现浇连接和浆锚叠压连接，见图9.6。叠合梁现浇连接方法是把上下柱、纵横梁的钢筋都伸入节点，加配箍筋后浇灌混凝土形成整体。其特点是节点刚度大，故常用。浆锚叠压连接是将纵横梁置于柱顶，上下柱的竖向钢筋插入梁上预留孔，灌入高强砂浆将柱筋锚固，使梁柱连接成整体。

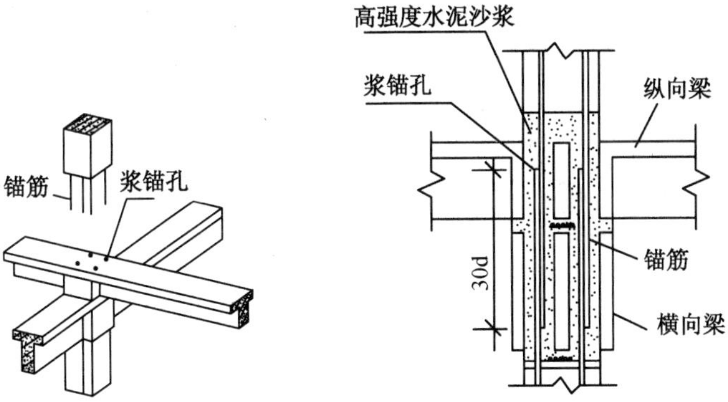

(a) 叠合梁现浇连接

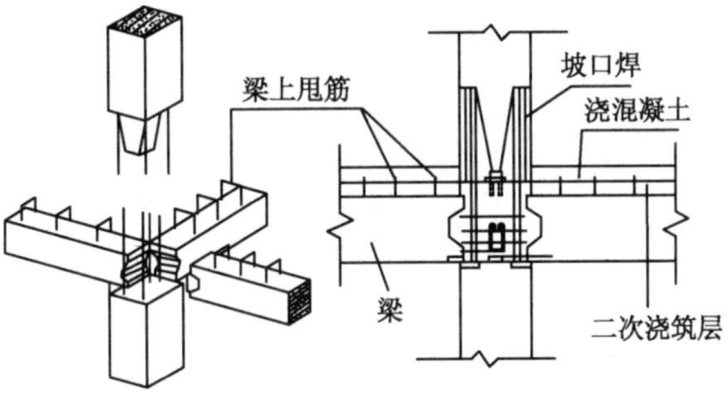

(a) 浆锚叠压连接

图 9.6　梁与柱的连接　单位：mm

2. 梁与楼板的连接

为了使梁与楼板整体连接，常采用楼板与叠合梁现浇连接，如图 9.7 所示。

叠合梁有预制和现浇两部分组成，在预制梁上部预留出箍筋，预制板放在梁侧，沿梁纵向放入钢筋后浇筑混凝土，将梁与楼板连接成整体。这种连接方式的优点是整体性强，在层高不变时，增大室内空间。

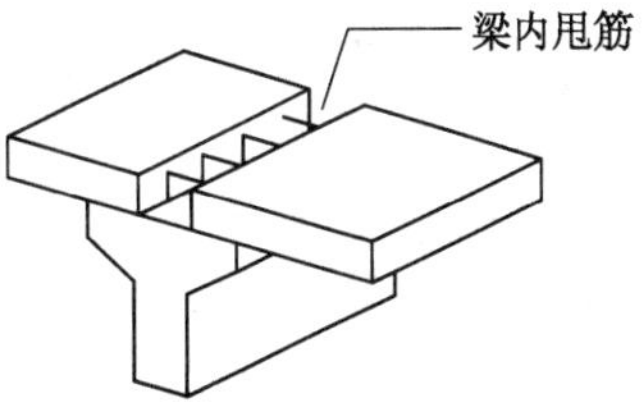

图 9.7　梁与楼板的连接

3. 柱与楼板的连接

柱与楼板连接时楼板直接支承在柱上，其连接方法有三种：现浇连接、浆锚叠压连接和后张法预应力连接，具体连接如图 9.8 所示。

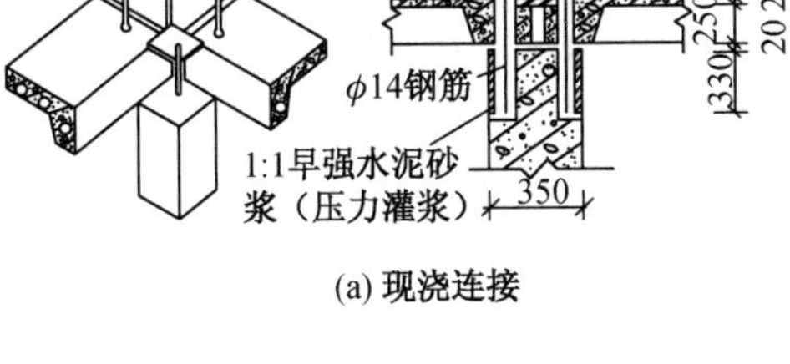

(a) 现浇连接

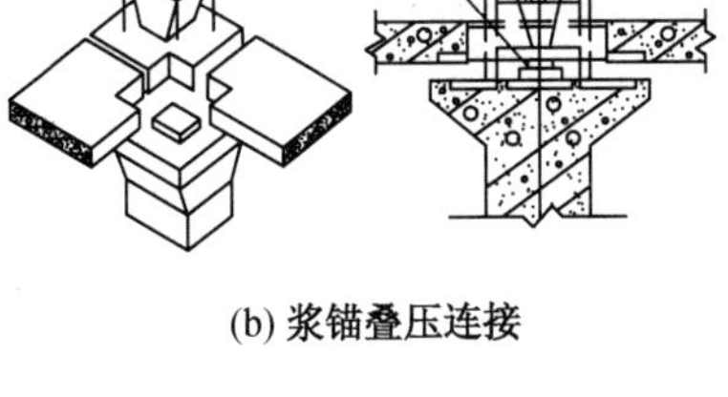

(b) 浆锚叠压连接

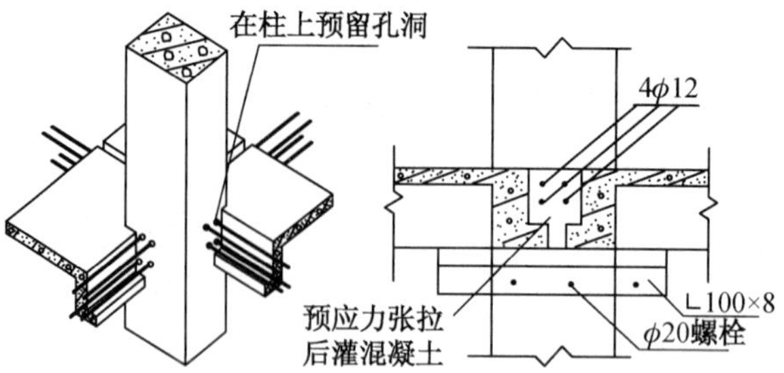

(c) 后张法预应力连接

图 9.8　柱与楼板的连接　单位:mm

9.2.3　外墙板类型、布置方式和连接构造

1. 外墙板类型

外墙板按使用材料分单一材料的混凝土墙板、复合材料墙板、玻璃幕墙和金属幕墙四类。单一材料用轻质保温材料制作,如加气混凝土等。复合材料由内外壁和夹层组成,外壁选用耐久性和防水性均比较好的材料,如轻骨料混凝土板等,内壁选用防火性能好,便于装修的材料,如石膏板、塑料板等。夹层选用容重小、热工性能好、廉价的材料,如加气混凝土、泡沫塑料、膨胀珍珠岩、玻璃棉、矿棉等。

2. 外墙板布置方式

外墙板布置方式分在框架外侧、在框架之间和安装在附加墙架上三种方式。外墙板安装在框架外侧时,对房屋的保温有利;外墙板安装在框架之间时,框架暴露在外,在构造上需保温处理,防止外露的框架柱和楼板成为冷桥;轻型墙板通常需安装在附加墙架上使外墙具有足够的刚度,保证在风荷载和地震作用下不会变形。

3. 外墙板与框架的连接

外墙板采用上挂、下承支承于框架柱、梁或楼板上。根据板材类型和板材的布置方式采用焊接法、螺栓连接法、插筋锚固等方法将其固定在框架上,如图 9.9 所示。

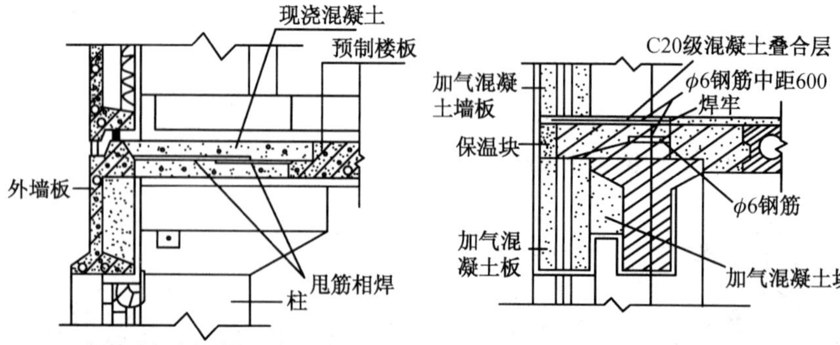

(a) 钢筋砼复合外墙板和框架的连接　(b) 加气砼外墙板和框架的连接

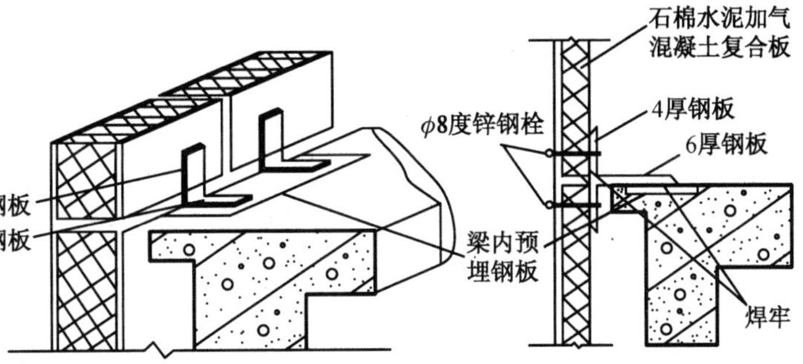

(c) 石棉水泥复合外墙板和框架的连接

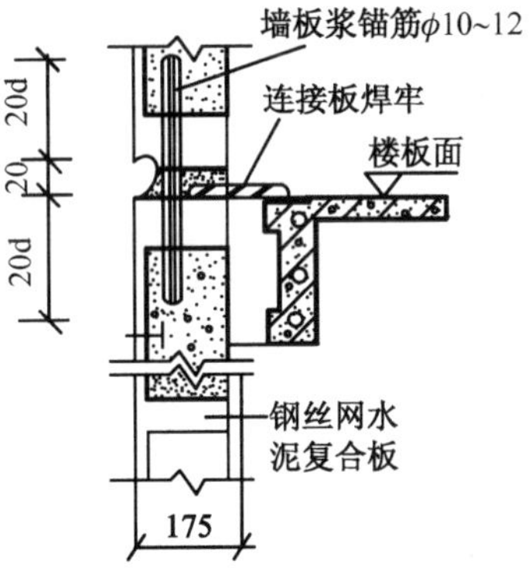

(d) 钢丝网水泥复合外墙板和框架的连接

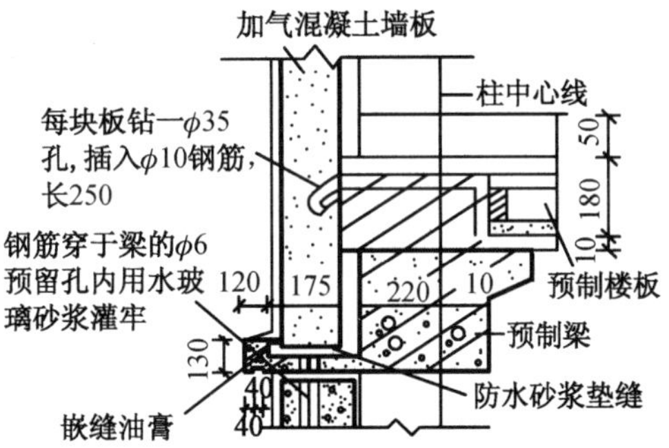

(e) 加气混凝土外墙板和框架的连接

图 9.9　外墙与框架的连接　单位：mm

9.2.4　框架板材建筑的优缺点和适用范围

轻板框架建筑具有空间分隔灵活、自重轻、节省材料和有利于抗震等优点，但存在着钢材水泥用量大、构件总量和吊装次数多、接头工作量大和工序多等缺点，可用于各种要求的工业和民用建筑。

【任务要点提示】

1. 梁与柱的连接要求。
2. 梁与楼板的连接要求。
3. 柱与楼板的连接要求。

9.3　装配式大板建筑

装配式大型板材建筑，简称大板建筑，是由预制的大型内、外墙板和楼板、屋面板、楼梯等构件装配组成的建筑。大板建筑即大墙板、大楼板、大屋面板的简称，也可称作壁板建筑，如图 9.10 所示。

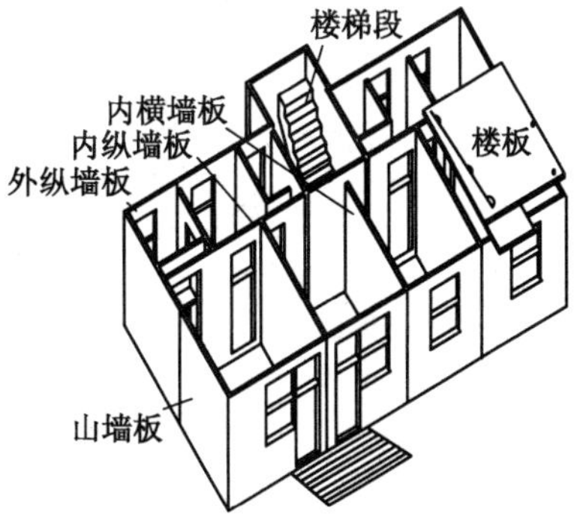

图 9.10　大板建筑

9.3.1 大板建筑主要构件类型

大板建筑主要构件包括墙板、楼板、屋面板和楼梯。

1. 墙板

墙板按安装的位置分内墙板和外墙板；按材料分砖墙板、混凝土墙板、工业废渣墙板；按受力分承重墙板和非承重墙板；按构造形式分单一材料墙板和复合材料墙板。如图 9.11、图 9.12 所示。

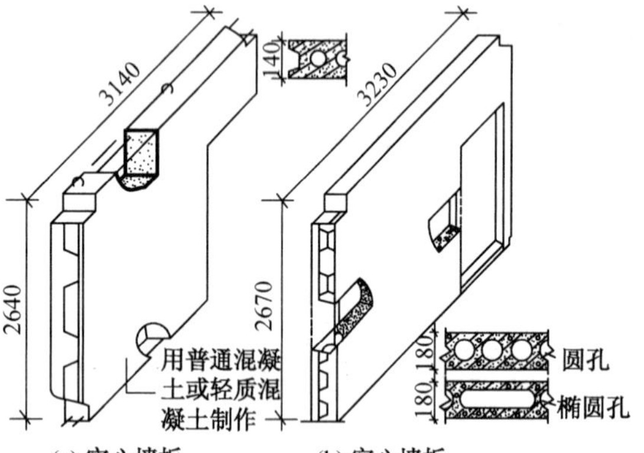

(a) 实心墙板　(b) 空心墙板

图 9.11　承重内墙板类型　单位：mm

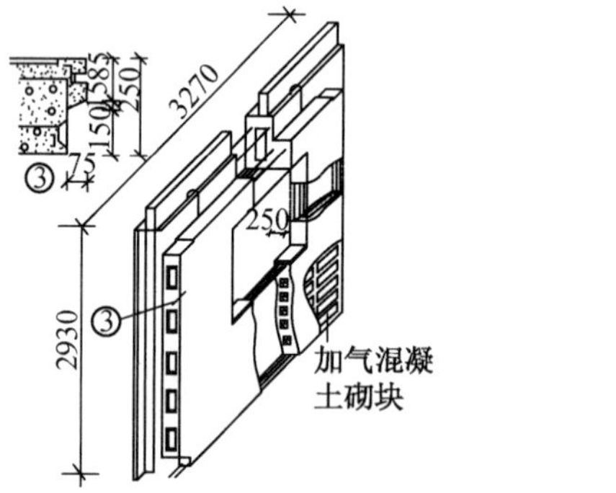

加气混凝土块钢筋混凝土复合板空心墙板

图 9.12　复合材料外墙板类型　单位：mm

内墙板是装配式大型板材建筑的主要竖向承重构件。外墙板是房屋的外围护构件，分承重外墙板和非承重外墙板两类。其不论承重与否都要满足防水、保温等要求。

2. 楼板

大板建筑的楼板有三种平面形式，即与砖混结构相同的小块楼板、半间一块的大楼板和整间一块的大楼板。大楼板一般采用钢筋混凝土空心板或预应力混凝土空心板，而预应力钢筋混凝土楼板的构造形式通常有空心板、实心板和肋形板，其中在肋形板中填充轻质材料等。在设计中，为减轻大楼板的重量，通常采用轻质材料填芯楼板、方模填芯楼板、圆孔空心板和椭圆孔空心板。

板的四边预留缺口和甩出钢筋，以便与墙板连接，钢筋混凝土楼板形式如图 9.13 所示。

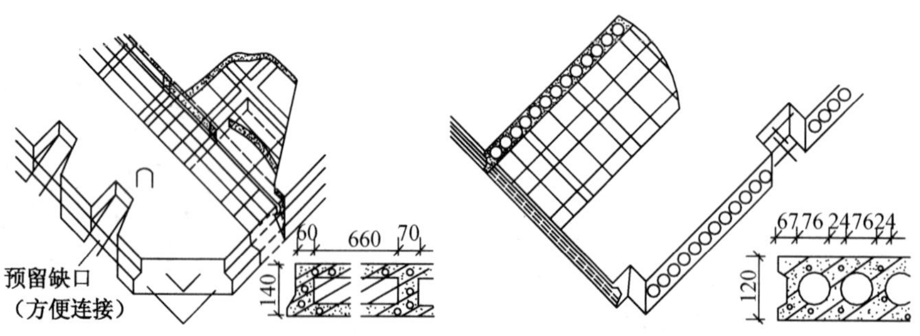

(a) 轻质材料填芯楼板　(b) 圆孔空心楼板

图 9.13　大楼板的种类　单位：mm

3. 屋面板

屋面板是屋顶的承重结构，要求有一定的强度和刚度，同时，屋顶满足防水、排水、保温、天棚平整和外形美观等要求。大板建筑的屋顶可用小块的、半间的或整间的大楼板作屋顶的结构层，另加檐部构件、防水层和保温层。大板建筑的屋顶多为平屋顶，构造形式与平屋顶相似。

4. 楼梯

楼梯预制时可将梯段和平台分开预制，也可将梯段和平台连成一体预制，因分开预制较为方便，故使用较广。平台与楼梯两侧墙板的连接可分平台直接支承在焊于侧墙板上的钢牛腿上，和将平台板做成带把的单架板支承在侧墙板的预留洞或槽内，如图9.14所示。

5. 大板建筑的其他构件

大板建筑还有阳台构件、挑檐板和女儿墙等其他构件。

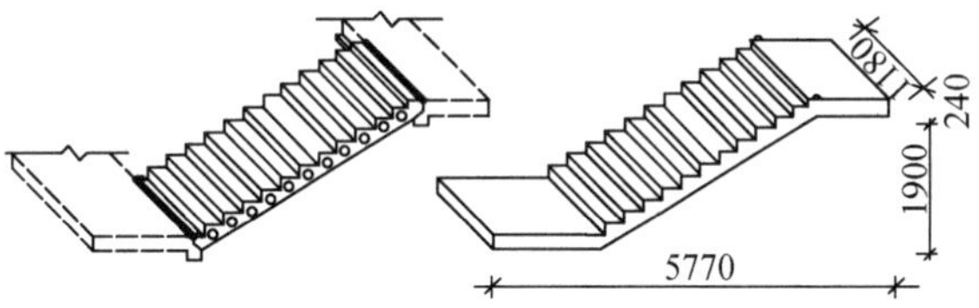

(a) 梯段与平台板分开预制　(b) 梯段与平台板整体预制

图9.14　楼梯　单位：mm

9.3.2　大板建筑的节点构造

大板建筑的节点构造包括板材间的连接、外墙板的接缝防水处理和其他部位的接缝处理。

1. 板材连接方法

板材的连接方法一般有干法连接和湿法连接，干法连接借助于预埋在板边缘的铁件，通过焊接或螺栓将板材连成一体。湿法连接是在板材边缘预留钢筋，安装时将这些预留筋互相绑扎或焊接，然后在板缝中浇灌混凝土。如图9.15和9.16所示。

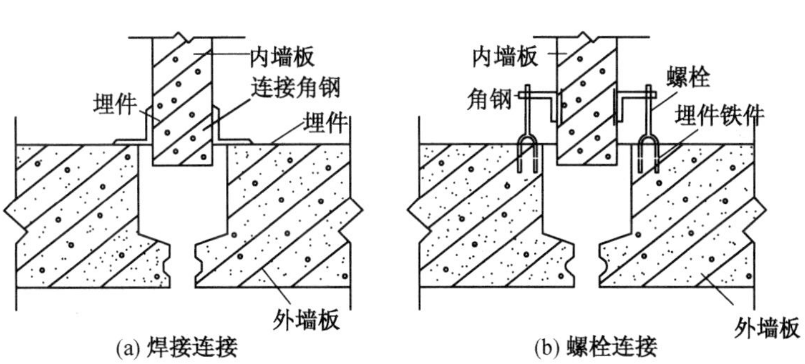

(a) 焊接连接　(b) 螺栓连接

图9.15　板材的湿法连接

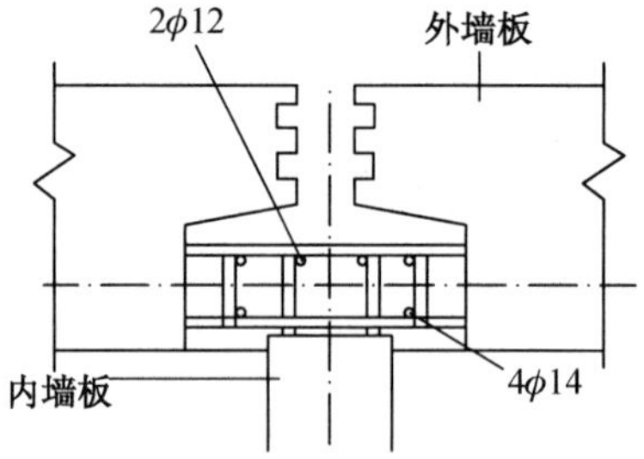

装配整体式接头

图 9.16 板材的干法连接 单位：mm

2. 外墙板接缝防水构造

外墙板之间的接缝是最容易漏水和产生冷桥的地方。原因是墙板间的灌缝混凝土和砂浆开裂，使雨水顺缝渗入室内。导致裂缝产生的原因很多，如温湿度变形、地基不均匀沉降、灌缝不密实和缝内材料干缩等。解决板缝渗漏的措施有三种：材料填缝防水、构造防水、材料防水和构造防水相结合。

材料填缝防水是在外墙板接缝口填嵌防水密封材料，用材料的堵截作用防止雨水的渗入，防水密封材料包括塑性材料和弹性材料。常用填缝材料有砂浆和油膏两大类。图 9.17 是材料填缝防水构造。

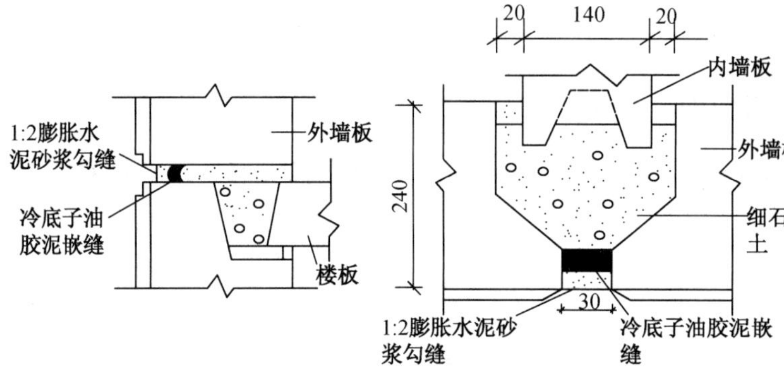

图 9.17 外墙板材料填缝防水构造

构造防水是在接缝外口做适当的构造处理，使雨水顺利下流。构造防水做法有水平缝和垂直缝。水平缝的构造处理采取开敞式，不存在毛细管作用，如图 9.18 所示。垂直缝一般采取宽空腔构造防水做法，严寒地区可采用双腔缝防水做法，如图 9.19 所示。

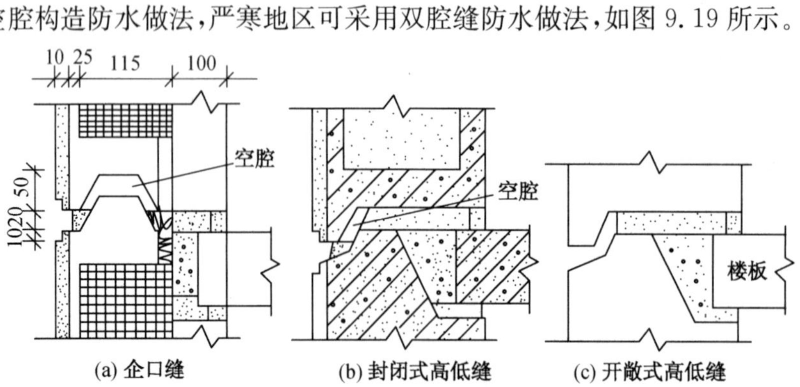

(a) 企口缝 (b) 封闭式高低缝 (c) 开敞式高低缝

图 9.18 水平缝构造 单位：mm

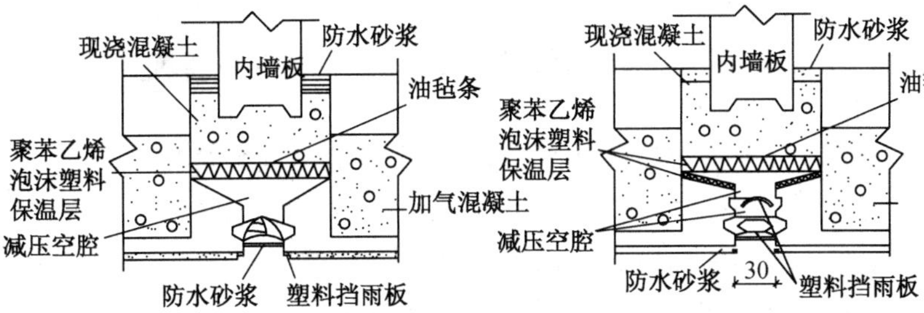

图 9.19 垂直缝构造

材料防水和构造防水相结合是除采用构造防水外，还用弹性材料或粘塑性材料嵌缝或盖缝。这样即使接缝出现变形，也能防止形成内外贯通的裂缝，具有防水和防风的双重功能。

【任务要点提示】

1. 板材连接方法。

2. 外墙板接缝防水构造。

9.4 其他类型的工业化建筑

用现代工业化生产方式建造房屋除了砌块建筑、框架板材建筑、装配式大板建筑外，还有大模板建筑、滑模建筑、升板建筑和盒子建筑等其他类型的工业化建筑。

9.4.1 大模板建筑

大模板建筑是用工具式大型模板来现浇混凝土楼板和墙体的一种建筑，如图 9.20 所示。

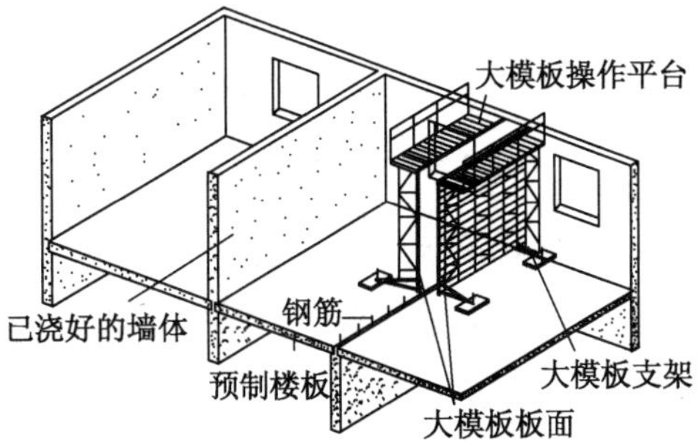

图 9.20 大模板建筑

1. 类型及构件

大模板建筑的类型有全现浇大模板建筑、现浇和预制装配的大模板建筑。现浇和预制装配的大模板建筑包括内外墙全现浇、内墙现浇外墙挂板（内浇外挂）、内墙现浇外墙砌砖（内浇外砌）三种类型。

大模板建筑主要构件包括内墙板、外墙板和楼板。

2. 大模板建筑节点构造

大模板建筑节点构造主要是现浇和预制装配相结合的大模板建筑的节点构造。其构造做法主要有以下四点：

（1）外墙板间或内外墙板间是通过在交接处设置构造柱进行连接。

（2）预制楼板与外墙板的连接是通过在连接处设置圈梁进行连接。

（3）预制楼板与内墙的连接构造，将钢筋混凝土楼板伸进现浇墙内 35～45 mm，使相邻楼板之间至少有 70～90 mm 的空隙作为现浇混凝土的位置。

（4）现浇内墙和外砌砖墙的连接是先砌筑外墙，在与内墙交接处砖外墙砌成凹槽，并在砖墙内放置拉结钢筋，绑扎内墙钢筋时将砖内墙拉结钢筋连接在一起，待浇筑内墙混凝土时，砖墙的预留凹槽便形成钢筋混凝土构造柱，将内外墙牢固地连接在一起。

9.4.2 滑模建筑

滑模建筑是用滑升模板来浇筑墙体的一种建筑，其工作原理是利用墙体内的钢筋作为支承杆，将模板系统支承在支承杆上，用液压千斤顶带动模板系统沿着支承杆慢慢向上滑动，边升边浇筑混凝土墙体，直到浇到顶层才把模板系统拆卸下来，滑模布置方式见图 9.21。

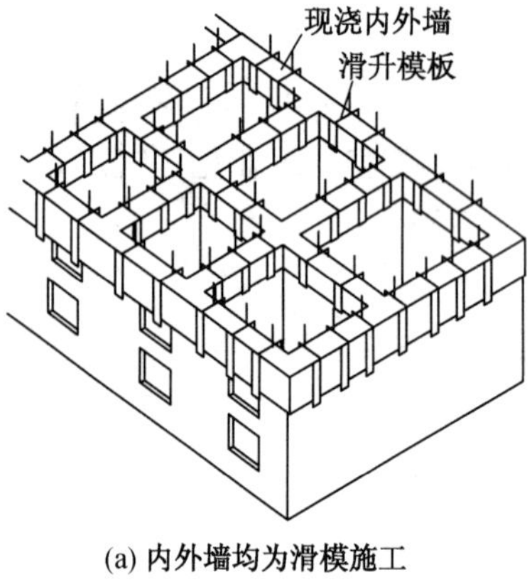

(a) 内外墙均为滑模施工

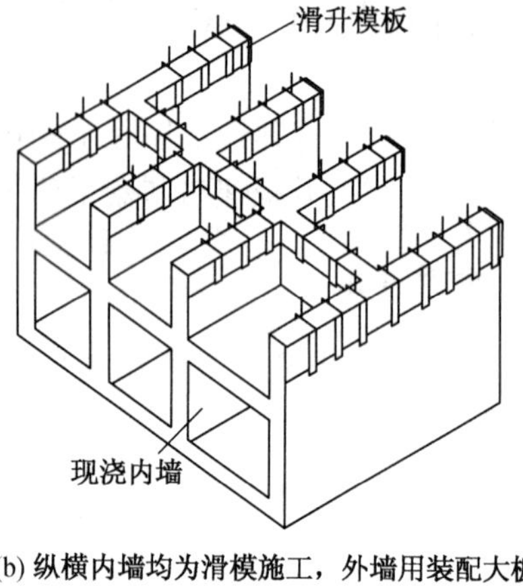

(b) 纵横内墙均为滑模施工，外墙用装配大板

图 9.21 滑模布置方式

滑模建筑的门窗洞口应在模板提升和浇筑混凝土的过程中留出。楼板采用预制或现浇，不论现浇或预制楼板，均可采用集中滑升集中现浇或安装、分段滑升分段现浇或安装、边滑边浇或边安装等施工方法。

9.4.3 升板建筑

升板建筑就是以房屋自身网状排列的柱子为导杆，将预制楼板和屋面板提升就位的一种建筑，如图 9.22 所示。

升板建筑是在柱基浇筑完毕后，将预制好的每个柱子由下而上立起、连接直到顶层，将提升设备安装在每个柱子的顶端，做好室内地坪，按照要求叠层制作预制楼板和屋面板，当板的强度达到要求时，将楼板和屋面板由上而下逐层提升，直到屋面板安装完毕，见图 9.23。然后再逐步完成外墙、楼梯、隔墙和门窗等构造。

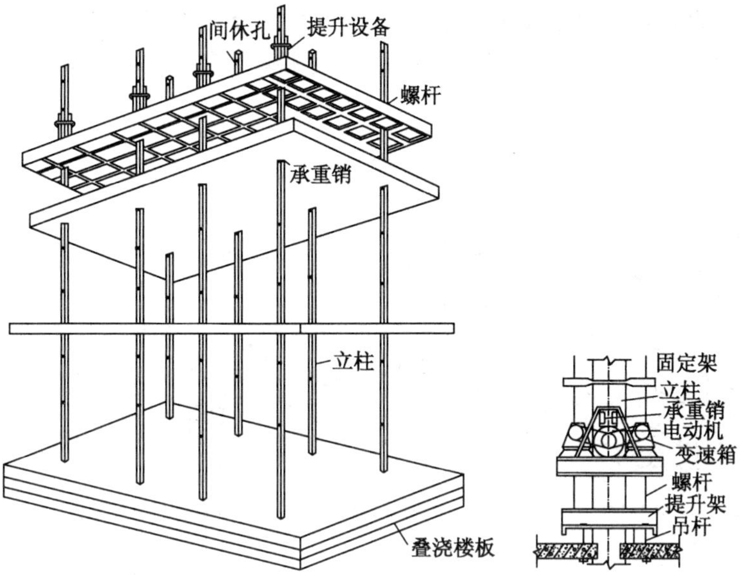

(a) 楼板提升　　(b) 楼板提升设备

图 9.22　升板建筑

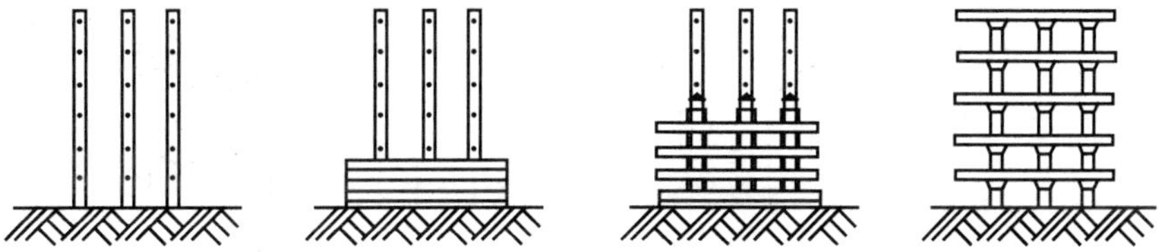

(a) 立柱子　(b) 打地坪、叠层浇筑楼板　(c) 逐层提升　(d) 全部就位

图 9.23　升板建筑的提升过程

9.4.4　盒子建筑

盒子建筑是采用盒子状预制构件组合而成的全装配式建筑。对于高度工厂化生产的、最完善的房间构件，不仅在工厂内使之形成盒子构件，而且需完成盒子内的家具、装修、水、电、暖设备安装等部分。盒子构件可用钢、钢筋混凝土、木、塑料为主要材料制作轻型盒子，盒子构件有现浇式和拼装式两种，如图 9.24 所示。

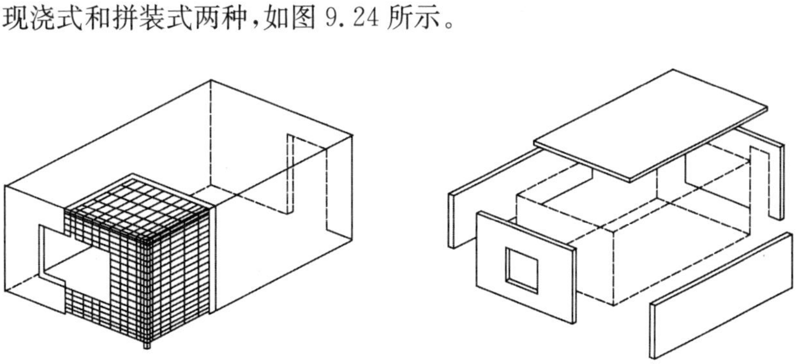

(a) 钢筋混凝土整浇式　　(b) 预制板材拼装式

图 9.24　盒子建筑制作方式

盒子建筑的组装有多种方式，采用上下盒子重叠组合；上下盒子交错组装；盒子支承或悬挂在刚性框架上，框架是房屋的承重构件；盒子悬挑在建筑物的核心筒体外壁上等。如图 9.25 所示。

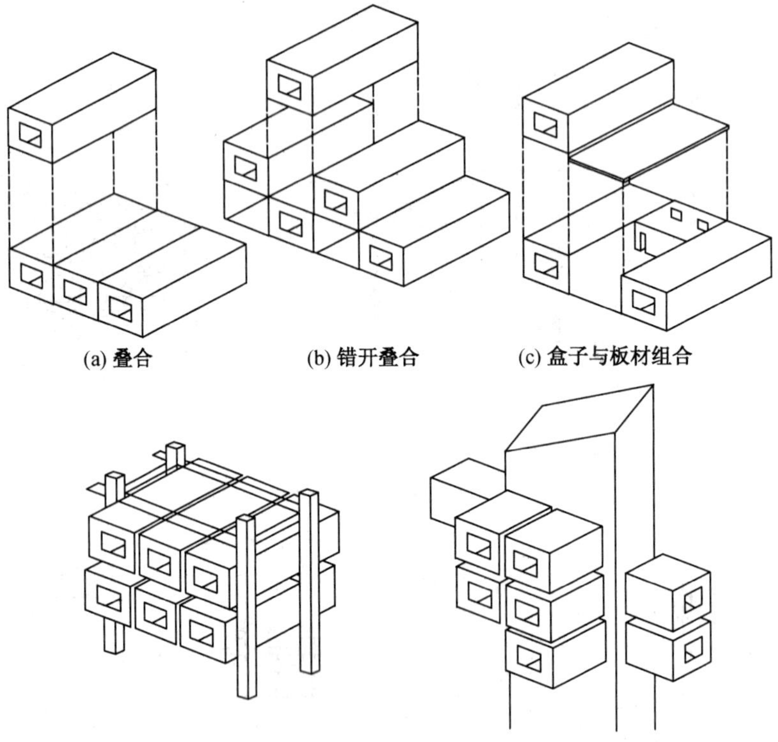

(a) 叠合　(b) 错开叠合　(c) 盒子与板材组合

(d) 骨架支承　(e) 核心结构悬挂

图 9.25　盒子建筑的组装方式

【课后复习题】

1. 建筑工业化的定义是什么?
2. 发展建筑工业化，目前主要采取途径有哪些?
3. 砌块的类型有哪些?
4. 简述框架板材建筑的优缺点和适用范围。
5. 大板建筑的节点构造包括哪些? 常用板材连接方法有哪几种?
6. 简述大模板建筑的类型。

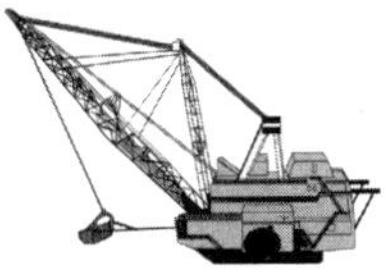

第 10 章

单层工业厂房构造

10.1 概述

工业建筑是人们进行生产活动所需要的建筑物和构筑物的总称，通常也称为厂房。工业建筑设计要按照坚固适用、技术先进、经济合理的原则，根据生产工艺的要求，来确定工业建筑的平面、剖面、立面和建筑体型，并进行细部设计，以保证功能良好的工作环境。

1. 工业建筑的特点

(1) 工艺流程要求决定厂房的平面布置和形式
(2) 生产设备的要求决定厂房的空间尺度
(3) 生产产品的需要影响厂房的构造

2. 工业建筑的设计要求

(1) 满足生产工艺的要求
(2) 满足有关的建筑技术要求
(3) 满足建筑经济的要求
(4) 满足卫生防火等要求

3. 工业建筑的分类

(1) 按厂房层数分类

① 单层厂房(如图 10.1 所示)：是指层数仅为一层的工业厂房，如冶金或机械厂的炼钢、轧钢、铸造、锻压、金工、装配等车间，一般因设有大型机器或设备，产品较重且轮廓尺寸较大，故宜直接在地面上生产而设计成单层厂房。

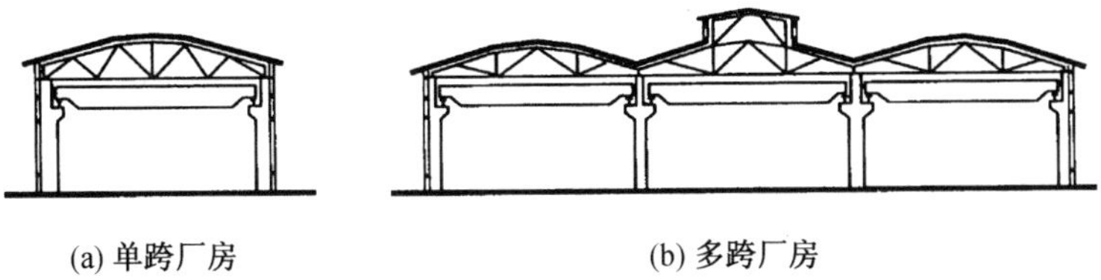

(a) 单跨厂房　　(b) 多跨厂房

图 10.1　单层厂房剖面图

② 多层厂房(如图 10.2 所示)：是指层数在 2 层及以上的工业厂房，常用的层数为 2～

6层。其最大特点是生产在不同标高楼层上进行，每层之间不仅有水平的联系，还有垂直方向的联系。具有占地面积少、节约用地的优点，近年来在部分大中城市中，厂区用地紧张时逐步出现多层厂房。多层工业厂房建筑面积大，能节约投资，且造型美观，应予以提倡。如精密仪表、电子、食品等工业。

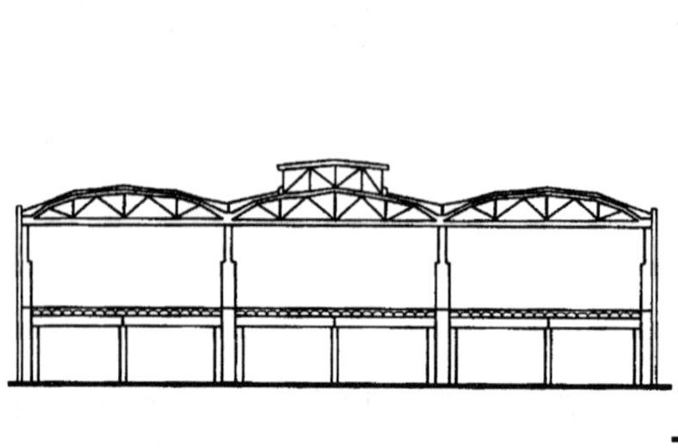

(a) 双层厂房剖面图　　(b) 5层厂房剖面图

图 10.2　多层厂房剖面图

③ 混合层次厂房（如图10.3所示）：是指在同一厂房内既有单层跨，又有多层跨。用于化学工业、热电站的厂房。

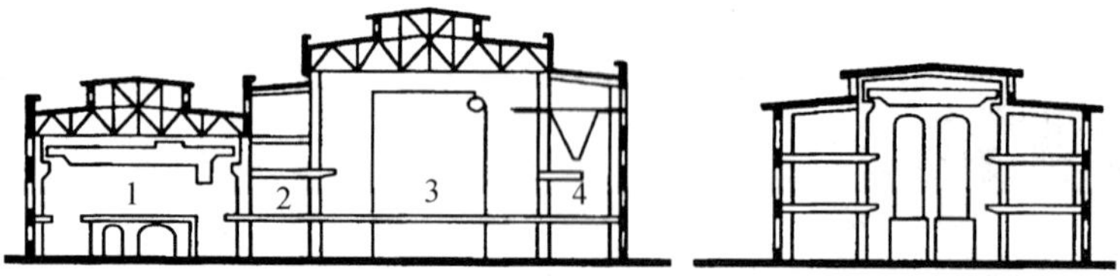

(a) 热电厂　　(b) 化工车间

1-汽机间；2-除氧间；3-锅炉间；4-煤斗间

图 10.3　层次混合厂房

(2) 按厂房的用途分类

① 主要生产厂房，如铸造车间。

② 辅助生产厂房，如工具车间。

③ 动力类厂房，如发电站、锅炉房。

④ 贮藏类厂房，如木料库、油料库。

⑤ 运输类厂房，如汽车库。

(3) 按车间内部生产状况分类

① 热加工厂房，如炼钢车间。

② 冷加工厂房，如装配车间。

③ 恒温恒湿车间，如纺织车间。

④ 洁净车间，如药品生产车间。

10.1.1　单层厂房的组成

在厂房建筑中支承各种荷载作用的构件所组成的骨架，称为结构。厂房结构稳定、耐久是靠将结构构件连接在一起，组成一个结构空间来保证的。装配式钢筋混凝土单层工业厂房结构主要是由横向排架和纵向联系构件以及支撑所组成(如图 10.4 所示)。

横向排架包括屋架或屋面梁、柱和柱基础。横向排架的特点是把屋架或屋面梁视为刚度很大的横梁，它与柱的连接为铰接，柱与基础的连接为刚接。它的作用主要是承受屋盖、天窗、外墙及吊车梁等荷载作用。

纵向连系构件包括吊车梁、基础梁、连系梁、圈梁、大型屋面板等，这些构件的作用是连系横向排架并保证横向排架的稳定性，形成厂房的整个骨架结构系统，并将作用在山墙上的风力和吊车纵向制动力传给柱子。

支撑系统包括屋盖支撑和柱间支撑两大类。它的作用是保证厂房的整体性和稳定性。

单层厂房除骨架之外，还有外围护结构，它包括厂房四周的外墙、抗风柱等，它主要起围护或分隔作用。

其他还有隔断、作业梯、检修梯等。

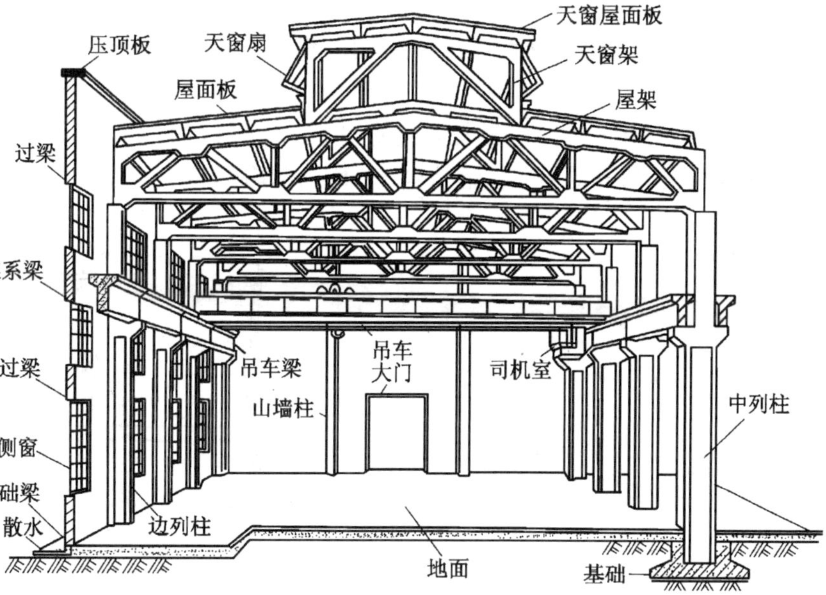

图 10.4　单层厂房的组成

1. 基础

基础承担作用在柱子上的全部荷载及基础梁上部分墙体荷载，再传给地基。

(1) 基础类型

单层厂房柱基础，主要有独立基础和条形基础两类，前者应用较多。

独立基础，最常见的形式为杯口基础。另外还有薄壁的壳体基础、无筋倒圆台基础和板肋式基础等。

(2) 独立基础施工

工程上普遍采用现场浇捣的方法。

(3) 基础与相邻设备基础埋深的关系

基础埋置深度一般应浅于或等于相邻原有建筑物基础(或设备基础)。

基础梁的截面形状有梯形、矩形和 Γ 形几种，梯形基础梁为常用的形式。国家有统一编制的基础梁标准图集，可供选用和参考。选用时，应注意基础梁的适用条件及有关要求。

2. 柱子

柱子是厂房结构的主要承重构件。

3. 吊车梁

搁置在柱子的牛腿上支承吊车荷载。

4. 连系梁

连系梁，也称墙梁，是柱与柱之间纵向的水平联系构件。

5. 屋盖结构

包括屋面板、屋架(或屋面大梁)及天窗架。

6. 支撑系统构件

支撑构件的主要作用是加强厂房结构的空间整体刚度和稳定性。

10.1.2 单层厂房的结构体系

单层厂房结构体系按材料可分为砖石混合结构、钢筋混凝土结构、钢结构。选择时应根据厂房的用途、规模、生产工艺、起重设备、施工条件和材料供应情况等因素，综合分析确定。

(1) 砖混结构主要是由砖墙、屋面大梁或屋架等构件组成的结构形式。如图 10.5 所示。屋架用钢筋混凝土、钢木结构或轻钢结构，适用于吊车起重量小于 10 t，跨度 15 m 以内的小型厂房。

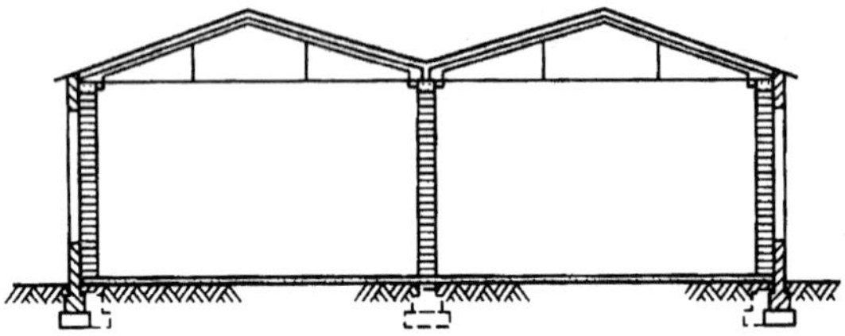

图 10.5 砖混结构单层厂房

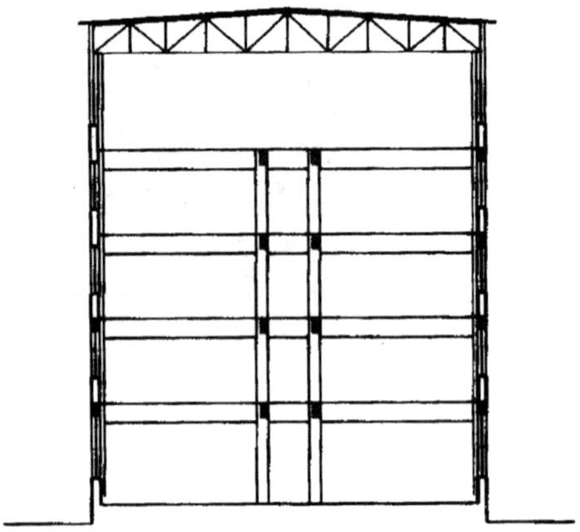

图 10.6 框架多层厂房

(2) 框架结构类似于民用建筑中的框架结构，一般采用现浇(如图 10.6 所示)。

(3) 排架结构

这是我国目前单层工业厂房中应用较多的一种基本结构形式，有钢筋砼排架和钢排架两种类型(如图 10.7 所示)。

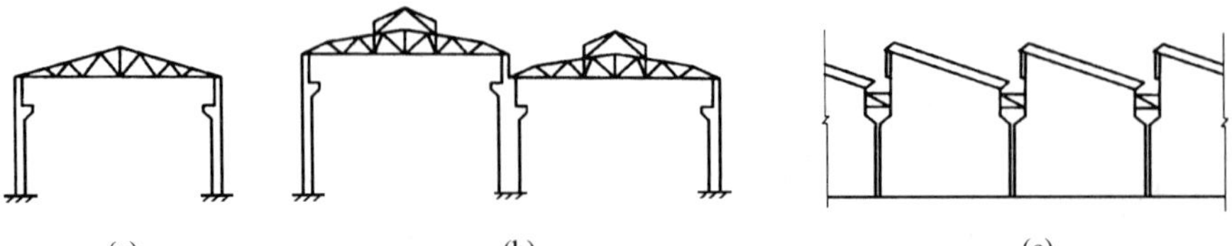

(a) (b) (c)

图 10.7 排架结构

(4) 刚架结构：钢筋混凝土门式刚架的基本特点是柱和屋架(横梁)合并为同一个构件，柱与基础的连接多为铰接(如图 10.8 所示)。它用于屋盖较轻的无桥式吊车或吊车吨位较小、跨度和高度亦不大的中小型厂房。

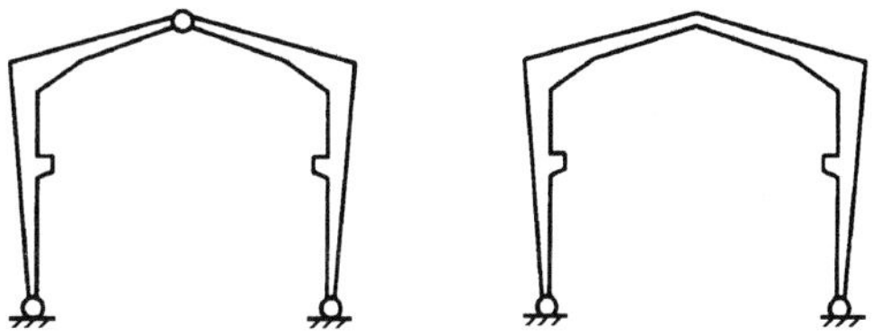

图 10.8　门式钢架结构

10.2　工业建筑的起重运输设备

1. 厂房内的起重运输设备主要有三类

(1) 板车、电瓶车、汽车、火车等地面运输设备；

(2) 安装在厂房上部空间的各种类型的起重吊车；

(3) 各种输送管道、传送带等。

2. 吊车主要有悬挂式单轨吊车、梁式吊车、桥式吊车以及悬臂式吊车等类型

(1) 单轨式悬挂吊车分手动和电动两种，由运行部分和起升部分组成，适用于小型起重量的车间或辅助车间，一般起重量为 1～2 t(如图 10.9 所示)。

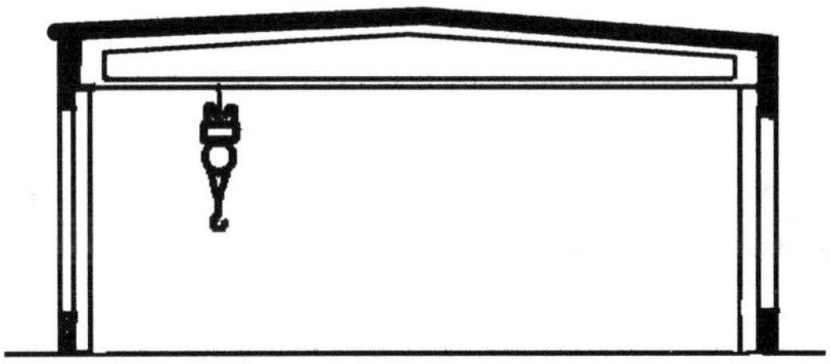

图 10.9　悬挂式单轨吊车

(2) 梁式吊车

梁式吊车的起重量有 1 t、2 t、3 t、5 t 四种，包括悬挂式与支承式两种类型。

悬挂式是在屋顶承重结构下悬挂钢轨，钢轨布置为两行直线，在两行轨梁上设有可滑行的单梁，如图 10.10(a)所示。

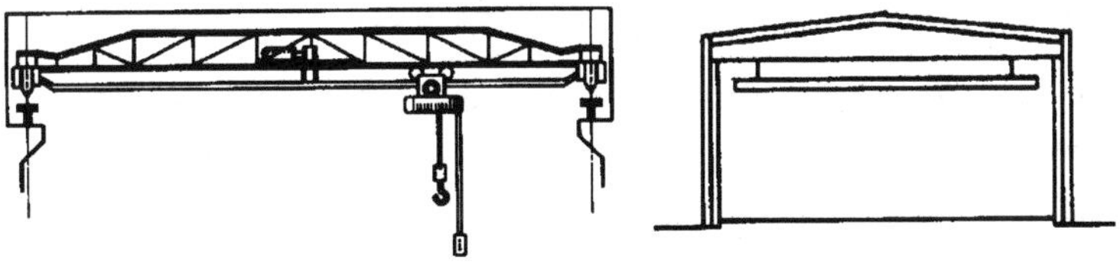

(a) 悬挂式　　(b) 支承式

图 10.10　梁式吊车

支承式是在排架柱上设牛腿，牛腿上设吊车梁，吊车梁上安装钢轨，钢轨上设有可滑行的单梁，在滑行的单梁上装有可滑行的滑轮组，在单梁与滑轮组行走范围内均可起吊重物，如图 10.10(b)所示。梁式吊车起重量一般不超过 5 t，有电动和手动两种。适用于小型起重量的车间，一般起重量不超过 5 t。

(3) 桥式吊车

桥式吊车通常是在厂房排架柱上设牛腿,牛腿上搁置吊车梁,吊车梁上安装钢轨,钢轨上设置能沿着厂房纵向滑移的双榀刚桥架,桥架上设支撑小车,小车能沿着桥架横向滑移,起重量 100 t 以上,在工业建筑中应用很广,如图 10.11 所示。

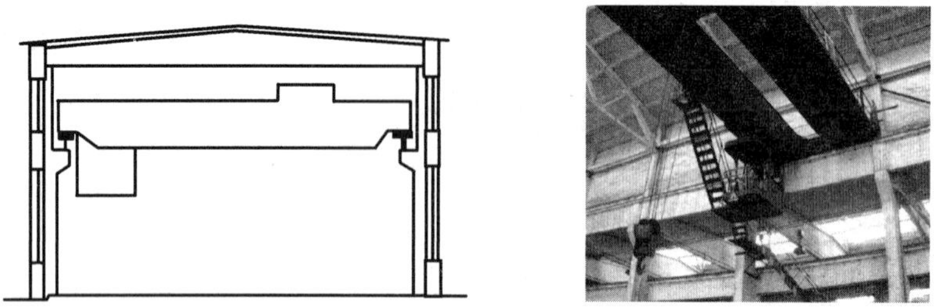

(a) (b)

图 10.11 桥式吊车

10.3 单层工业厂房柱网及定位轴线

10.3.1 柱网选择

在厂房中,为支承屋盖和吊车需设柱子,一般在纵横向定位轴线相交处设柱子。厂房柱子纵横向定位轴线在平面上形成有规律的网格称为柱网。柱网尺寸是由跨度和柱距组成的。单层厂房中横向定位轴线的距离称为柱距。我国现行标准《厂房建筑模数协调标准》(GB/T 50006—2010)规定,柱距应采用扩大模数 60 M 数列,常用 6 m 柱距,有时也采用 12 m 柱距。单层厂房山墙处的抗风柱柱距宜采用扩大模数 15 M 数列,即 4.5 m、6 m 和 7.5 m。

1. 柱网尺寸的确定

(1) 跨度尺寸的确定

① 首先是生产工艺中生产设备的大小及布置方式。设备面积大,所占面积也大,设备布置成横向或纵向,布置成单排或多排,都直接影响跨度的尺寸。

② 生产流程中运输通道,生产操作及检修所需的空间。

③ 按照《厂房建筑模数协调标准》的要求,当屋架跨度≤18 m 时,采用扩大模数 30 M 的数列,即跨度尺寸是 18 m、15 m、12 m、9 m 及 6 m;当屋架跨度>18 m 时,采用扩大模数 60 M 的数列,即跨度尺寸是 18 m、24 m、30 m、36 m、42 m 等。当工艺布置有明显优越性时,跨度尺寸亦可采用 21 m、27 m、33 m。

(2) 柱距尺寸的确定

我国单层厂房主要采用装配式钢筋混凝土结构体系,其基本柱距是 6 m,当采用砖混结构的砖柱时,其柱距宜小于 6 m,可采用 3.9 m、3.6 m、3.3 m 等。

2. 扩大柱网

常用扩大柱网(跨度×柱距)为 12 m×12 m,15 m×12 m,18 m×12 m,24 m×12 m,18 m×18 m,24 m×24 m 等。

厂房的定位轴线分横向和纵向两种。与横向排架平面平行的称为横向定位轴线,与横向排架平面垂直的称为纵向定位轴线。

10.3.1　横向定位轴线

横向定位轴线与柱的关系主要有横向边柱、中间柱和伸缩缝处柱三种情况。

1. 横向边柱、山墙与横向定位轴线的关系

当山墙为非承重墙时，横向定位轴线与山墙内缘线和抗风柱外缘线相重合。柱网布置时，将横向边柱中心线向内移 600 mm，使其实际柱距为 5400 mm，但定位轴线间的尺寸与其他柱距一样仍为 6000 mm。将定位轴线置于山墙内缘线、抗风柱外缘线位置，使屋面板与山墙处封闭，以简化结构布置，避免出现补充构件，也使吊车梁、墙板等纵向构件尺寸统一。横向边柱内移 600 mm，是由于山墙上设置的抗风柱必须升至屋架上弦或屋面大梁上翼处，使之连接能够传递水平荷载，此时屋面板、吊车梁等纵向构件悬挑 600 mm。实际工程中，抗风柱在屋架下弦处变截面，屋架中心线内移 600 mm，已能够保证抗风柱上升至屋架上弦所需要的空隙尺寸（如图 10.12 所示）。

当山墙为承重墙时，横向定位轴线自山墙内缘向墙内移墙体砌筑块材的半块或半块的倍数尺寸，使屋面板直接搁置于山墙上，其内移的尺寸即为屋面板的搁置长度，如图 10.13 所示。

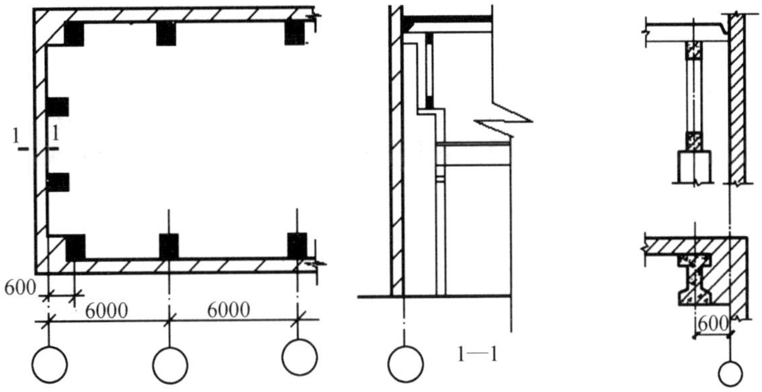

图 10.12　非承重山墙与横向定位轴线的定位　单位：mm

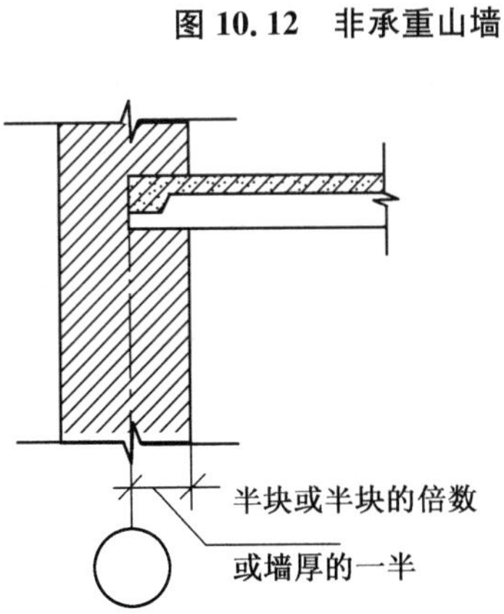

图 10.13　承重山墙与横向定位轴线的定位

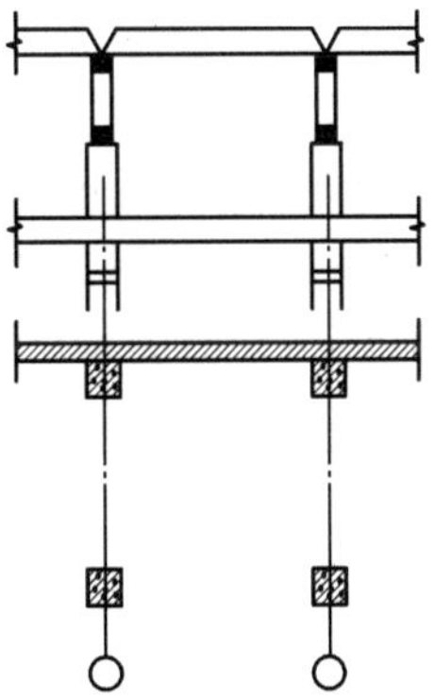

图 10.14　中间柱与横向定位轴线的关系

2. 中间柱与横向定位轴线的关系

中间柱的横向定位轴线在柱中心线位置。中间柱两侧结构布置一般对称，屋架的中心

线位置和厂房的纵向构件如屋面板、吊车梁、连系梁、墙梁等的标志尺寸位置均在柱中心线位置，因此，定位轴线分别与它们重合。横向定位轴线间的尺寸即为厂房纵向构件的标志长度，如图 10.14 所示。

3. 横向变形缝处柱与横向定位轴线间的关系

在排架结构单层厂房中，横向伸缩缝和防震缝处按设计规范要求应设置双柱双定位轴线。两条定位轴线间的尺寸为插入距 a_i，也为变形缝的宽度尺寸 a_e。两侧柱子分别设有杯口基础和屋架，并分别向两侧内移 600 mm，形成与横向边柱类似的定位轴线处理方法，这样处理能够保持定位轴线间的尺寸统一和各类纵向构件类型的统一，不增加附加构件，同时也能保证柱下分别设置的杯口基础相互不影响所需要的构造尺寸，如图 10.15 所示。

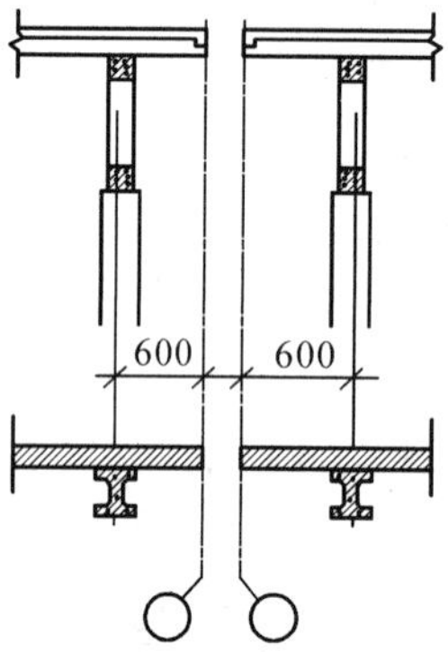

图 10.15　横向变形缝处柱与横向定位轴线定位　单位：mm

10.3.2　纵向定位轴线

纵向定位轴线主要用来标定厂房横向构件的标志尺寸，纵向定位轴线与柱的关系主要有纵向边柱和中柱两种情况。

1. 外墙、边柱与纵向定位轴线的关系

单层厂房为使墙板、连系梁、圈梁等纵向构件统一，通常使外纵墙的内缘与边柱的外缘重合。一般情况下，纵向边柱宜在纵墙内缘及边柱外缘处设置一条纵向定位轴线。

纵向定位轴线的标定与厂房内的吊车设置情况有关。吊车为工业定型产品，其跨度尺寸和厂房跨度尺寸通过 $L=LK+2e$ 进行协调，其中，L 为厂房跨度，LK 为吊车跨度(吊车轮距)，e 为吊车轨道中心线至定位轴线的距离。$e=h+C_b+B$，其中，h 为厂房上柱截面宽度，C_b 为安全缝隙(上柱内缘至吊车桥架端部的缝隙宽度)，B 为桥梁端头长度，如图 10.16 所示。一般情况下 $e=750$ mm，当吊车起重量 $Q>500$ kN，e 值可取 1000 mm，为保证吊车运行的安全要求，C_b 值必须满足厂房内所安装吊车的最小值要求，C_b 和 B 的尺寸随吊车起重量的增加而逐步扩大。不同生产厂家的产品其 C_b 值也会有所差异，而且 B 值也会随厂房结构情况而变。一般情况下：

吊车起重量 $Q<300$ kN 时，$B\leqslant 260$ mm，$C_b\geqslant 80$ mm；

吊车起重量 Q 为 300～500 kN 时，$B\leqslant 300$ mm，$C_b\geqslant 80$ mm；

吊车起重量 $Q\geqslant 750$ kN 时，$B\leqslant 350$～400 mm，$C_b\geqslant 100$ mm。

由于上述因素的影响，边柱外缘与纵向定位轴线的联系有两种情况：

(1) 封闭结合

当纵向定位轴线与柱外缘和墙内缘相重合，屋架和屋面板紧靠外墙内缘时，称为封闭结合。

当吊车起重量 $Q \leqslant 20$ t 时，查现行吊车规格，得 $B \leqslant 260$ mm，$C_b \geqslant 80$ mm，通常上柱截面高度 $h=400$ mm，$e=750$ mm，则 $C_b=e-(h+B)=90$ mm，能满足吊车运行所需安全距离 $\geqslant 80$ mm的要求。此时，纵向定位轴线采用封闭式结合，轴线与边柱外缘重合，如图 10.16 所示。

(2) 非封闭结合

当纵向定位轴线与柱子外缘有一定距离，此时屋面板与墙内缘之间有一段空隙时称为非封闭结合。

吊车起重量 $Q>30$ t，查得：$B=300$ mm，$C_b \geqslant 100$ mm，上柱截面高度 h 仍为 400 mm，$e=750$ mm，则 $C_b=e-(h+B)=50$ mm，安全距离不能满足要求，所以需将边柱从定位轴线向外移一定距离，这个值称为联系尺寸，用 a_c 表示，规范规定 a_c 值应为 300 mm 或其倍数；当墙体为砌体时，可采用 50 mm 或其倍数。如图 10.16 和 10.17 所示。

当纵向边柱外侧有扩建跨时，边柱应视为中柱处理。

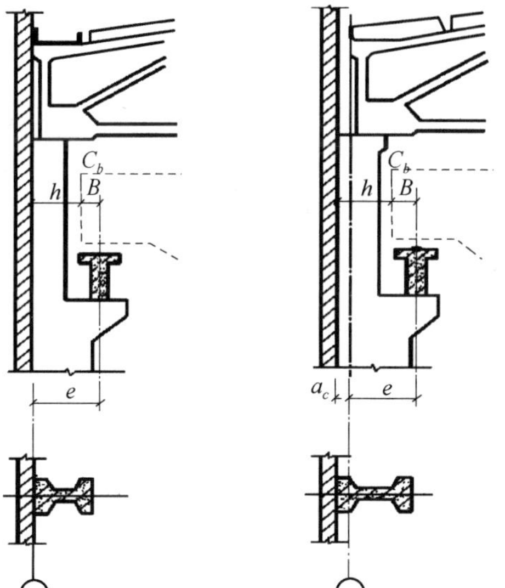

图 10.16　外墙、边柱与纵向定位轴线的定位

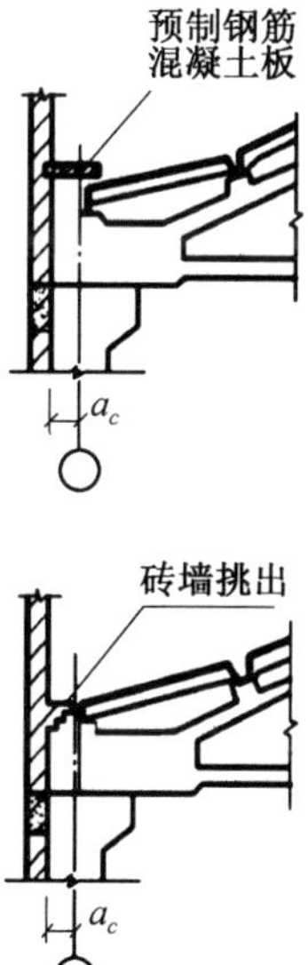

图 10.17　封闭结合屋面板与墙空隙的处理

2. 中柱与纵向定位轴线的关系

中柱与纵向定位轴线的关系主要有等高跨中柱和高低跨中柱两种情况。

(1) 平行等高跨中柱

当厂房为平行等高跨时，通常设置单柱和一条定位轴线，柱的中心线一般与纵向定位轴线相重合。当等高跨中柱需采用非封闭结合时，仍可采用单柱，但需设两条定位轴线，在两轴线间设插入距 A，并使插入距中心与柱中心相重合。

等高跨中柱与纵向定位轴线的定位：一般设单柱和单纵向定位轴线，此轴线通过相邻两跨屋架的标志尺寸端部，并与上柱中心线相重合。但当相邻两跨或其中一跨所安装的吊车起重量≥300 kN 以及有其他构造要求需设插入距时，中柱可采用单柱双纵向定位轴线形式，上柱中心线宜与插入距中心线相重合。其中插入距尺寸应符合 3 M 模数，如图 10.18 所示。

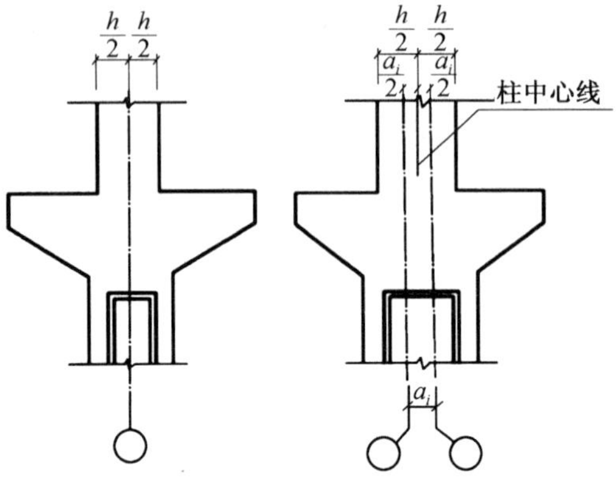

图 10.18　等高跨中柱设单柱(无纵向伸缩缝)与纵向定位轴线的定位

当等高跨厂房需设纵向伸缩缝时，也可采用单柱双纵向定位轴线的形式，伸缩缝一侧的屋架或屋架搁置在活动支座上，其插入距的尺寸为 $a_i = a_e$ 或 $a_i = a_e + a_c$，如图 10.19 所示。

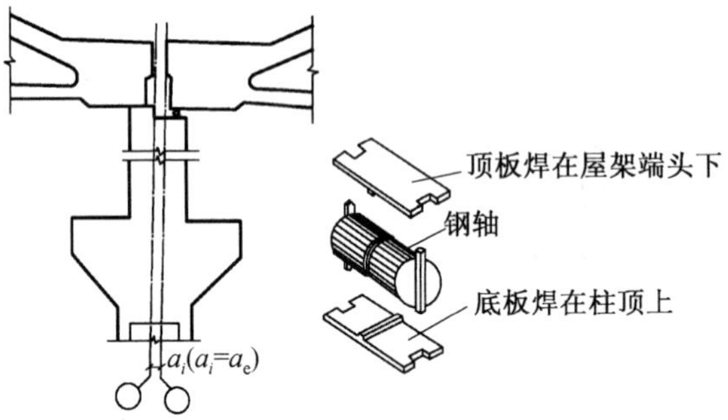

图 10.19　等高跨中柱设单柱(有纵向伸缩缝)与纵向定位轴线的定位

(2) 平行不等高跨中柱

① 单轴线封闭结合。

高跨上柱外缘与纵向定位轴线重合，纵向定位轴线按封闭结合设计，不需设联系尺寸，如图 10.20(a)所示。

② 双轴线封闭结合。

高低跨都采用封闭结合，但低跨屋面板上表面与高跨柱顶之间的高度不能满足设置封墙的要求，此时需增设插入距 a_i，其大小为封墙厚度 t，如图 10.20(b)所示。

③ 双轴线非封闭结合。

当高跨为非封闭结合，且高跨上柱外缘与低跨屋架端部之间不设封闭墙时，两轴线增设插入距 a_i 等于轴线与上柱外缘之间的联系尺寸 a_c，如图 10.20(c)所示；当高跨为非封闭结合，且高跨柱外缘与低跨屋架端部之间设封墙时，则两轴线之间的插入距 a_i 等于墙厚 t 与

联系尺寸 a_c 之和，如图 10.20(d)所示。

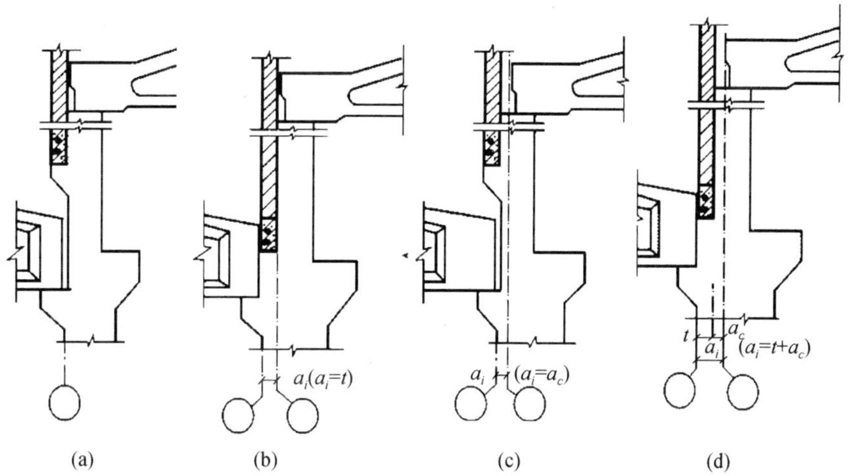

图 10.20　高低跨处中柱单柱(无纵向伸缩缝)与纵向定位轴线的定位

单层厂房在高低跨处需设伸缩缝时，仍可采用单柱双纵向定位轴线的形式。低跨一侧的屋架或屋面梁可搁置在设有活动支座的牛腿上。两条纵向定位轴线间的插入距尺寸有 $a_i=a_e$，$a_i=a_e+a_c$，$a_i=a_e+t$，$a_i=a_e+t+a_c$ 等四种情况，如图 10.21 所示。

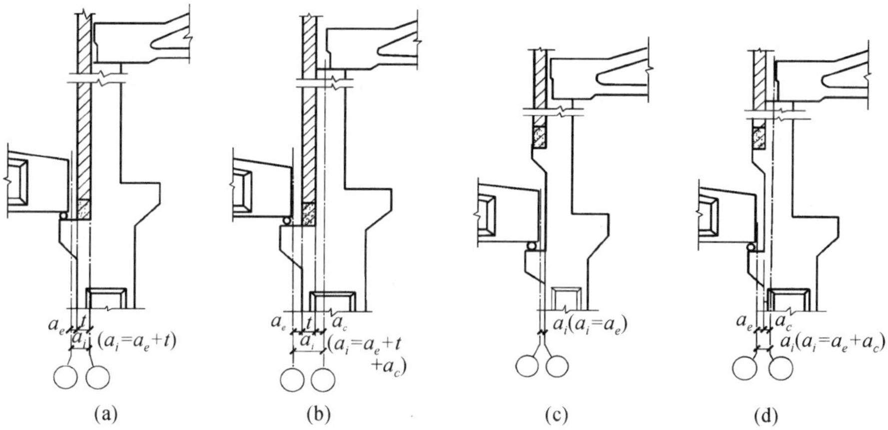

图 10.21　不等高跨中柱单柱(有纵向伸缩缝)与纵向定位轴线的定位

不等高跨中柱设双柱时，高低跨处设单柱，柱子数量少、结构简单、吊装工程量少、使用面积也因此而增加，比较经济。但通常柱的外形较复杂，制作困难，特别是当两侧高低悬殊或吊车起重量差异较大时，往往不适合，故可结合伸缩缝、抗震缝采用双柱结构。当高低跨处设纵向伸缩缝或防震缝并采用双柱结构时，缝两侧的结构实际上各自独立，此时应采用两条纵向定位轴线，且轴线与柱的关系可分别按各自的边柱处理，两条轴线间的插入距尺寸与单柱结构相同，如图 10.22 所示。

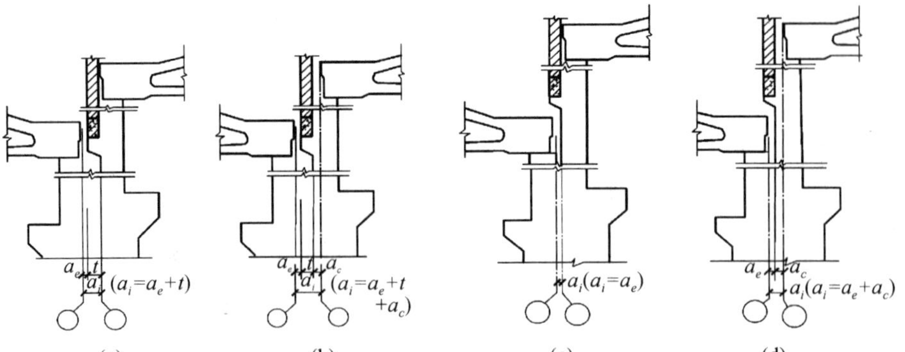

图 10.22　不等高跨厂房纵向变形缝处双柱与双轴线的定位

3. 纵横跨相交处的定位轴线

在有纵横跨相交的单层厂房中，常在交接处设有变形缝。通过设置变形缝使两侧结构各自独立，形成各自独立的柱网和定位轴线，其定位轴线与柱的关系按前述各原则分别进行定位。将纵横跨组合在一起时，纵跨相交处的定位轴线按横向边柱的定位轴线处理，横跨相交处的定位轴线按纵向边柱的定位轴线处理，此两定位轴线间设插入距，其尺寸分别为$a_i=a_e+t$，$a_i=a_e+t+a_c$，纵横跨单层厂房组合时，其定位轴线的编号一般按跨数较多部分为准统一安排，如图 10.23 所示。

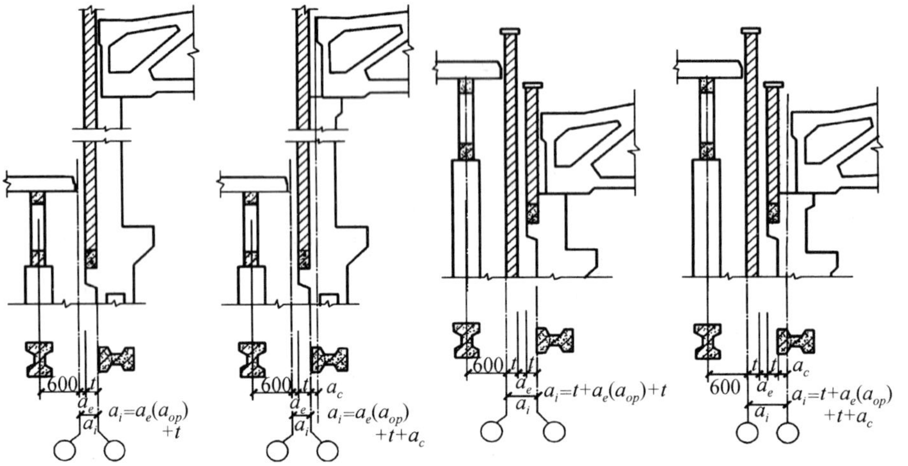

(a) 未加联系尺寸　(b) 加联系尺寸　(c) 对墙为板墙　(d) 对墙为板墙加联系尺寸

图 10.23　纵横跨相交处柱与定位轴线的关系

10.4　单层工业厂房构件

10.4.1　外墙

单层工业厂房的外墙按承重方式可分为承重墙承、自承重墙和框架墙等。高大厂房的上部墙体及厂房高低跨交接处的墙体，采用架空支承在排架柱上的墙梁（连系梁）来承担，这种墙称框架墙。

1. 工业厂房的外墙分类

(1) 按材料分：砖墙、砌块墙、板材墙及开敞式外墙。

(2) 按承重方式分：承重墙和非承重墙。

2. 单层工业厂房的外墙特点

由于单层工业厂房的外墙自身高度与跨度大，同时承受较大的自重和风荷载，有时还受到厂房内生产设备的影响，因此墙身必须有足够的刚度和稳定性。

3. 墙与柱的位置

单层厂房墙与柱的位置有两种方案，如图 10.24 所示。

一种是墙体砌筑在柱外侧，如图 10.25(a)所示，这种方案构造简单、施工方便、热工性能好，便于基础梁、联系梁等构配件的定型化和统一化等优点。因此单层厂房外墙多用此方案。另一种是墙体砌筑在柱子中间，如图 10.25(b)、(c)、(d)所示，可增加柱子的刚度，对抗震有利，在吊车吨位不大时，可省去柱间支撑。但在砌筑时砍砖多，施工不便；基础梁、联系梁等构件长度要受柱子宽度的影响，增加构件类型，而且产生冷桥，热损失大，因此仅用于厂房连接有露天跨或有待扩建的边跨的临时封闭墙，或某些不需保温的车间。

(1) 将外墙布置在柱外侧：构造简单，施工方便，避免"热桥"，热工性能好，应用广泛。

(2) 将外墙布置在柱中间：节约土地和砖料，省去柱间支撑。(注意墙内边与吊车梁的关系)

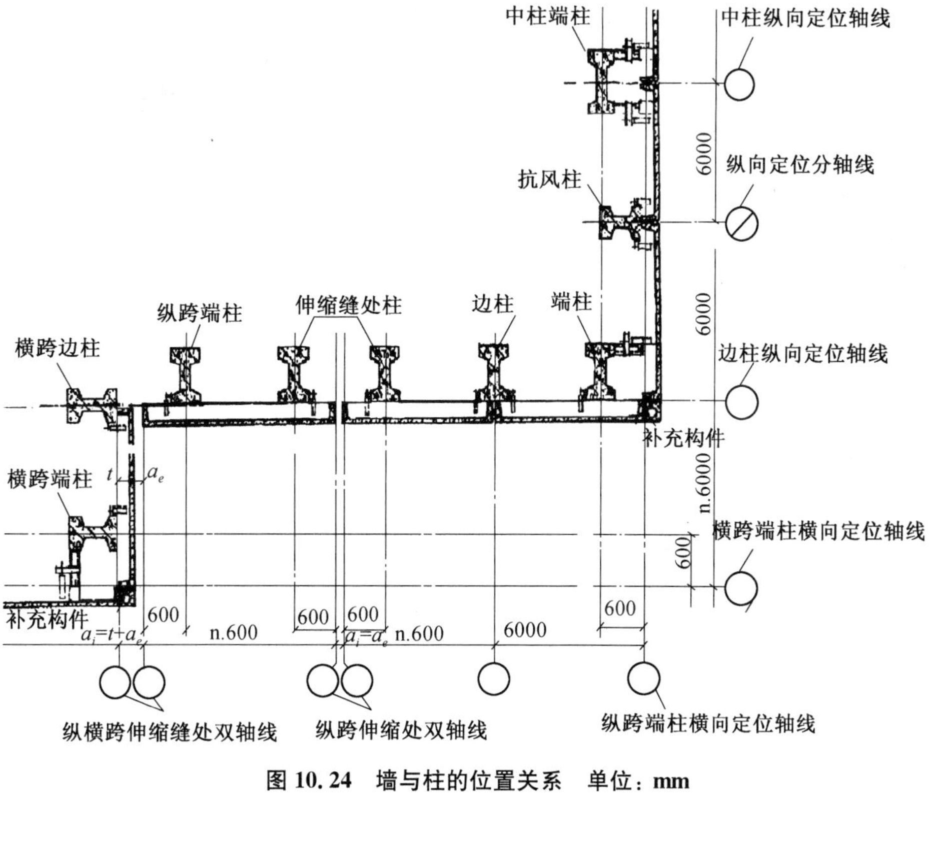

图 10.24　墙与柱的位置关系　单位：mm

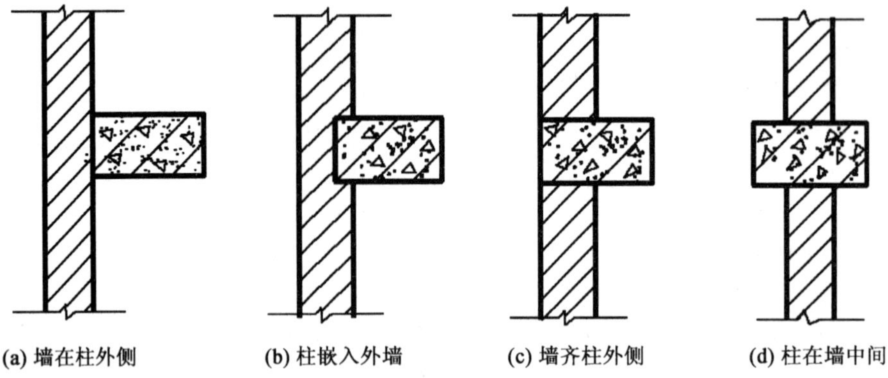

图 10.25　墙与柱的相对位置关系

4. 墙的细部构造

(1) 非承重的围护墙通常不做墙身基础；

(2) 下部墙身通过基础梁将荷载传至柱下基础；

(3) 上部墙身支撑在连续梁上，连续梁将荷载通过柱子传至基础。

5. 墙与柱、屋架、屋面板、山墙的连接

单层工业厂房的外墙主要受到水平方向的风压力和吸力的作用，保证墙体的整体稳定性，外墙应与厂房柱及屋架端部有良好的连接，如图 10.26、图 10.27、图 10.28、图 10.29、图 10.30 所示。

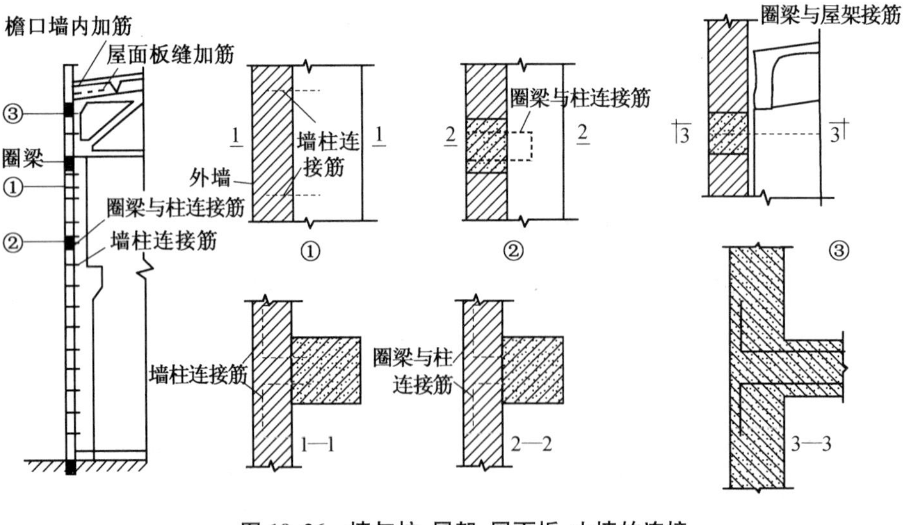

图 10.26　墙与柱、屋架、屋面板、山墙的连接

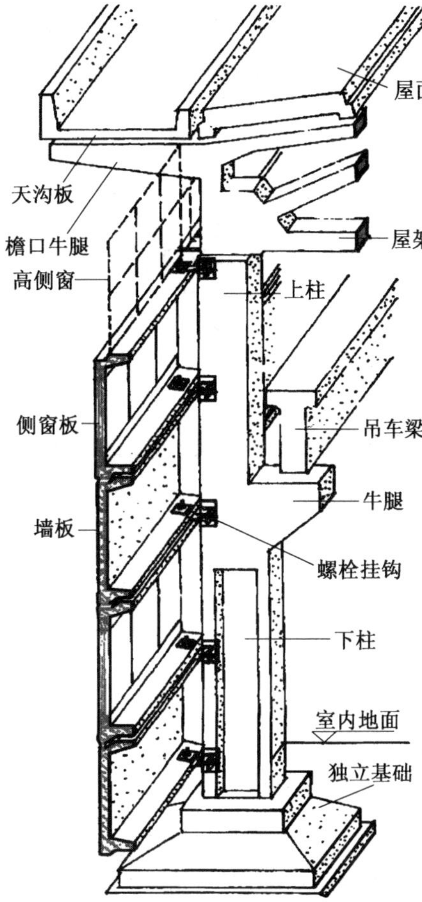

图 10.27　墙与柱的连接

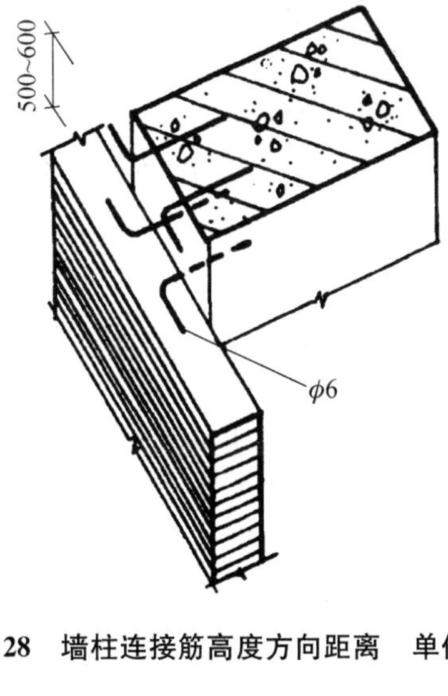

图 10.28　墙柱连接筋高度方向距离　单位：mm

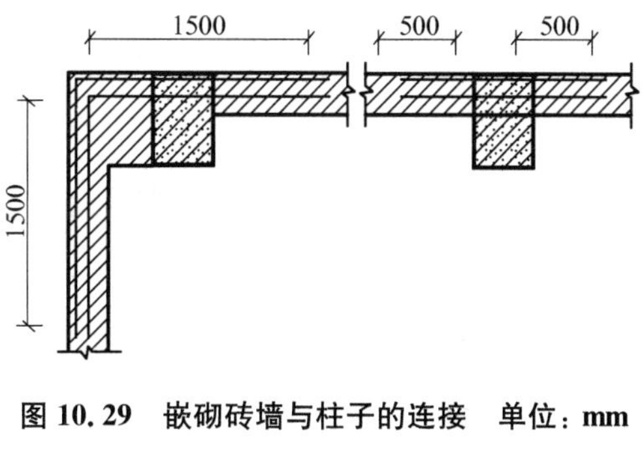

图 10.29　嵌砌砖墙与柱子的连接　单位：mm

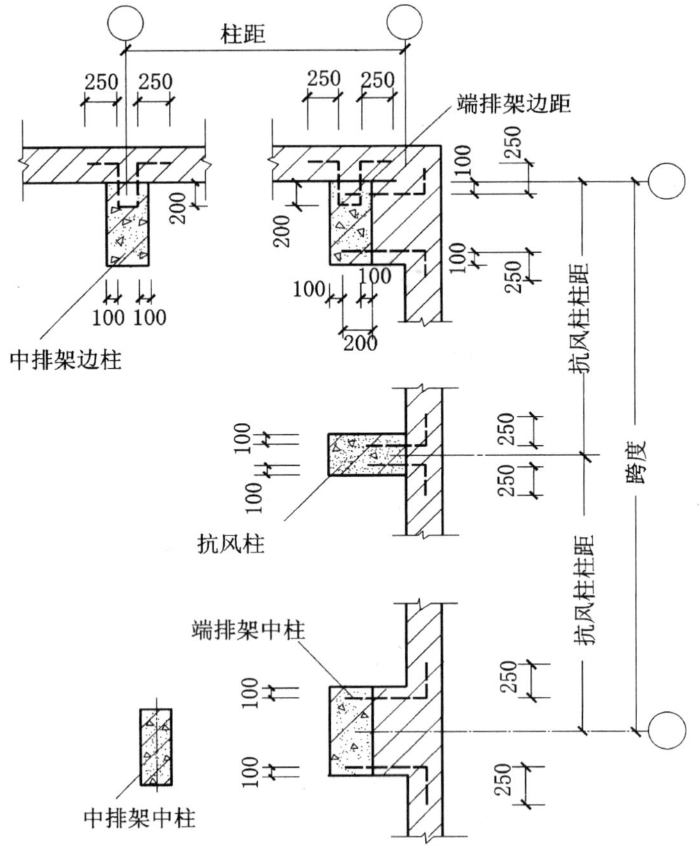

图 10.30　墙与柱的连接　单位：mm

(1) 墙板与柱的连接：做法是沿柱子高度方向每隔 500～600 mm 预埋两根 $\phi6$ 钢筋，砌墙时把伸出的钢筋砌在墙缝里，如图 10.30 所示。墙板与柱的连接分为柔性连接和刚性连接两种。

① 柔性连接是指通过墙板和柱的预埋件和连接件将二者拉结在一起。柔性连接的方法有螺栓连接和压条连接两种做法。螺栓连接在水平方向用螺栓、挂钩等辅助件拉结固定，在垂直方向每 3～4 块板设一个钢支托支承，如图 10.31 所示。压条连接是在墙板上加压条，再用螺栓(焊于柱上)将墙板与柱子压紧拉牢，如图 10.32 所示。

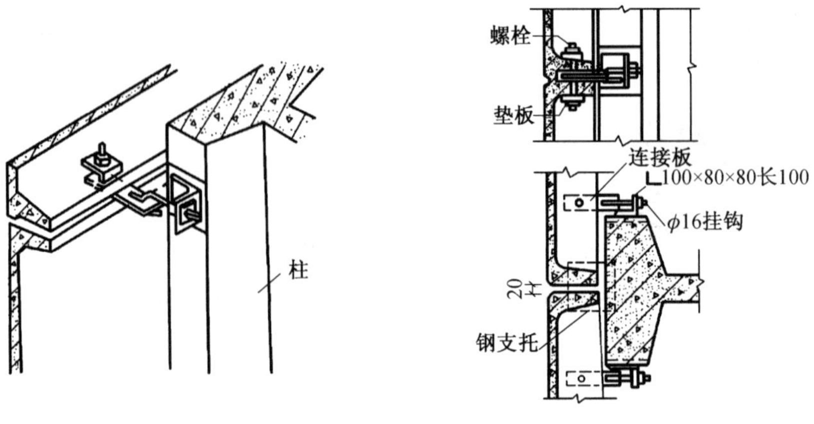

图 10.31　螺栓挂钩柔性连接构造示例　单位：mm

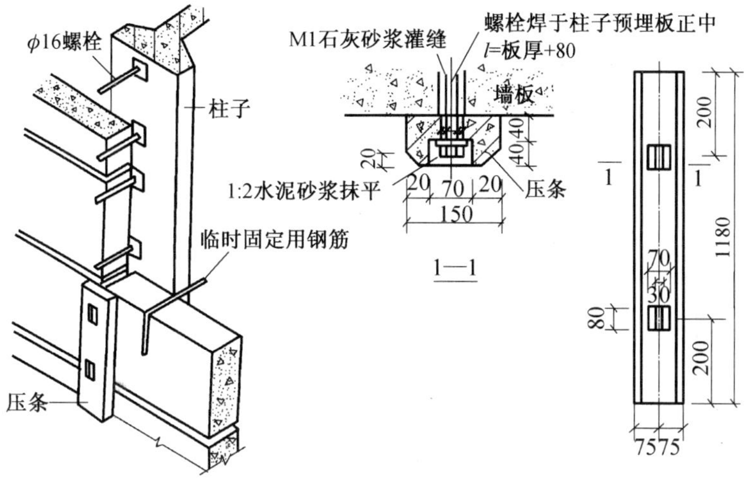

图 10.32　压条柔性连接构造示例　单位：mm

② 刚性连接是在柱子和墙板中先分别设置预埋件，安装时用角钢或φ 16 的钢筋段把它们焊接连牢，如图 10.33 所示。

(2) 墙与屋架(或屋面梁)的连接构造(如图 10.34)所示。

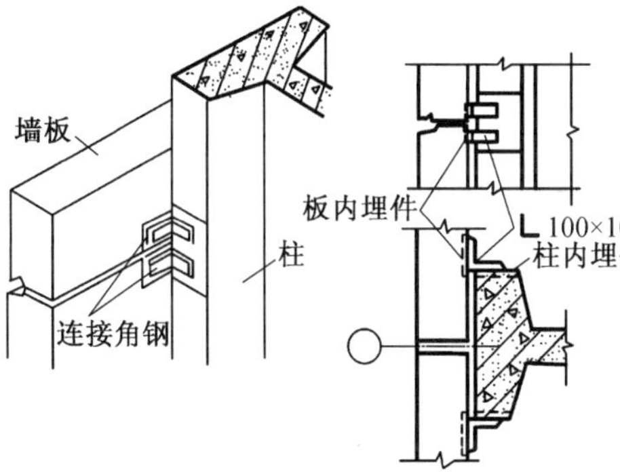

图 10.33　刚性连接构造示例

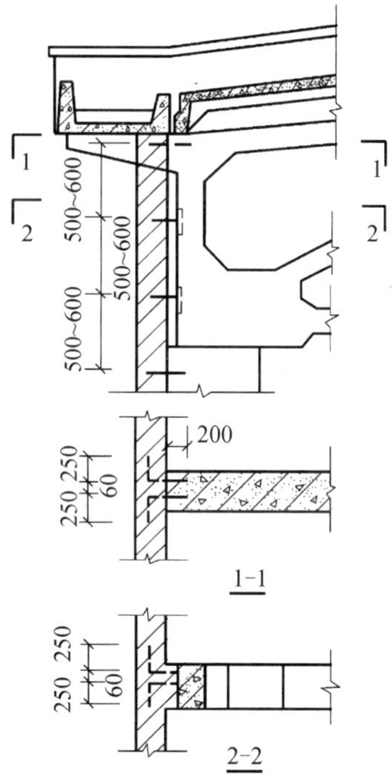

图 10.34　墙与屋架的连接　单位：mm

纵向女儿墙与屋面板之间的连接采用钢筋拉结措施，即在屋面板横向缝内放置一根 $\phi12$ 钢筋与屋面板纵缝内及纵向外墙中各放置一根 $\phi12$、长度 1000 mm 的钢筋连接，形成工字形的钢筋，然后在缝内用 C20 细石混凝土捣实，如图 10.35 所示。山墙与屋面板构造如图 10.36 所示。

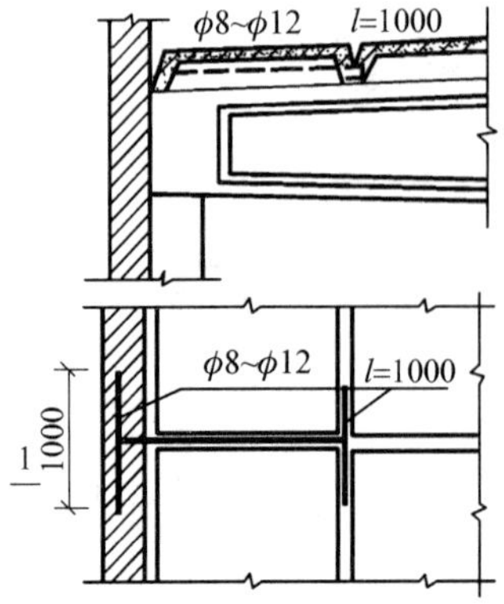

图 10.35　纵向女儿墙与屋面板的连接　单位：mm

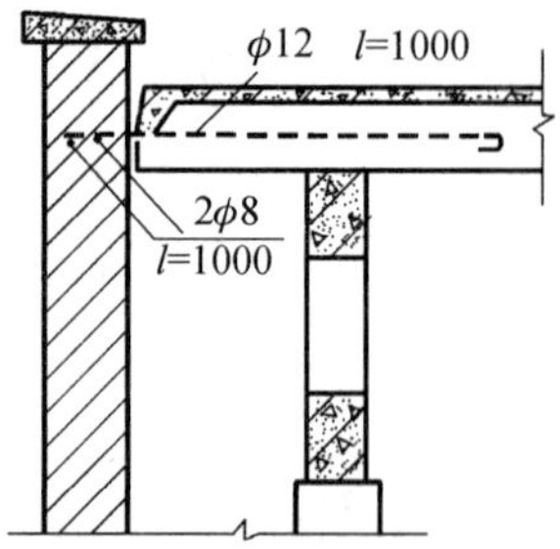

图 10.36　山墙与屋面板的连接　单位：mm

(3) 墙板在转角、檐口等部位的处理(如图 10.37 所示)。

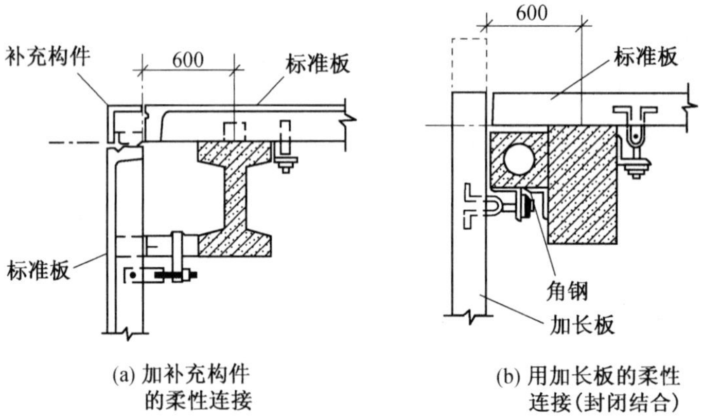

图 10.37　墙板在转角、檐口等部位的处理　单位：mm

(4) 板缝防水构造(如图 10.38 所示)。

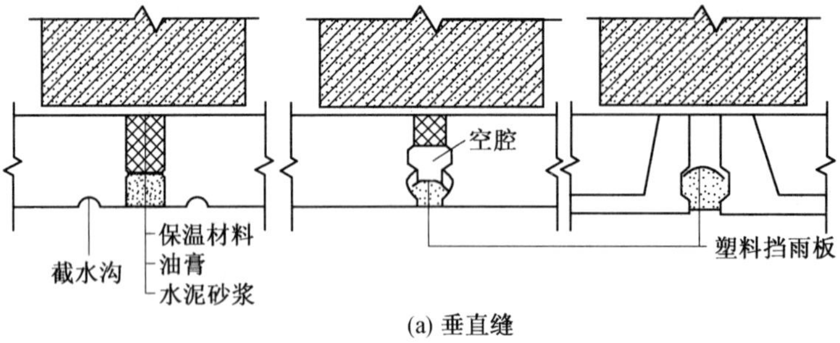

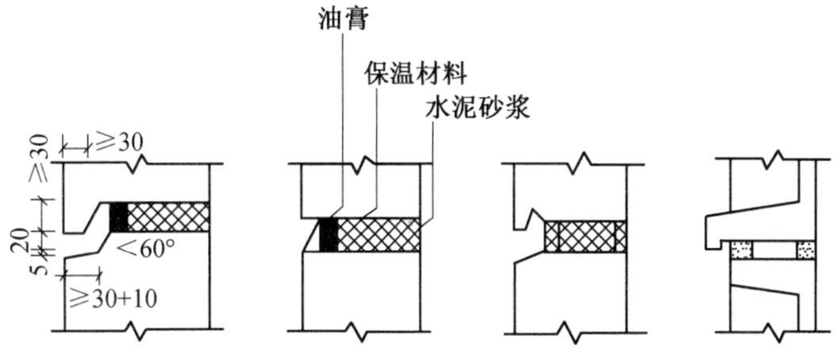

(b) 水平缝

图 10.38　墙板缝隙构造示意　单位：mm

6. 大型板材墙和波形板材墙

采用大型板材墙和波形板材墙作为单层工业厂房外维护墙，是建筑工业化发展的方向。

特点：自重轻，抗震性能良好，但力学性能、保温、隔热、防渗漏及节点连接构造等还需改进提高。

（1）墙板的规格

单层厂房的基本板长度应符合我国《厂房建筑模数协调标准》(GB/T 50006—2010)的规定，一般把板长定为 4500、6000、7500、12000 mm 等数种。有时由于生产工艺的需要，也允许采用 9000 mm 的规格。基本板宽度应符合 3M 的模数，规定为 900、1200、1500 和 1800 mm 四种。基本板的厚度应符合 1/5M(20 mm)。常用的厚度为 160～240 mm。钢筋混凝土墙板按材料和构造方式分有单一材料墙板和复合墙板。单一材料墙板有钢筋混凝土槽形板、空心板和配筋轻混凝土墙板，如图 10.39 所示。复合墙板是指采用承重骨架、外壳及各种轻质夹芯材料所组成的墙板。复合墙板示例如图 10.40 所示。

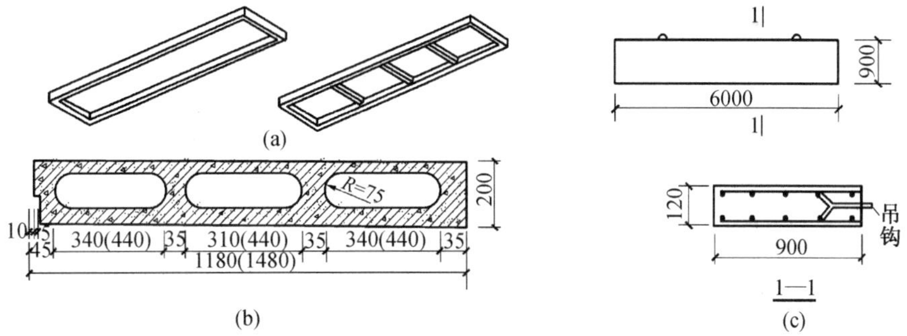

(a) 钢筋混凝土槽形板；(b) 钢筋混凝土空心板；(c) 配筋轻混凝土墙板

图 10.39　单一材料墙板　单位：mm

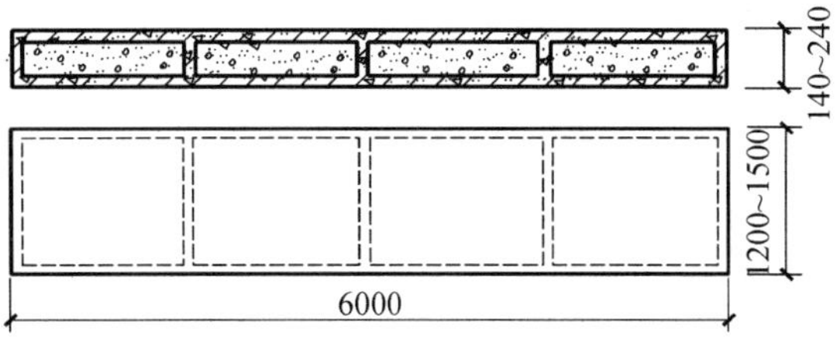

图 10.40　复合墙板示例　单位：mm

墙板布置方式有横向布置(图10.41)、竖向布置(图10.42)和混合布置(图10.43)三种。横向布置山墙时,墙身部分同侧墙,山尖处的布置有台阶形、人字形、折线形等,如图10.44所示。

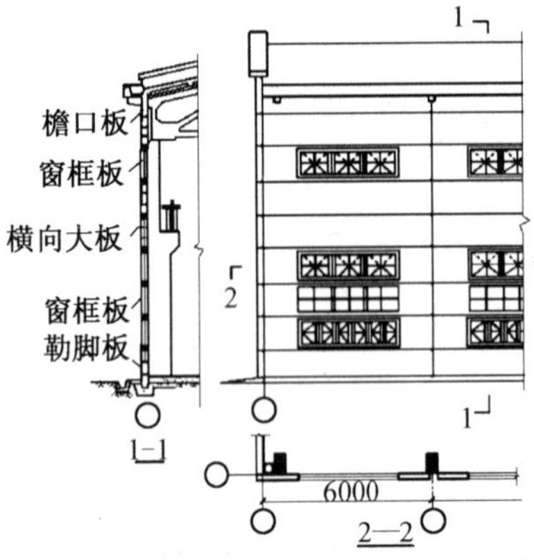

图 10.41　横向布置大型板材墙　单位：mm

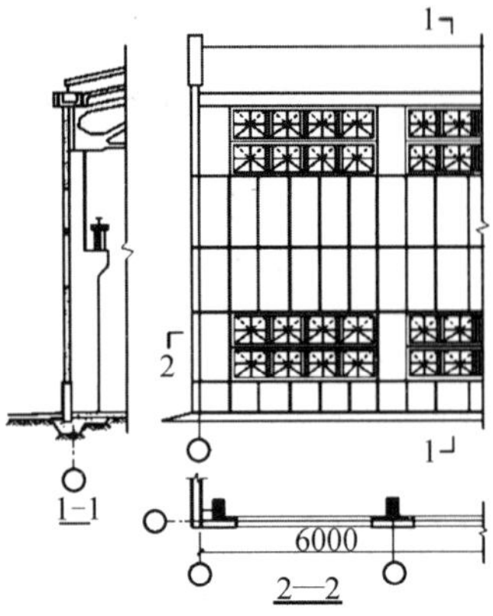

图 10.42　竖向布置板材墙　单位：mm

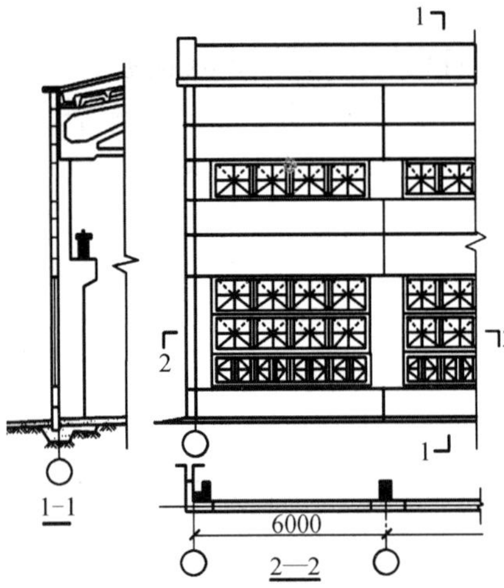

图 10.43　混合布置板材墙　单位：mm

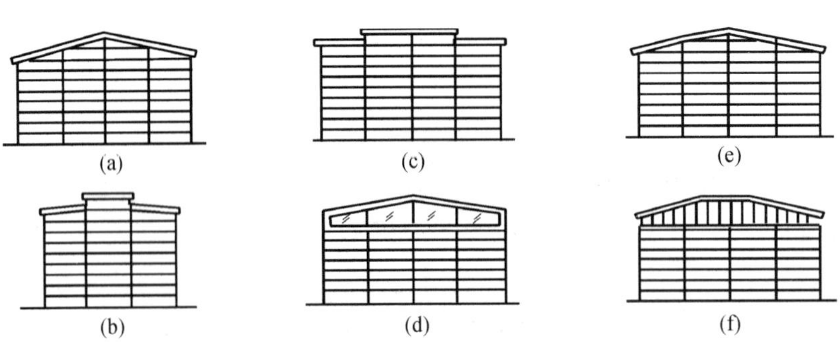

(a) 人字形；(b) 台阶形；(c) 台阶形；(d) 山尖部分全部开窗；
(e) 用异形板布置成折线形；(f) 用竖向小板布置成折线形

图 10.44　山墙墙板的布置

(2) 墙板的类型

① 按受力状况分：承重墙板、非承重墙板；

② 按保温性能分：保温墙板、非保温墙板；

③ 按所用材料分：混凝土单一材料类墙板、复合材料类墙板、基本板；

④ 按规格分：异形板（如加长板、出尖板等）、墙体辅助构件（如嵌梁、转角构件等）；

⑤ 按在墙面的位置分：墙板、檐下板、女儿墙板、山尖板。

7. 开敞式外墙

南方炎热地区的热加工车间（如炼钢等）和某些化工车间常采用开敞或半开敞式外墙（如图 10.45 所示），这种墙既便于通风又能防雨，其外墙构造主要就是挡雨板的构造，常用的有石棉水泥波瓦挡雨板、钢支架挡雨板和钢筋混凝土挡雨板。但在室外气温很高，灰沙大的干热带地区不应采用开敞式外墙。

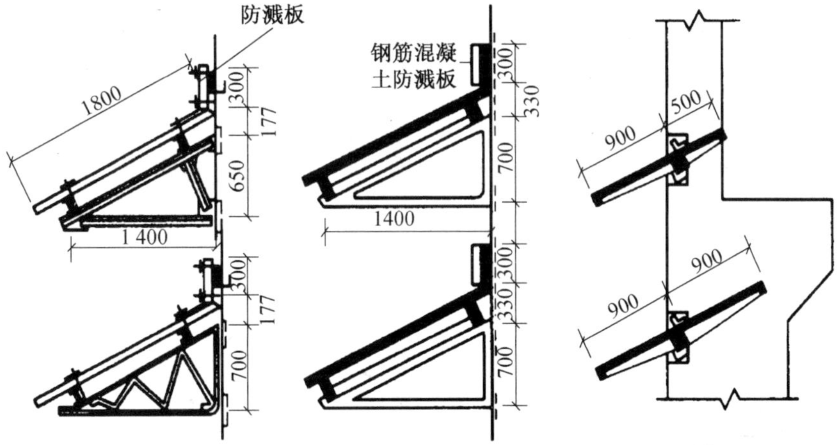

(a) 钢支架　　(b) 钢筋混凝土支架　　(c) 无支架挡雨板

图 10.45　挡雨板构造　单位：mm

10.4.2　屋面

1. 屋面的类型和组成

屋面的类型：按防水材料分为卷材防水屋面和非卷材防水屋面；按保温要求分为保温屋面和非保温屋面

2. 屋盖结构构件

（1）屋面板

屋面分有檩体系与无檩体系两种，如图 10.46 和 10.47 所示。

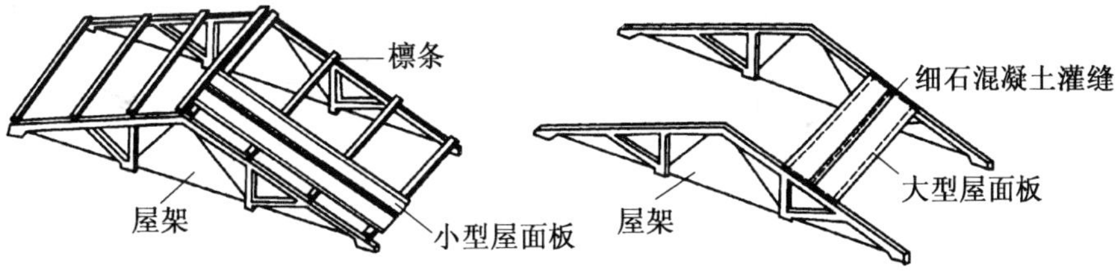

(a) 有檩体系　　(b) 无檩体系

图 10.46　屋面体系

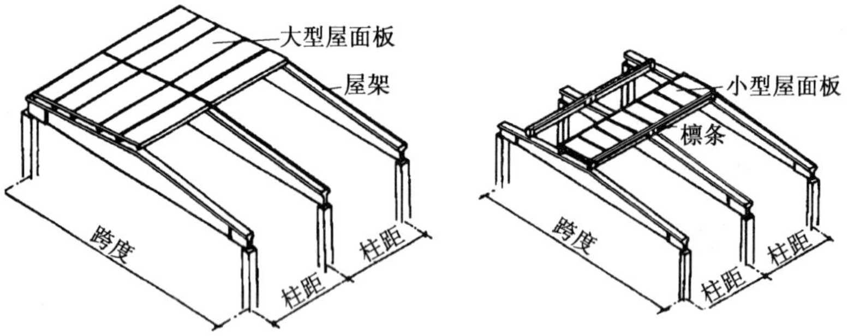

(a) 无檩体系　　(b) 有檩体系

图 10.47　屋盖结构类型

有檩体系是在屋架(或屋面梁)上弦搁置檩条,在檩条上铺小型屋面板(或瓦材)。有檩体系屋盖常采用预应力混凝土槽瓦、波形大瓦等小型屋面板(如图 10.48 所示)。

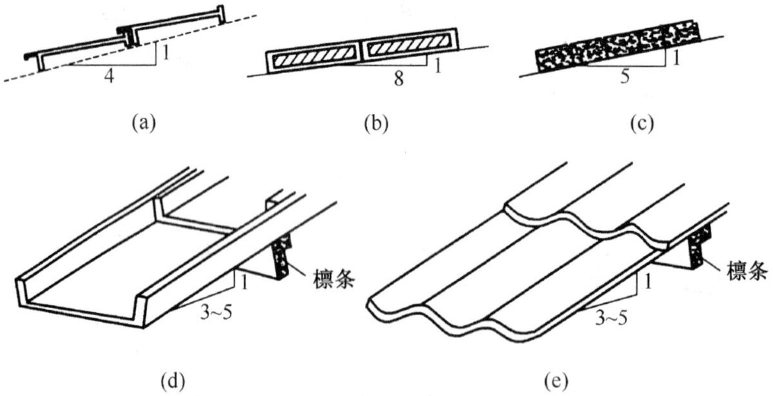

图 10.48　各种形式的屋面板　单位：mm

无檩体系是在屋架(或屋面梁)上弦直接铺设大型屋面板。无檩体系屋盖常采用预应力混凝土大型屋面板,它适用于保温或不保温卷材防水屋面,屋面坡度不应大于 1/5。无檩体系屋盖还可采用预应力 F 形屋面板,用于自防水非卷材屋面,以及预应力自防水保温屋面板、钢筋加气混凝土板等。

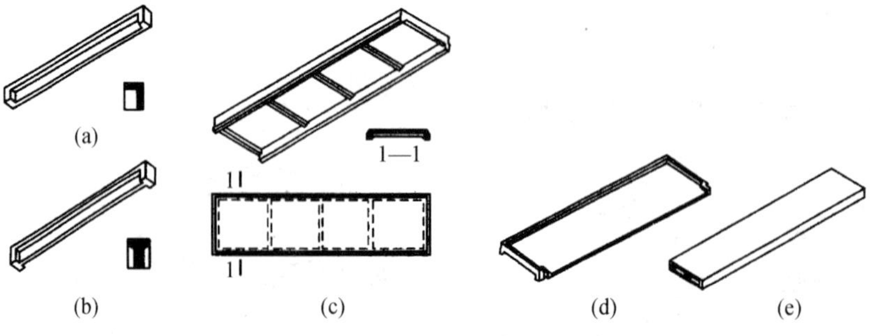

(a)(b) 檩条；(c)(d)(e) 钢筋混凝土大型屋面板

图 10.49　钢筋混凝土檩条及大型屋面板

(2) 檩条：搁在屋架或屋面梁上,起着支承小型屋面板并将屋面荷载传给屋架的作用。

它与屋架间用预埋钢板焊接，并与屋盖支撑一起保证屋盖结构的整体刚度和稳定性，如图 10.49 所示。

(3) 屋面梁和屋架：按形式可分为屋面梁、两铰(或三铰)拱屋架(如图 10.50 所示)和桁架式屋架(如图 10.51 所示)三大类。屋面梁的外形有单坡和双坡两种。两铰拱的支座节点为铰接，顶节点为刚接；三铰拱的支座节点和顶节点均为铰接。两铰拱的上弦为钢筋混凝土构件，三铰拱的上弦可用钢筋混凝土或预应力混凝土构件。

图 10.50　两铰(或三铰)拱屋架

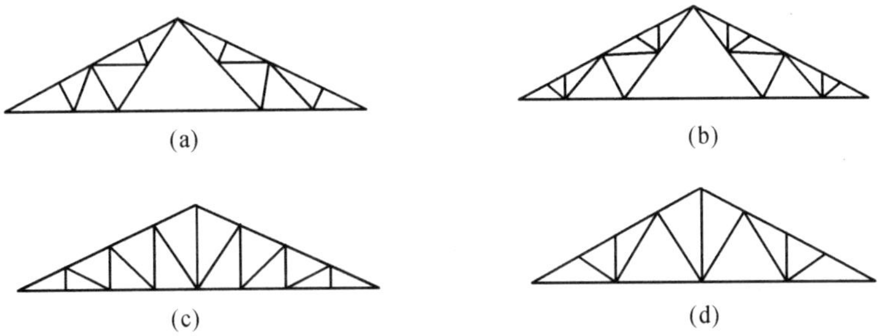

图 10.51　桁架式屋架

(4) 天窗架和托架

天窗架：天窗架的作用是形成天窗以便采光和通风，同时承受屋面板传来的竖向荷载和作用在天窗上的水平荷载，并将它们传给屋架(如图 10.52 所示)。

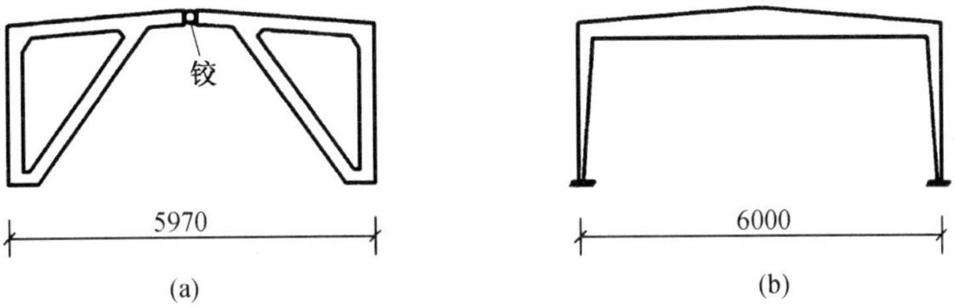

图 10.52　天窗架的形式　单位：mm

托架：一般为 12 m 跨度的预应力混凝土三角形或折线形构件，上弦为钢筋混凝土压杆，下弦为预应力混凝土拉杆(如图 10.53 所示)。

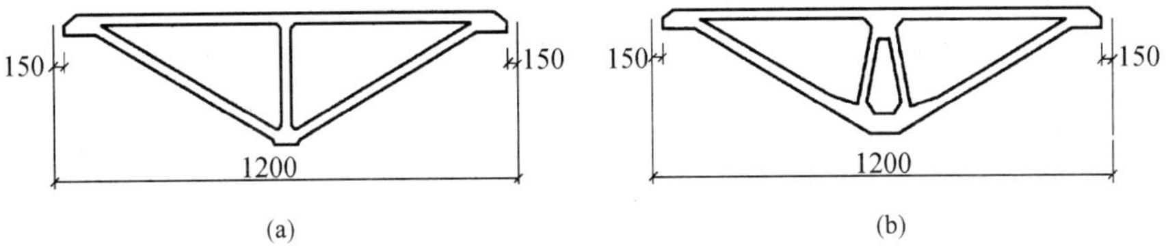

图 10.53　托架的形式　单位：mm

3. 屋面的排水

单层工业厂房的屋面排水方式分为无组织排水、有组织排水两种。选择排水方式应以当地降雨量、气温、车间生产特征、厂房高度和天窗宽度等因素综合考虑。无组织排水如图 10.54 所示。

有组织排水的形式有檐沟外排水、长天沟外排水、内排水、内落外排水等。图 10.55 为檐沟外排水,图 10.56 为长天沟外排水,图 10.57 为内排水,图 10.58 为内落外排水。

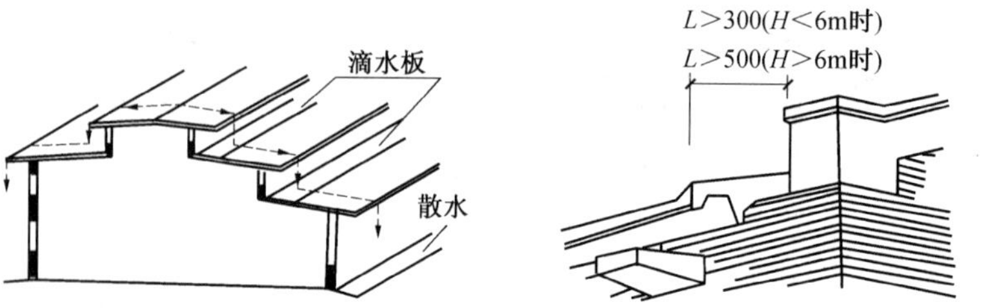

(a) 无组织排水　　(b) 大型屋面板挑檐

图 10.54　无组织排水　单位：mm

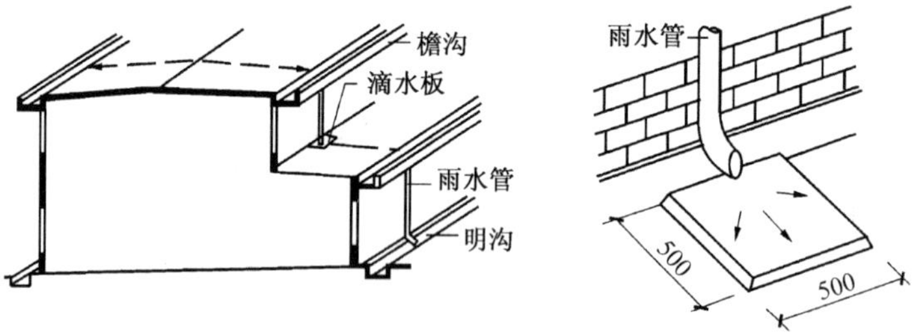

(a) 檐沟外排水示意　　(b) 低跨屋面滴水板

图 10.55　檐沟外排水　单位：mm

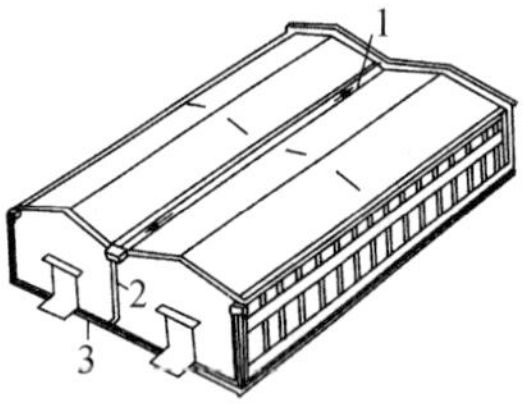

图10.56　长天沟外排水示意

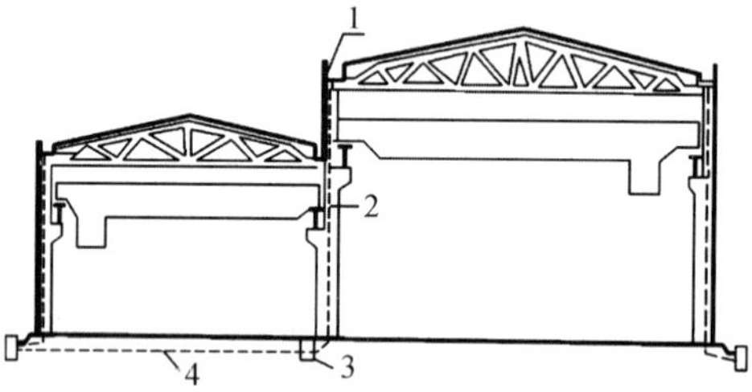

图 10.57　内排水示意

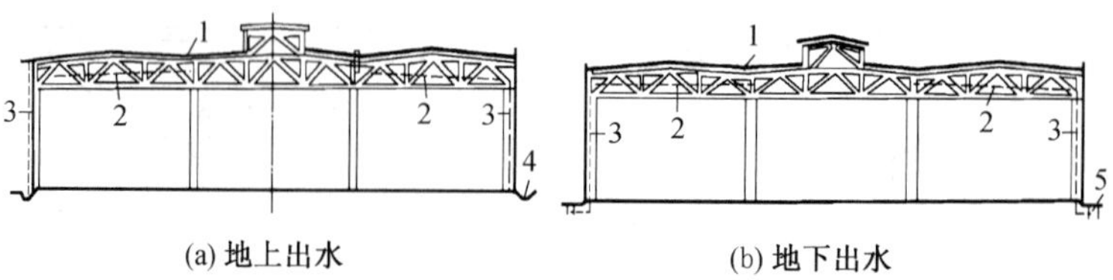

(a) 地上出水　　(b) 地下出水

图 10.58　内落外排水

单层厂房屋面防水有卷材防水、刚性防水、构件自防水和瓦屋面等几种。

(1) 卷材防水构造

防水卷材主要有：油毡、高分子合成材料、合成橡胶等。

防水卷材受破坏的特征：大型钢筋混凝土板做基层的卷材屋面容易在板缝处严重开裂。

防水卷材容易出现裂缝的原因：

① 温度变形。室内外温差较大，屋面板上下侧的变形量不同，板端翘起，板缝开裂。

② 挠度变形。屋面板在长期荷载作用下引起的挠度变形，板端产生转角位移，造成板缝开裂。

③ 厂房结构变形。由于地基的不均匀沉降、吊车制动荷载和生产设备的振动等会使结构变形，屋面晃动，板缝开裂。

防水卷材屋面构造做法：选择刚度大的构件、改进构造做法，增强屋面的刚度和整体性，改善接缝处的构造做法。做找平层时，先在与厂房纵向垂直的横向板缝处作分格缝，缝内用油膏填充，沿缝干铺 300 mm 的油毡作缓冲层，减少基层变形对面层的影响，如图 10.59 所示。

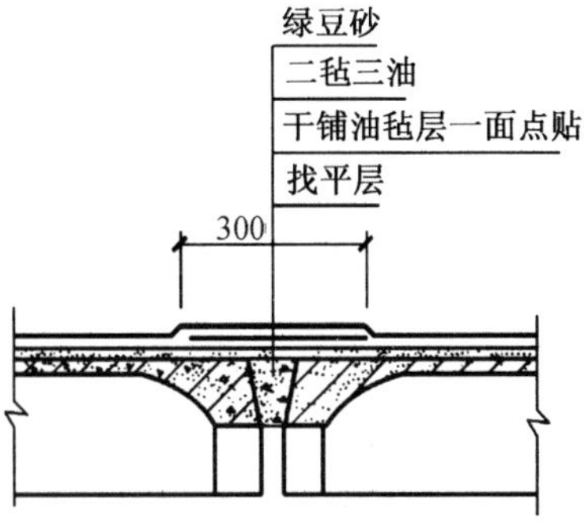

图 10.59　无隔热(保温)的屋面板横缝处卷材防水层处理　单位：mm

图 10.60 为挑檐构造，图 10.61 为纵墙外檐沟构造，图 10.62 为中间天沟构造，图 10.63 为长天沟外排水构造，图 10.64 为纵向女儿墙泛水与内天沟构造示例，图 10.65 为高低跨处泛水构造。

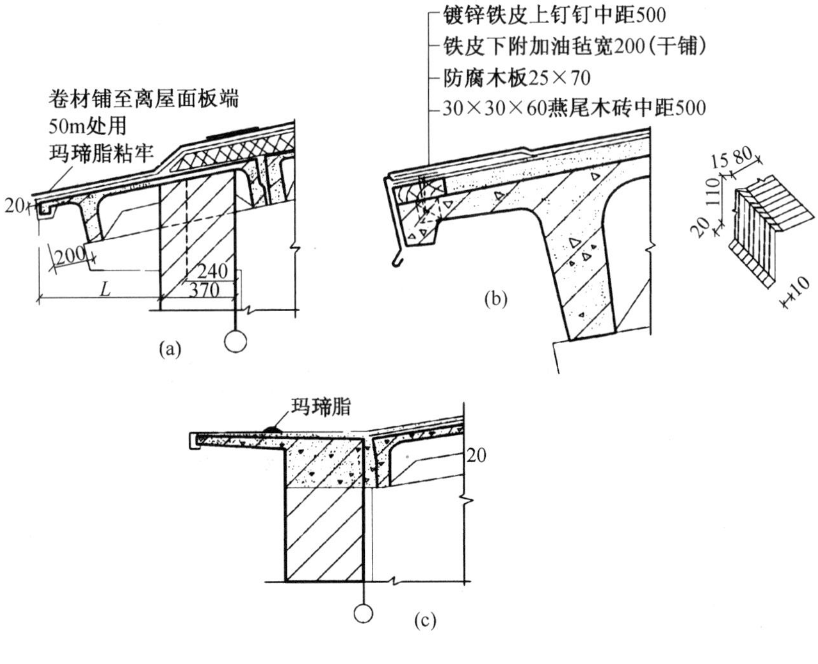

图 10.60　挑檐构造　单位：mm

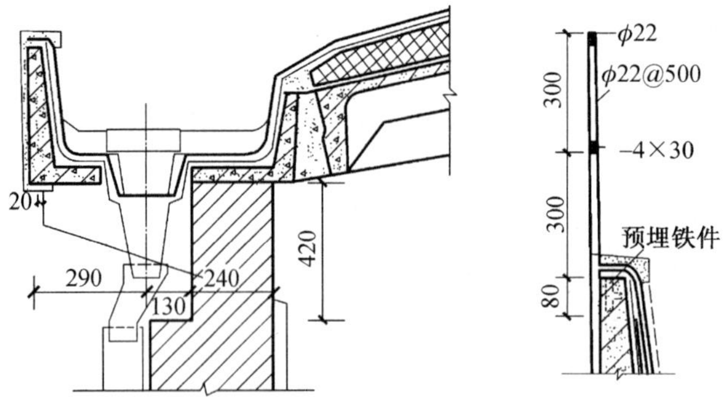

(a)　　　　　　(b)

图 10.61　纵墙外檐沟构造　单位：mm

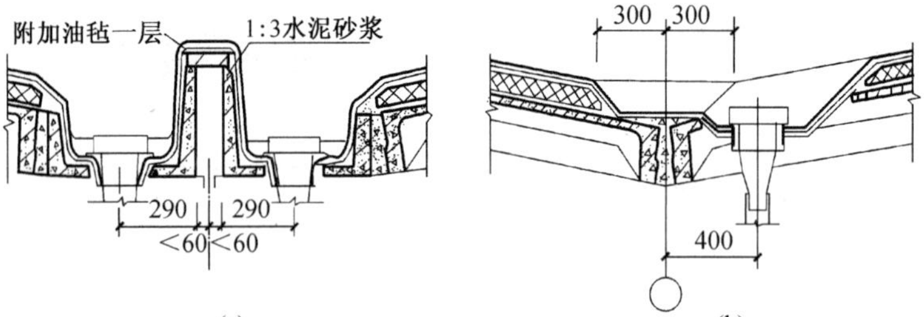

(a)　　　　　　(b)

图 10.62　中间天沟构造　单位：mm

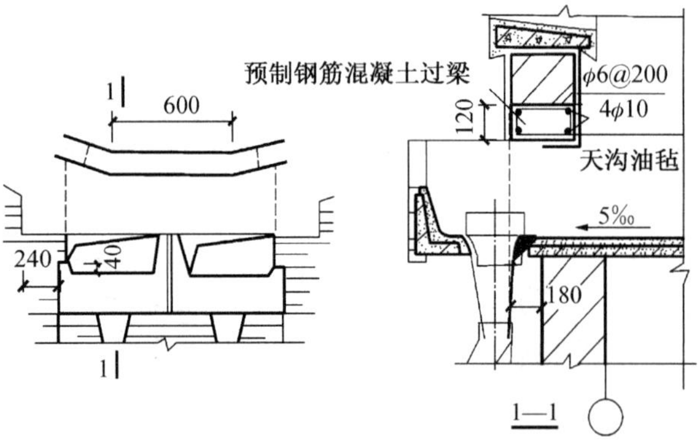

图 10.63　长天沟外排水构造　单位：mm

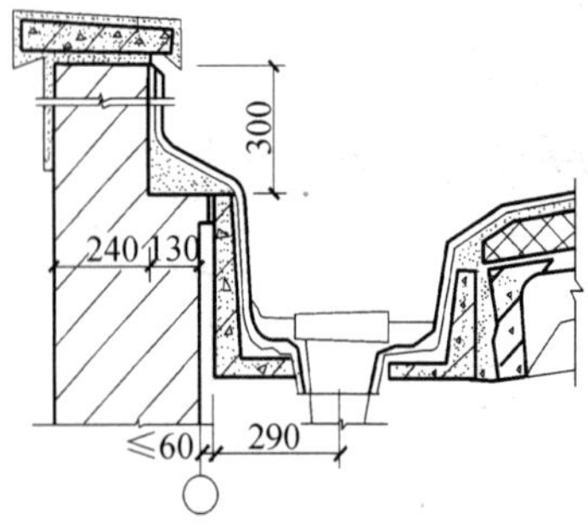

图 10.64　纵向女儿墙泛水与内天沟构造示例　单位：mm

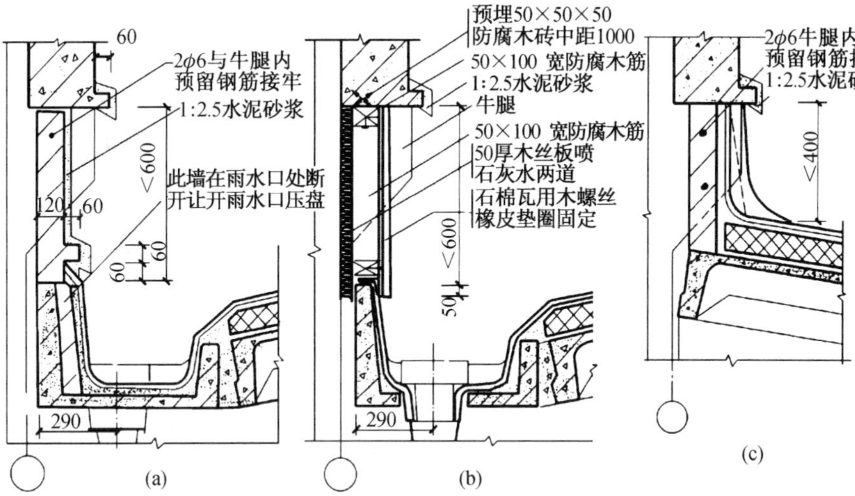

(a)(b) 有天沟高低跨处泛水；(c) 无天沟高低跨处泛水

图 10.65　高低跨处泛水构造　单位：mm

(2) 构件自防水屋面

利用屋面板本身的密实性和平整度(或者再加涂防水涂料)，大坡度，再配合油膏嵌缝及油毡贴缝或者靠板与板相互搭接来盖缝等措施，以达到防水的目的。这种屋面适用于无保温要求的屋面。构造特点：这种防水施工程序简单，省材料，造价低，但不宜用于振动较大的厂房，多用于南方地区。构件自防水屋面按其板缝的构造可分为嵌缝式、贴缝式和搭盖式等类型。

构件自防水屋面的屋面板有钢筋混凝土屋面板、钢筋混凝土 F 板、槽瓦板以及波形瓦，如图 10.66 和图 10.67 所示。

(a) W形板　　(b) V形板　　(c) 保温夹芯板

图 10.66　压型钢板瓦

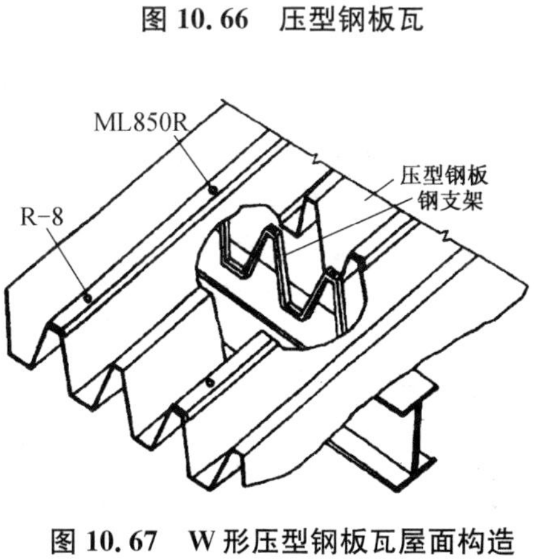

图 10.67　W 形压型钢板瓦屋面构造

① 嵌缝、贴缝式构件自防水屋面

嵌缝式、贴缝式构件自防水是利用屋面板作为防水构件，板缝嵌油膏防水。若在板缝上粘贴一条卷材覆盖层则成为贴缝式。图 10.68 为嵌缝式、贴缝式板缝构造。

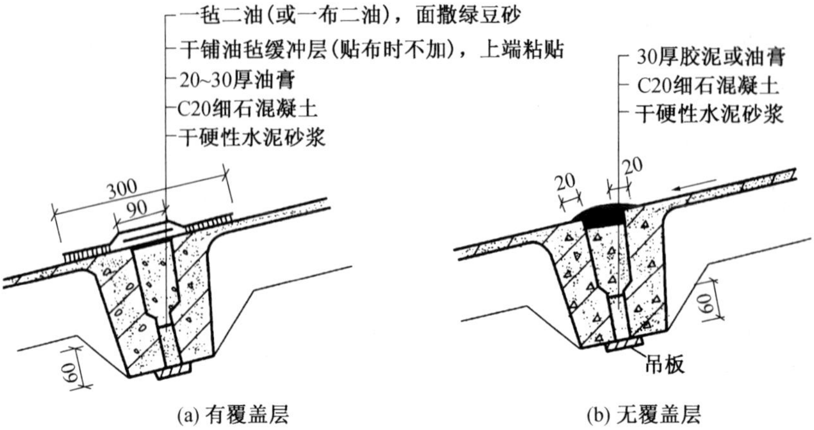

图 10.68　嵌缝式、贴缝式板缝构造　单位：mm

② 搭盖式构件自防水屋面

搭盖式构件自防水屋面利用屋面板上下搭盖住纵缝，用盖瓦、脊瓦覆盖横缝和脊缝的方式来达到屋面防水目的。常用的有 F 板、槽瓦和波形石棉瓦屋面。

F 板屋面：图 10.69 为 F 板屋面的组成。图 10.70 为 F 板纵向搭缝构造。图 10.71 为 F 板与天沟的搭盖构造。

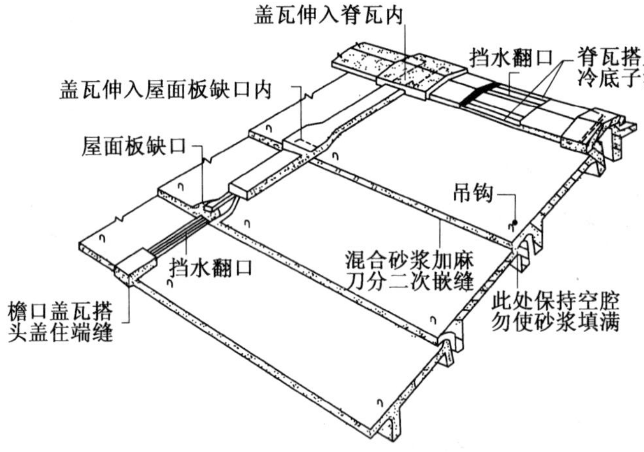

图 10.69　F 板屋面的组成

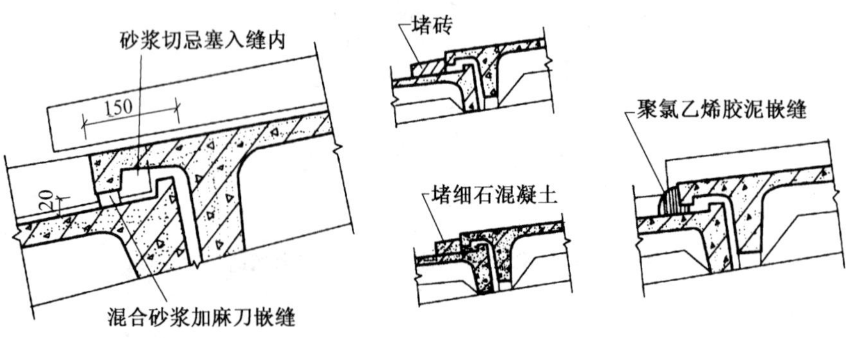

图 10.70　F 板纵向搭缝构造　单位:mm

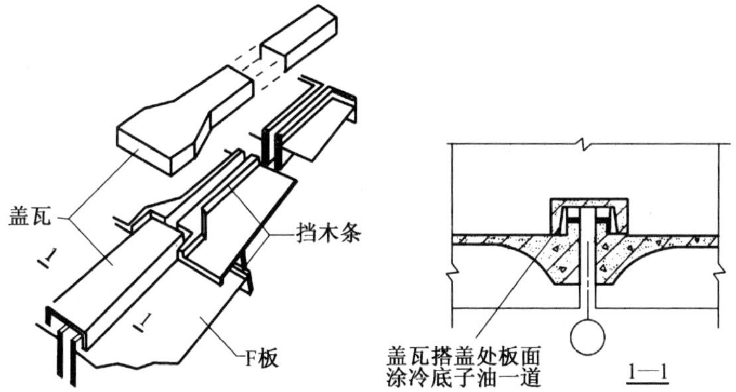

图 10.71　F 板横向盖缝构造

槽瓦屋面：槽瓦屋面是以断面呈槽形的钢筋混凝土屋面板为主，配合盖瓦和脊瓦附加构件组成的构件自防水屋面。图 10.72 为槽瓦屋面组成。图 10.73 为槽瓦搭接和固定构造。

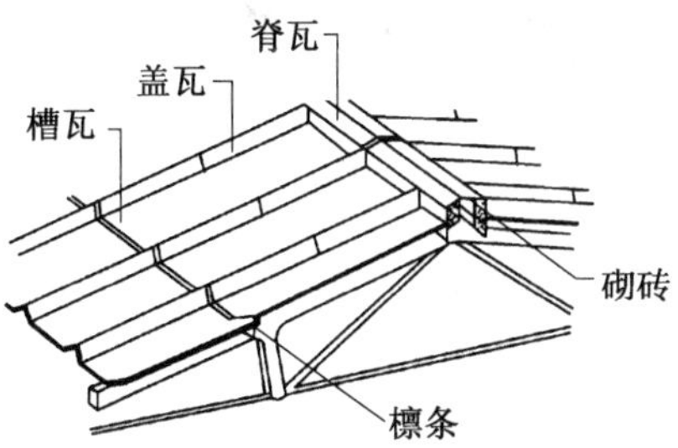

图 10.72　槽瓦屋面组成

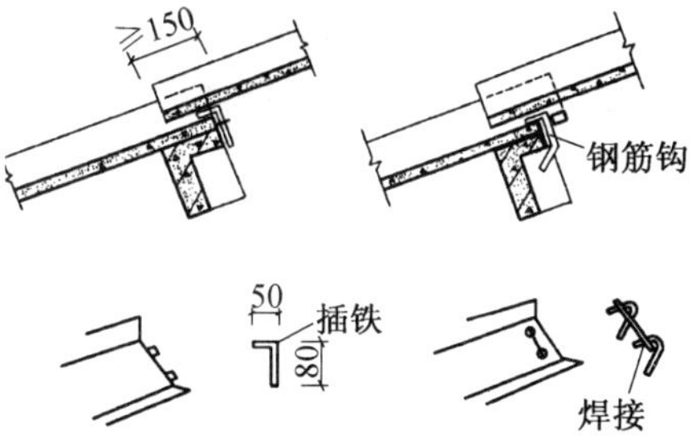

图 10.73　槽瓦搭接和固定　单位：mm

波形石：棉水泥瓦屋面波形瓦包括石棉水泥瓦、木质纤维瓦、钢丝网水泥瓦、镀锌铁皮条，其中波形石棉水泥瓦应用较为广泛。图 10.74 为石棉瓦与檩条的固定构造。

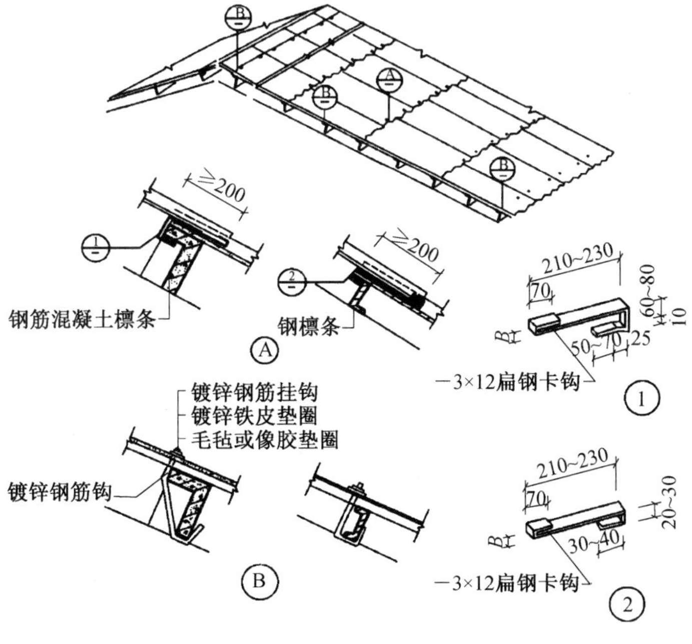

图 10.74　石棉瓦与檩条的固定　单位：mm

4. 屋面的保温与隔热

厂房屋面保温、隔热，与民用房屋做法类似，但应注意以下问题。

(1) 屋面保温

一般保温只在采暖厂房和空调厂房中设置。保温层大多数设在屋面板上，如民用房屋中平屋顶所述。也有设在屋面板下的情况，还可采用带保温层的夹心板材。如图 10.75 所示。

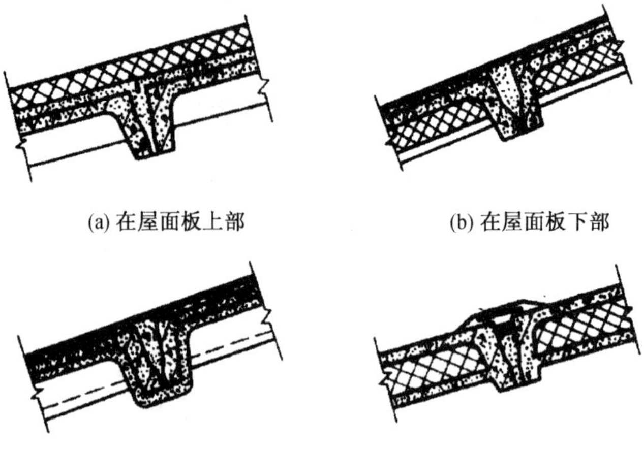

(a) 在屋面板上部　(b) 在屋面板下部

(c) 喷涂在屋面板下部　(d) 夹心保温屋面板

图 10.75　保温层设置的不同位置

(2) 屋面隔热

除有空调的厂房外，一般只在炎热地区较低矮的厂房才做隔热处理。如厂房屋面高度大于 8 m，可不隔热，主要靠通风解决屋面散热问题；如厂房屋面高度小于或等于 8 m，但大于 6 m，且高度大于跨度的 1/2 时不需隔热；若高度小于或等于跨度的 1/2 时可隔热；如厂房屋面高度小于或等于 6 m，则需隔热厂房屋面隔热原理与构造做法均同民用房屋。

5. 屋面的细部构造

单层工业厂房屋面的细部构造有檐口、天沟、泛水、变形缝等，其构造做法和处理原则与民用建筑相应的细部构造基本相同。

10.4.3　门窗

侧窗的位置不同，室内的采光效果也不同。

窗台的高度从通风、采光要求讲，一般以低些为好。

在有吊车梁的厂房中，因吊车梁会遮挡部分光线，在该段范围内通常不设侧窗，如图 10.76 所示。

单层厂房侧窗的布置形式有两种，一种是被窗间墙隔开的单独的窗口形式，另一种是厂房整个墙面或墙面大部分做成大片玻璃墙面或带状玻璃窗。

侧窗洞口尺寸宽度在 900～6000 mm 之间。其中，2400 mm 以内，以 3M 为整倍数；2400 mm 以上，以 6M 为整倍数。

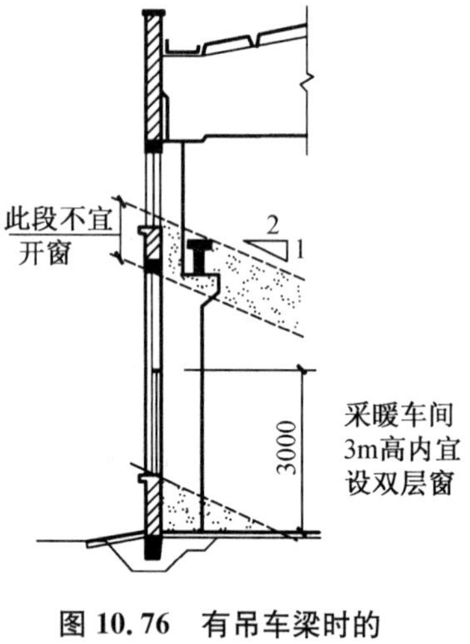

图 10.76　有吊车梁时的侧窗布置　单位：mm

单层厂房的分类及其构造与民用建筑相同,但厂房侧窗一般将悬窗、平开窗或固定窗等组合在一起。

厂房侧窗高度和宽度较大,窗的开关常借助于开关器。开关器分手动和电动两种。图 10.77 为中悬窗的手动开关器。

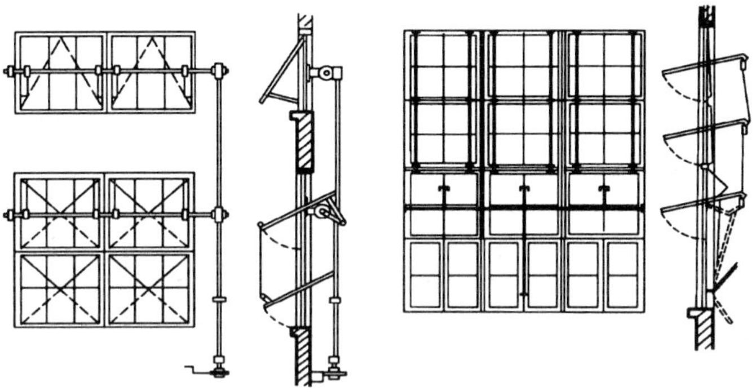

(a) 蜗轮蜗杆手摇开关器　　(b) 撑臂式简易开关器

图 10.77　侧窗开关器

(1) 侧窗的布置和种类:单面布置、双面布置。

(2) 高低侧窗布置:玻璃墙布置和单独布置(图 10.78)。

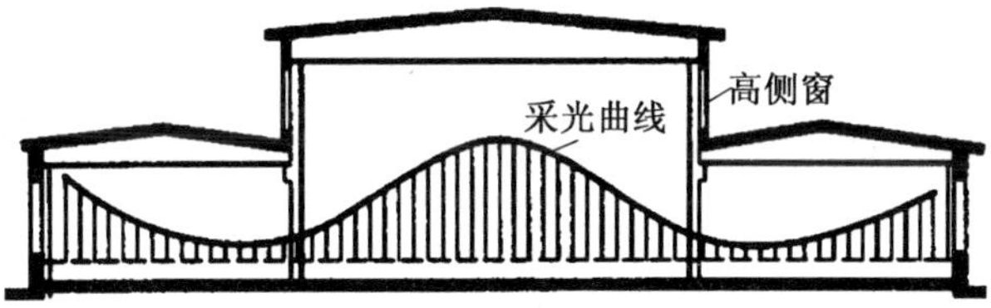

图 10.78　高低侧窗结合布置采光效果

(3) 按材料划分:钢窗和木窗。

(4) 按层数划分:单层窗和双层窗。工业建筑侧窗一般都是单层窗。只有在寒冷地区和空调车间中根据热工的要求采用双层窗。

(5) 按开启方式划分:中悬窗、平开窗、立转窗和固定窗等几种。

厂房大门:工业厂房大门的尺寸应根据所需运输工具类型、规格、运输货物的外形并考虑通行方便等因素来确定。

表 10-1　厂房大门洞口尺寸

洞口宽/mm 运输工具	2100	2100	3000	3300	3600	3900	4200 4500	洞口高/mm
3 t 矿车								2100
电瓶车								2400
轻型卡车								2700

运输工具 \ 洞口宽/mm	2100	2100	3000	3300	3600	3900	4200 4500	洞口高/mm
中型卡车								3000
重型卡车								3900
汽车起重机								4200
火车								5100 5400

10.4.4 天窗

1. 天窗的作用和类型

(1) 作用：通风、采光

(2) 类型：矩形天窗、平天窗、下沉天窗(图 10.79)

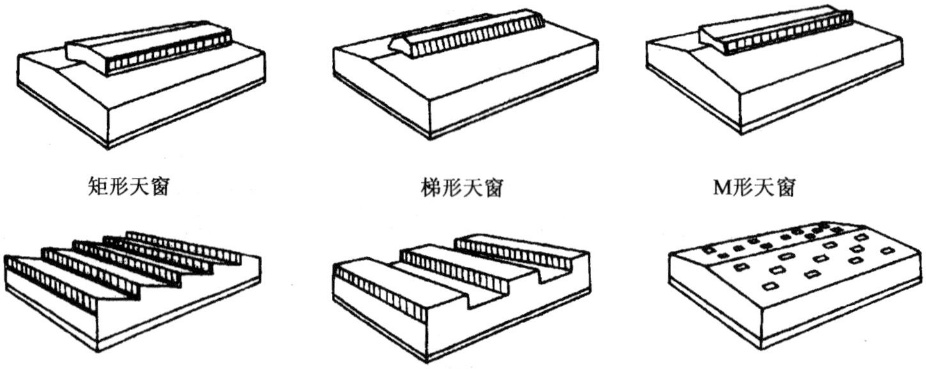

图 10.79 天窗的种类

2. 矩形天窗

沿着厂房纵向布置，为了简化构造并留出屋面检修和消防通道，在厂房的两端和横向变形缝的第一个柱间通常不设天窗；在每段天窗的端壁应设置上天窗屋面的消防梯(检修梯)(图 10.80)。

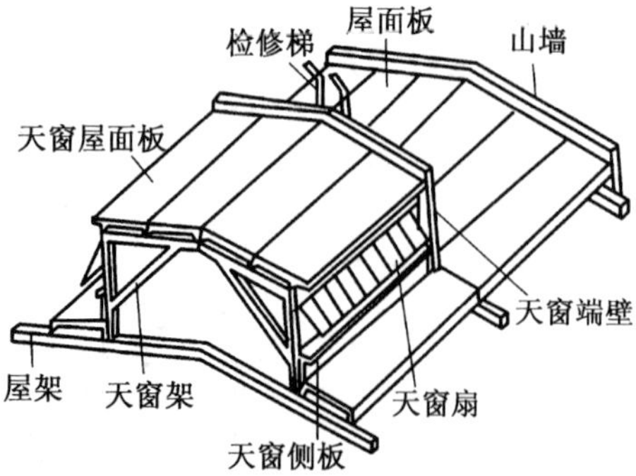

图 10.80 矩形天窗的组成

3. 矩形天窗的组成

矩形天窗主要由天窗架、天窗屋顶、天窗端壁、天窗侧板及天窗扇等组成。

(1) 天窗架是天窗的承重结构，它直接支承在屋架上，天窗架的材料与屋架相同，常用钢筋混凝土天窗架和钢天窗架(图 10.81)。天窗架的宽度根据采风和通风要求一般为厂房跨度的1/2～1/3左右，且应尽可能将天窗架支承在屋架的节点上，目前常采用的钢筋混凝土天窗架的宽度为6 m和9 m两种。天窗架的高度应根据采光和通风的要求，并结合所选用的天窗扇尺寸确定，一般高度为宽度的0.3～0.5倍。

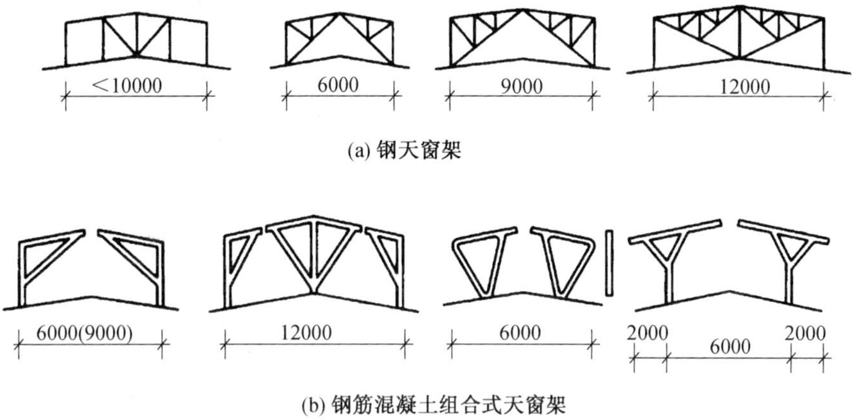

图 10.81　天窗架的形式　单位：mm

(2) 天窗扇

类型：通长天窗、分段天窗。

按开启方式分：上悬式、中悬式。

尺寸：一般采用3M为模数，900 mm、1200 mm、1500 mm及其组合尺寸。

天窗扇有钢制和木制两种。钢天窗扇具有耐久、耐高温、重量轻、挡光少、不易变形、关闭严密等优点，因此工业建筑中多采用钢天窗扇。

(3) 天窗檐口

一般情况下，天窗屋面的构造与厂房屋面相同。天窗檐口常采用无组织排水，由带挑檐的屋面板构成，挑出长度一般为300～500 mm。

(4) 天窗侧板

天窗侧板是天窗窗口下部的围护构件，其主要作用是防止屋面上的雨水流入或溅入室内。天窗侧板应高出屋面不小于300 mm。

侧板的形式有两种。当屋面为无檩体系时，采用钢筋混凝土侧板，如图10.82(a)所示，侧板长度与屋面板长度一致。当屋面为有檩体系时，侧板可采用石棉水泥波瓦等轻质材料，如图10.82(b)所示。侧板安装时向外稍倾斜，以利排水。侧板与屋面交接处应做好泛水处理。

(5) 天窗端壁：天窗端壁有预制钢筋混凝土端壁和石棉水泥瓦端壁(图10.83)。

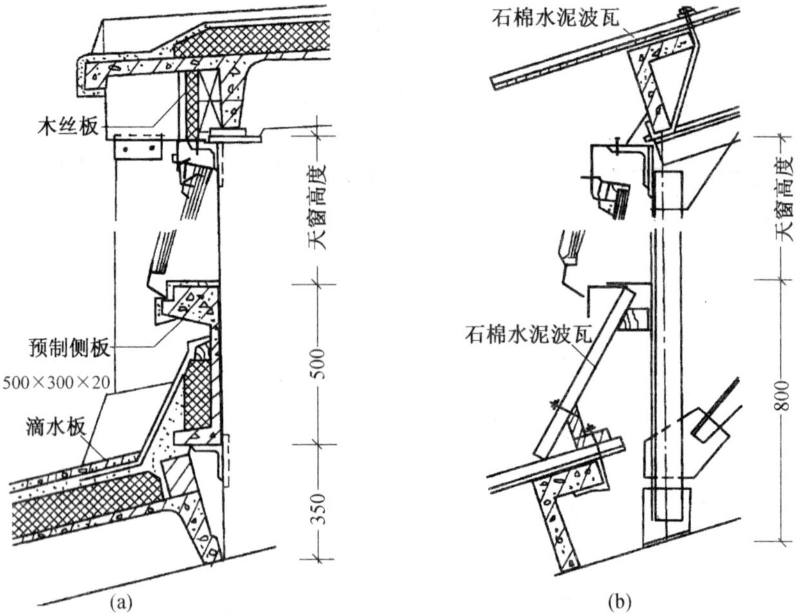

图 10.82　天窗檐口及侧板　单位：mm

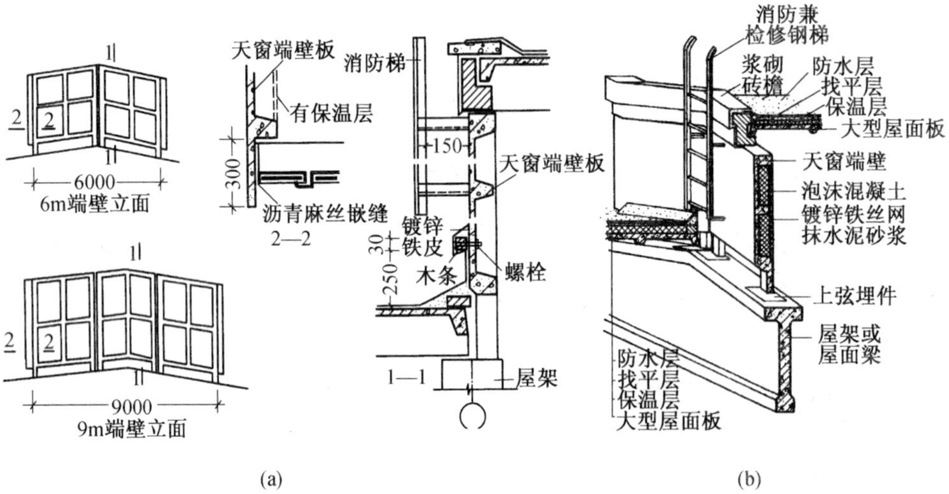

图 10.83　天窗端壁　单位：mm

4. 矩形通风天窗

(1) 组成：挡风板、挡雨设施(图 10.84)。

挡风板的形式有立柱式(直或斜立柱式)和悬挑式(直或斜悬挑式)，如图 10.85 所示。立柱式是将立柱支承在屋架上弦的柱墩上，用支撑与天窗架相连，结构受力合理，但挡风板与天窗之间的距离受屋面板排列的限制(图 10.86)，立柱处防水处理较复杂。悬挑式的支架固定在天窗架上，挡风板与屋面板脱开，处理灵活，适用于各类屋面，但增加了天窗架的荷载，对抗震不利(图 10.87)。挡风板可向外倾斜或垂直设置，向外倾斜的挡风板，倾角一般与水平面成 50°～70°，当风吹向挡风板时，可使气流大幅度飞跃，从而增加抽风能力，通风效果比垂直的好。挡雨设施设大挑檐方式，使水平口的通风面积减小。垂直口设挡雨板时，挡雨板与水平夹角越小通风越好，但不宜小于 15°。水平口设挡雨片时，通风阻力较小，是较常用的方式，挡雨片与水平面的夹角多采用 60°。挡雨片高度一般为 200～300 mm。在大风多雨地区和对挡雨要求较高时，可将第一个挡雨片适当加长。

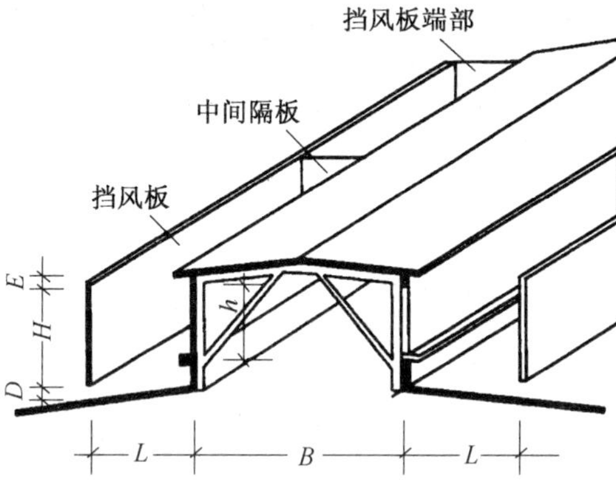

图 10.84　矩形通风天窗示意图

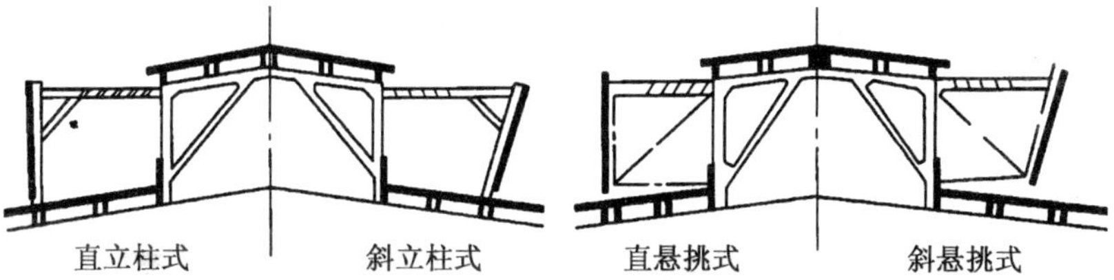

图 10.85　挡风板的形式

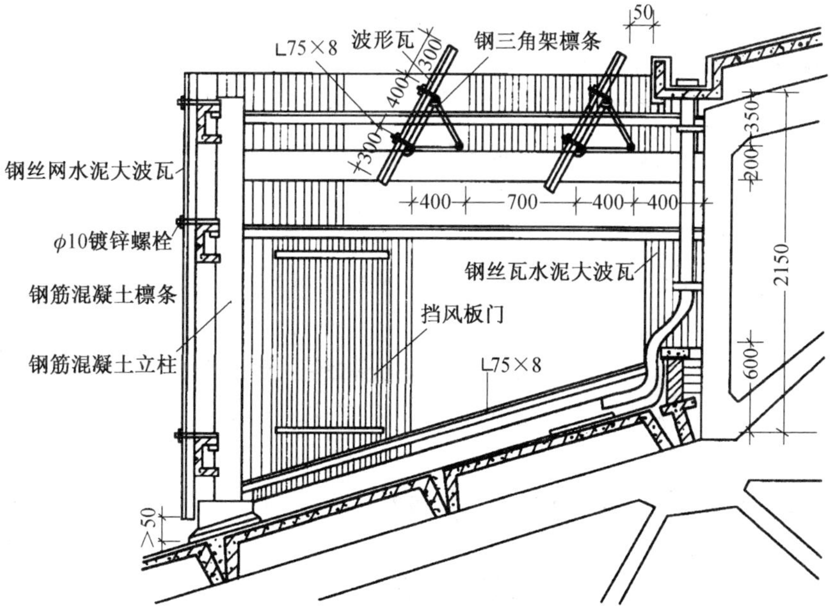

图 10.86　立柱式挡风板　单位：mm

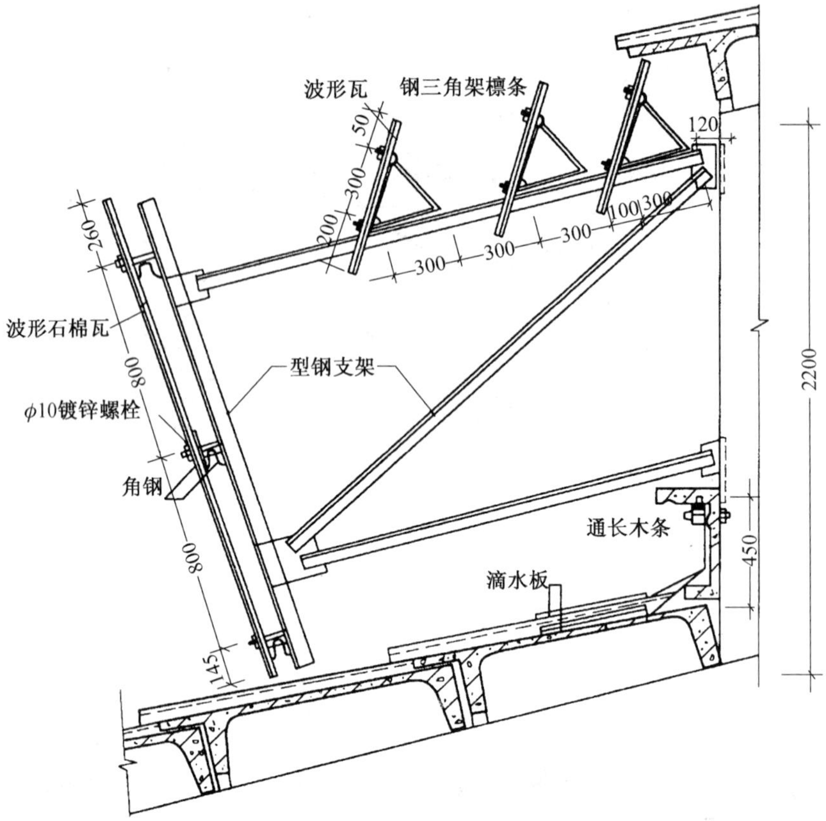

图 10.87　悬挑式挡风板　单位：mm

(2) 矩形避风天窗细部构造

挡风板常用石棉波形瓦、钢丝网水泥瓦、瓦楞铁等轻型材料，用螺栓将瓦材固定在檩条上。檩条有型钢和钢筋混凝土两种，其间距视瓦材的规格而定。檩条焊接在立柱或支架上，立柱与天窗架之间设置支撑使其保持稳定。当用石棉水泥波瓦做挡雨片时，常用型钢或钢三角架做檩条，两端置于支撑上，水泥波瓦挡雨片固定在檩条上。

5. 平天窗

平天窗有采光板、采光罩、采光带三种。

平天窗的构造做法虽视其类型、使用要求、建筑材料和施工具体情况有所不同，但其构造要点是一致的。

(1) 采光板是在屋面板上留孔，装设平板透光材料。板上可开设几个小孔，也可开设一个通长的大孔。固定的采光板只作采光用，可开启的采光板以采光为主，兼作少量通风(图 10.88)。

(2) 采光罩　是在屋面板上留孔装弧形透光材料，如弧形玻璃钢罩、弧形玻璃罩等。采光罩有固定和可开启两种(图 10.89)。

(3) 采光带　是指长度在 6 m 以上的采光口。采光带根据屋面结构的不同形式，可布置成横向采光带和纵向采光带(图 10.90)。

平天窗在采光口周围做井壁泛水(图 10.91)，井壁上安放透光材料。泛水高度一般为 150～200 mm。井壁有垂直和倾斜两种。井壁可用钢筋混凝土、薄钢板、塑料等材料制成。

预制井壁现场安装，工业化程度高，施工快。但应处理好与屋面板之间的缝隙，以防漏水。

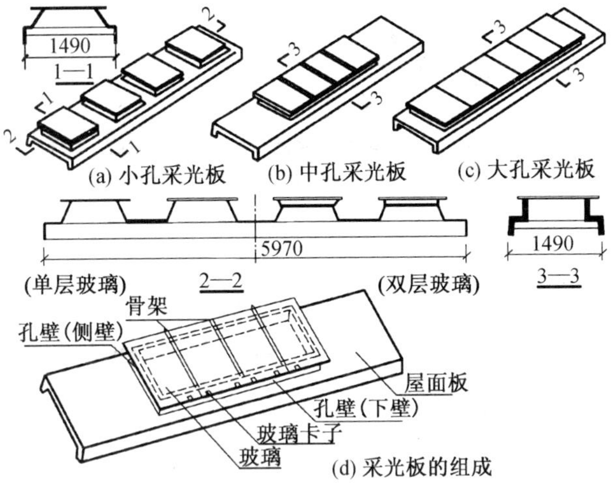

图 10.88　采光板形式和组成　单位：mm

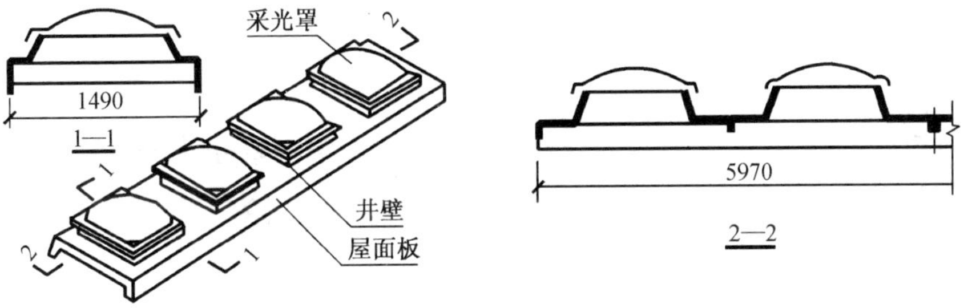

图 10.89　采光罩　单位：mm

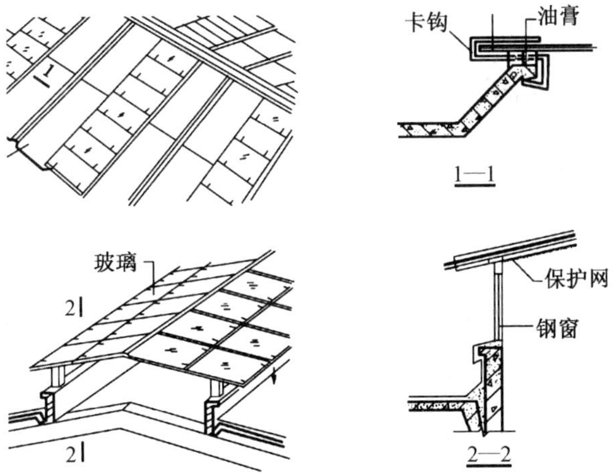

图 10.90　采光带

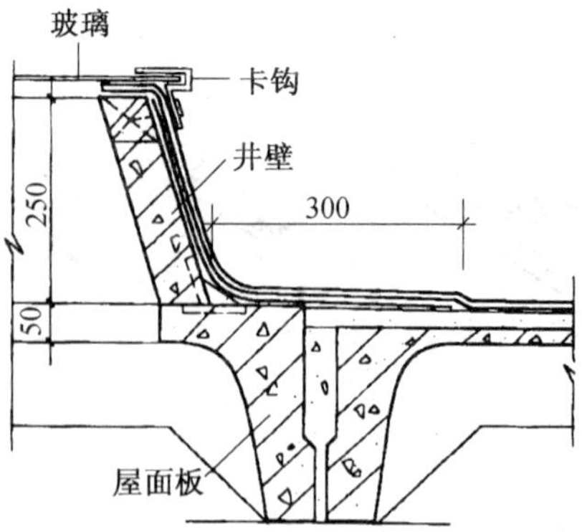

图 10.91　采光口构造　单位：mm

平天窗防水：玻璃与井壁之间的缝隙是防水的薄弱环节，可用聚氯乙烯胶泥或建筑油膏等弹性较好的材料垫缝(图 10.92)，不宜用油灰等易干裂材料。

平天窗防太阳辐射和眩光：平天窗受直射阳光强度大，时间长，如果采用一般的平板玻璃和钢化玻璃透光材料，会使车间内过热和产生眩光，有损视力，影响安全生产和产品质量。因此应优先选用扩散性能好的透光材料，如磨砂玻璃、乳白玻璃、夹丝压花玻璃、玻璃钢等。也可在玻璃下面加浅色遮阳格卡，以减少直射光，增加扩散效果。

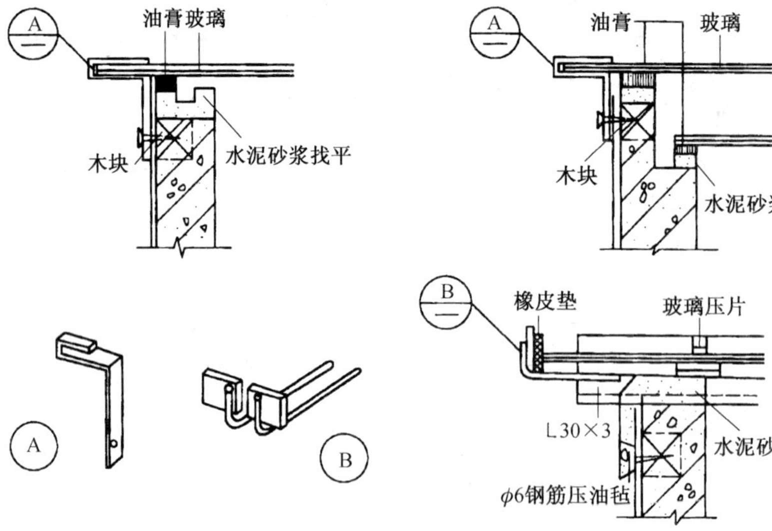

图 10.92　平天窗防水

安全措施：防止冰雹或其他原因破坏玻璃，保证生产安全，可采用夹丝玻璃。若采用非安全玻璃(如普通平板玻璃、磨砂玻璃、压花玻璃等)，需在玻璃下加设一层金属安全网(图 10.93)。

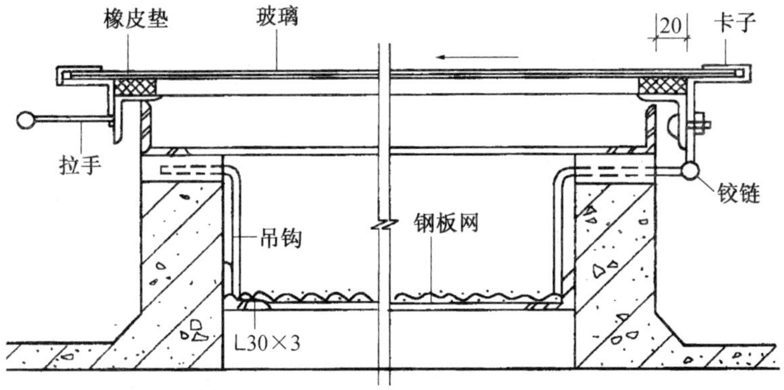

图 10.93　安全网构造示例　单位：mm

通风问题：南方地区采用平天窗时，必须考虑通风散热措施，使滞留在屋盖下表面的热气及时排至室外。目前采用的通风方式有两类：一是采光和通风结合处理，采用可开启的采光板、采光罩或带开启扇的采光板。既可采光又可通风，但使用不够灵活。二是采光和通风分开处理，平天窗只考虑采光，另外利用通风屋脊解决通风，构造较复杂(图 10.94)。

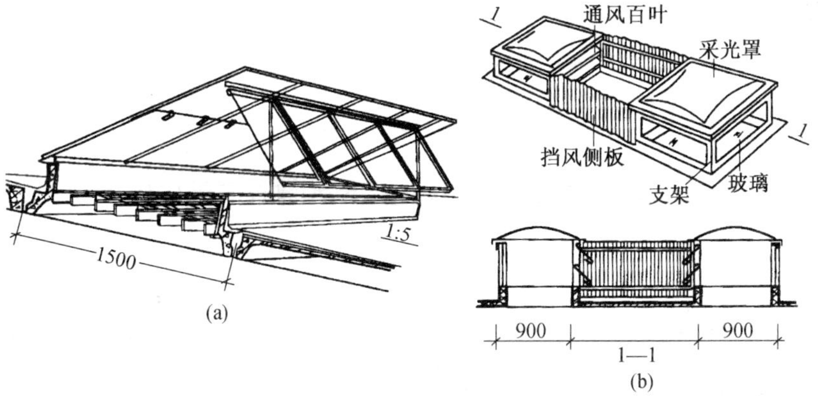

(a) 带开启扇的采光板　(b) 采光罩加挡风侧板

图 10.94　采光通风平天窗　单位：mm

6. 下沉式天窗

井式天窗通风口一般做成开敞式，不设窗扇，但井口必须设置挡雨设施。做法有井上口挑檐、设挡雨片、垂直口设挡雨板等。井上口挑檐，影响通风效果；因此多采用井上口设挡雨片的方法(图 10.95)。

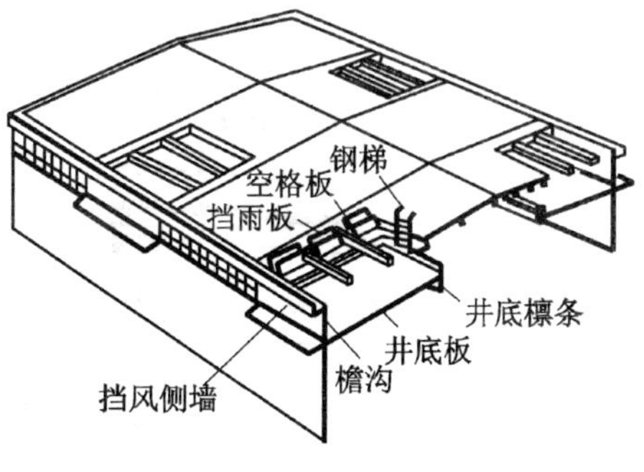

图 10.95　边井式天窗构造组成

(1) 窗扇设置

如果厂房有保暖要求，可在垂直井口设置窗扇。沿厂房纵向的垂直口，可以安设上悬或中悬窗扇。如图 10.96 所示。

(2) 排水措施

① 无组织排水。上下层屋面均做无组织排水，井底板的雨水经挡风板与井底板的空隙

流出，构造简单，施工方便，适用于降雨量不大的地区。

② 单层天沟排水。上层屋檐做通长天沟，下层井底板做自由落水，适用于降雨量较大的地区。另一种是下层设置通长天沟，上层自由落水，适用于烟尘量大的热车间及降雨量大的地区。天沟兼做清灰走道时，外侧应加设栏杆。

③ 双层天沟排水。在雨量较大的地区，灰尘较多的车间，采用上下两层通长天沟有组织排水。这种形式构造复杂，用料较多。

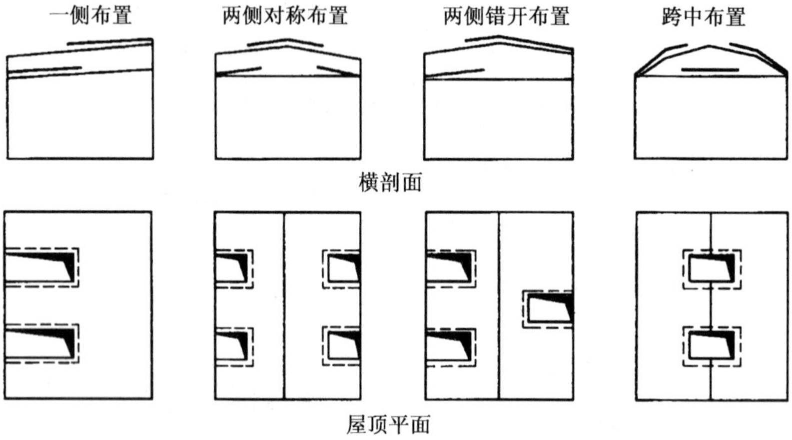

图 10.96　井式天窗的布置方式

井底板位于屋架下弦，搁置的方法有两种：横向铺板和纵向铺板，如图 10.97 和图 10.98 所示。

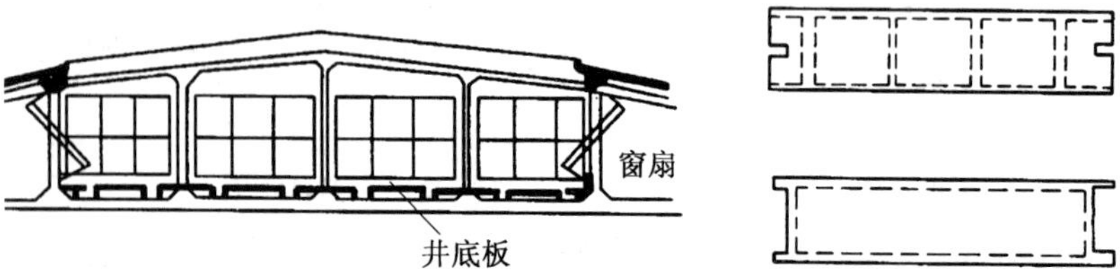

图 10.97　纵向铺板

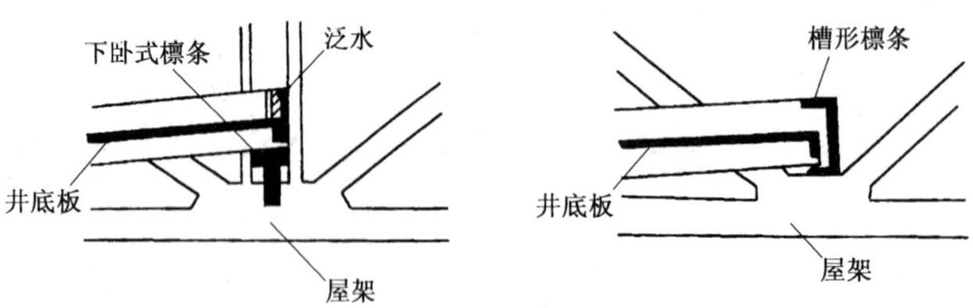

图 10.98　井底檩条

井口板及挡雨设施，如图 10.99 和图 10.100 所示。

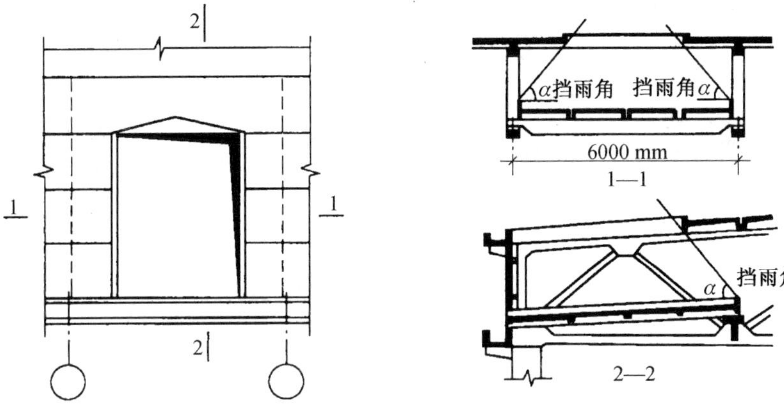

图 10.99　井上口设挑檐板

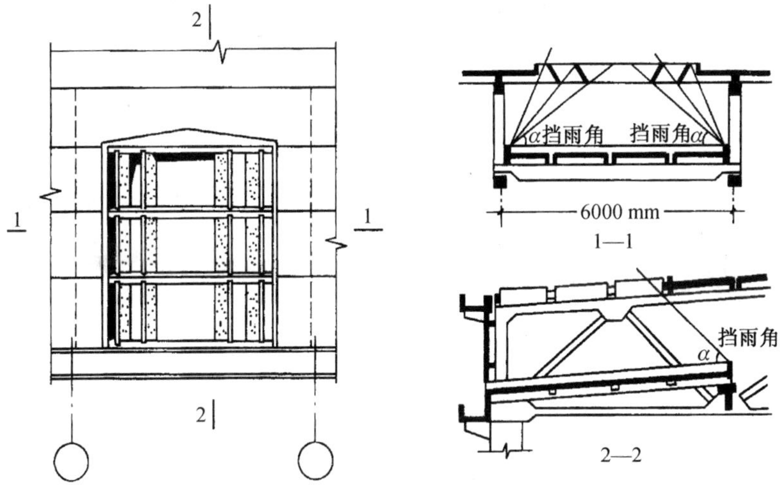

图 10.100　井上口设挡雨片

窗扇设置，如图 10.101 所示。

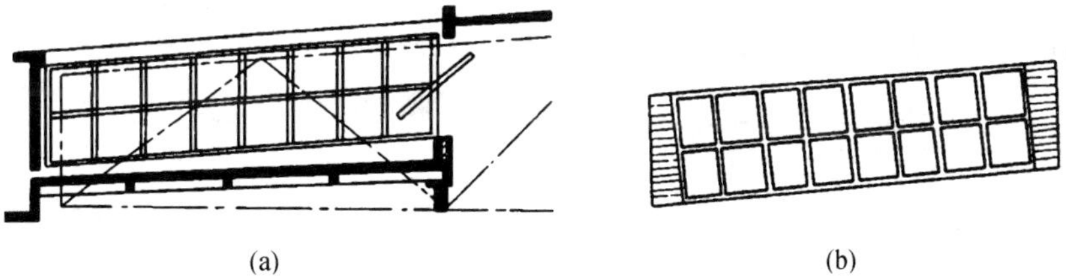

图 10.101　横向垂直口设窗扇

排水设施，如图 10.102 和图 10.103 所示。

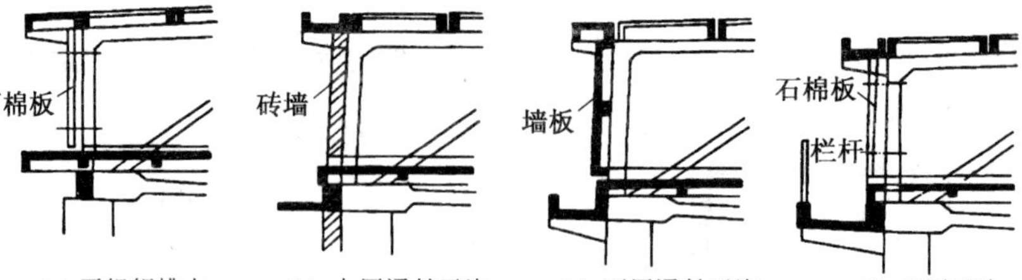

(a) 无组织排水　(b) 上层通长天沟　(c) 下层通长天沟　(d) 双层天沟

图 10.102　边井外排水

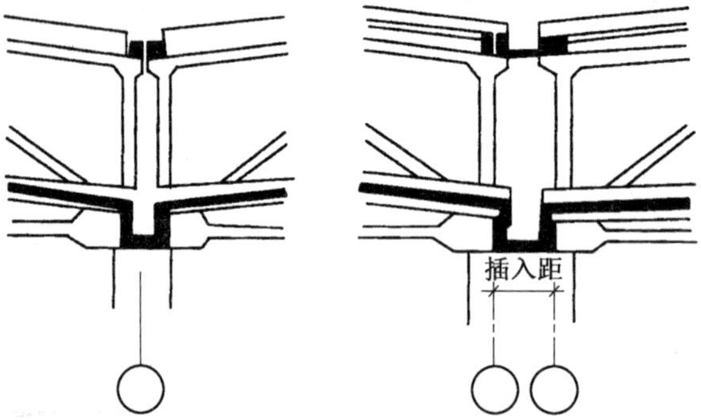

(a) 间断天沟　(b) 上、下通长天沟

图 10.103　连跨内排水

【课后复习题】

一、填空

1. 按厂房的层数分类有：单层、多层以及________厂房。山墙处抗风柱宜采用扩大模数________数列。

2. 单层厂房的结构支承方式基本上可分为承重墙结构与________结构两类。

3. 柱子在平面上排列所形成的网格称为________。

4. 单层厂房的横向排架由牛腿柱、____________和基础组成。

5. 单层厂房的结构类型主要为________。

6. 厂房外墙按受力情况可分为____________和____________；按所用材料和构造方式可分为____________和____________。

7. 为使单层厂房基础梁与柱基础同步沉降，基础梁下的回填土___________________，或者留出_________________________________的空隙。

8. 工业建筑按生产状况不同分为________、________、________、________。

9. 单层厂房当跨度 $L \leqslant 18$ m，采用扩大模数________的数列；当 $L > 18$ m，采用扩大模数________的数列。

10. 单层厂房承重结构主要采用________结构。它包括________、________和________等几个部分承重构件。

11. 采光天窗有多种形式，常见的主要有________、________、________。

12. 单层厂房自然通风是利用______________和____________进行的。

13. 矩形天窗主要由________、________、________、________、________等构件组成。

14. 为加强厂房刚度,保证非承重山墙的稳定性,应设________________________。

15. 排架结构单层厂房的柱网由____________________和____________________组成。

16. 单层工业厂房柱网布置中,纵向定位轴线间的距离称为厂房的________;横向定位轴线间的距离称为厂房的________。

17. 工业厂房横向定位轴线的定位中,在横向变形缝处,应采用双柱及________条定位轴线,柱的中心线均应自定位轴线向两侧各移动________mm。

18. 大型板材墙体的布置方式主要有________、________和________三种方式。

19. 下沉式天窗的下沉部分的屋面板可采用________布置和________布置两种方式。

20. 当前单层工业厂房钢筋混凝土柱的形式有________和________两大类。

二、选择

1. 机械工厂的装配车间属于(　　)车间。

A. 热加工　B. 冷加工　C. 洁净　D. 恒温恒湿

2. 厂房室内外地坪高差一般为(　　) mm。

A. 150　B. 300　C. 450　D. 600

3. 积灰较多的厂房屋面,宜采用(　　) 排水方式。

A. 内天沟　B. 外天沟

C. 内天沟外排水　D. 自由落水

4. 厂房平面形式采用(　　)时,有利于提高经济指标。

A. L 形　B. 方形　C. E 形　D. 矩形

5. 单层工业厂房一般用于(　　)等工业部门。

A. 食品　B. 冶金　C. 轻工　D. 电子

6. 空间结构有(　　)。

A. 薄壳结构　B. 网架结构

C. 预应力结构　D. 悬索结构

E. 梁板结构

7. 能兼作采光、通风的是(　　)天窗。

A. 矩形　B. M 形　C. 锯齿形

D. 横向下沉式　E. 平天窗

8. 厂房高度是指(　　)。

A. 室内地面至屋面　B. 室外地面至柱顶

C. 室内地面至柱顶　D. 室外地面至屋面。

9. 单层厂房排水坡度和(　　)因素有关。

A. 屋面防水材料　B. 屋盖构造

C. 屋架形式　D. 地区降雨量

E. 地区日照强度

10. 在描述边柱与纵向定位轴线时,公式 $L=S+2e$ 中 L 的含义是(　　)。

A. 厂房跨度

B. 吊车跨度

C. 吊车长度

D. 吊车轨道中心线到厂房纵向定位轴线间的距离

11. 根据吊车开动时间与全部生产时间的比率，吊车工作制分为四种，中级工作制的吊车表示为(　　)。

A. JC15%　　B. JC25%　　C. JC40%　　D. JC≥60%

12. 为使天沟(或檐沟)内的雨、雪水顺利流向低处的雨水斗，沟底应分段设置坡度，一般为(　　)。

A. 0.5%　　B. 1%　　C. 0.5%～1%　　D. 2%

13. 工业厂房屋面采用无组织排水时挑檐应具有一定的长度，当檐口高度不大于 6 m 时，一般不小于(　　)mm；檐口高度大于 6 m 时，一般不小于(　　)mm。

A. 300；500　　B. 300；600　　C. 500；600　　D. 500；1000

三、判断

1. 单层厂房主要用于食品、电子等轻工业。　(　　)

2. 冷加工车间是指生产操作在低温(零度左右)下进行的厂房。　(　　)

3. 生产工艺是工业建筑设计的主要依据。　(　　)

4. 单层厂房的山墙中心线与横向定位轴线重合。　(　　)

5. 单轨悬挂吊车和梁式悬挂吊车的工作原理是一样的。　(　　)

四、简答

1. 工业建筑的特点是什么?

2. 单层工业厂房主要由哪几部分组成? 各组成部分包括哪些构件? 各组成部分的作用是什么?

参考文献

1 廖荣，肖明和. 房屋建筑构造[M]. 北京：中国计划出版社，2008.

2 同济大学等四校. 房屋建筑学[M]. 北京：中国建筑工业出版社，1997.

3 李必瑜. 房屋建筑学[M]. 武汉：武汉工业大学出版社，2000.

4 吴曙球. 民用建筑构造与设计[M]. 天津：天津科学技术出版社，1998.

5 颜宏亮. 建筑构造设计[M]. 上海：同济大学出版社，1999.

6 舒秋华. 房屋建筑学[M]. 武汉理工大学出版社，2002.

7 赵研. 建筑识图与构造[M]. 中国建筑工业出版社，2004.

8 李必瑜. 建筑构造（上册）[M]. 北京：中国建筑工业出版社，2000.

9 刘建荣. 建筑构造（下册）[M]. 北京：中国建筑工业出版社，2000.

10 王志军，袁雪峰. 房屋建筑学[M]. 北京：科学出版社，2001.

11 杨金铎，房志恿. 房屋建筑构造[M]. 北京：中国建材工业出版社，2000.

12 苏炜. 房屋建筑设计与构造[M]. 武汉：武汉理工大学出版社，2002.

13 《建筑设计资料集》编委会. 建筑设计资料集[M]. 北京：中国建筑工业出版社，1995.

14 丁春静. 建筑识图与房屋构造[M]. 重庆：重庆大学出版社，2004.

15 王远正. 建筑识图与房屋构造[M]. 重庆：重庆大学出版社，2000.